JN113951

スバラシク実力がつくと評判の

演習 常微分方程式

キャンパス・ゼミ

改訂3 revision

マセマ出版社

はじめに

既刊の『**常微分方程式キャンパス・ゼミ**』と『**ラプラス変換キャンパス・ゼミ**』は多くの読者の皆様にご愛読頂き，**常微分方程式のスタンダードな参考書**として定着してきているようです。そして，マセマには連日のようにこの『常微分方程式キャンパス・ゼミ』と『ラプラス変換キャンパス・ゼミ』で養った実力をより確実なものとするための『**演習書(問題集)**』が欲しいとのご意見が寄せられて参りました。このご要望にお応えするため，この度新たに，
この『**演習 常微分方程式キャンパス・ゼミ 改訂 3**』を上梓致しました。

常微分方程式を単に理解するだけでなく，自分のものとして使いこなせるようになるために**問題練習は欠かせません**。
この『**演習 常微分方程式キャンパス・ゼミ 改訂 3**』は，そのための**最適な演習書**と言えます。

ここで，まず本書の特徴を紹介しておきましょう。

- 『常微分方程式キャンパス・ゼミ』と『ラプラス変換キャンパス・ゼミ』に準拠して全体を **8** 章に分け，各章毎に，解法のパターンが一目で分かるように，*methods & formulae*(要項)を設けている。
- マセマオリジナルの頻出典型の演習問題を，各章毎に**分かりやすく体系立てて配置**している。
- 各演習問題には(ヒント)を設けて解法の糸口を示し，また(解答 & 解説)では，定評あるマセマ流の読者の目線に立った**親切で分かりやすい解説**で明快に解き明かしている。
- 演習問題の中には，類似問題を **2** 題併記して，**2 題目は穴あき形式**にして自分で穴を埋めながら実践的な練習ができるようにしている箇所も多数設けた。
- **2 色刷り**の美しい構成で，読者の理解を助けるための**図解も豊富**に掲載している。

さらに，本書の具体的な利用法についても紹介しておきましょう。

- まず，各章毎に，*methods & formulae*(要項)と演習問題を一度**流し読み**して，学ぶべき内容の全体像を押さえる。

●次に，(*methods & formulae*)(要項)を**精読**して，公式や定理それに解法パターンを頭に入れる。そして，各演習問題の(解答 & 解説)を見ずに，問題文と(ヒント)のみ読んで，**自分なりの解答**を考える。
●その後，(解答 & 解説)をよく読んで，自分の解答と比較してみる。そして，間違っている場合は，**どこにミスがあったかをよく検討**する。
●後日，また(解答 & 解説)を見ずに**再チャレンジ**する。
●そして，問題がスラスラ解けるようになるまで，何度でも納得がいくまで**反復練習**する。

以上の流れに従って練習していけば，常微分方程式も確実にマスターできますので，**大学や大学院の試験でも高得点で乗り切れる**はずです。この常微分方程式は様々な大学数学や物理学を学習していく上での基礎となる分野です。ですから，これをマスターすることにより，さらなる**上のステージに上っていく鍵**を手に入れることができるのです。頑張りましょう。

また，この『**演習 常微分方程式キャンパス・ゼミ 改訂 3**』では，『常微分方程式キャンパス・ゼミ』や『ラプラス変換キャンパス・ゼミ』では扱えなかった，**α-等交曲線，特殊解の解の重ね合わせ，超幾何級数，ガウスの微分方程式，0 次の第 2 種ベッセル関数 $Y_0(x)$ の級数表示，矩形波に対する *RL* 回路，三角波に対する *LC* 回路の問題**なども詳しく解説しています。ですから，『常微分方程式キャンパス・ゼミ』や『ラプラス変換キャンパス・ゼミ』を完璧にマスターできるだけでなく，さらに**ワンランク上の勉強**もできます。

本書によって，読者の皆様が常微分方程式に習熟し，常微分方程式を解く面白さを堪能されることと思います。
この『**演習 常微分方程式キャンパス・ゼミ 改訂 3**』を皆様の数学学習の良きパートナーとして，試験対策やご研究に是非ご活用ください。

マセマ代表 馬場 敬之(けいし)

この改訂 **3** では，高階オイラーの方程式の別解の解説を新たに付け加えました。

目 次 

講義1 1階常微分方程式(Ⅰ)

講義2 1階常微分方程式(Ⅱ)

講義3 2階線形微分方程式

講義4 高階微分方程式

講義 Lecture 1 1階常微分方程式（Ⅰ） methods & formulae

§1. 常微分方程式の基本

1階常微分方程式の中で最も単純な解ける形をしたものが**直接積分形**：

$\frac{dy}{dx}=f(x)$ …① である， ①の一般解は，

$y=\int f(x)\,dx=F(x)+C$ となる。 $\begin{pmatrix} F(x)：f(x)\text{ の原始関数} \\ C：\text{任意定数} \end{pmatrix}$

§2. 変数分離形とその応用

$\frac{dy}{dx}=g(x)h(y)$ …① $(h(y)\neq 0)$ の形の微分方程式を**変数分離形の微分方程式**という。この一般解を求める手順を次に示す。

（$h(y)=0$ のときは，別に調べる。）

①を変形して，$\frac{1}{h(y)}\cdot\frac{dy}{dx}=g(x)$ この両辺を x で積分して，

$\int\frac{1}{h(y)}\cdot\frac{dy}{dx}dx=\int g(x)dx \quad \therefore\int\frac{1}{h(y)}dy=\int g(x)dx$

$\frac{dy}{dx}=f\left(\frac{y}{x}\right)$ …㋐ の形の微分方程式を**同次形の微分方程式**という。

この一般解を求める手順を下に示す。

$\frac{y}{x}=u$ …㋑ とおくと，$y=xu$ 両辺を x で微分して，

$y'=x'\cdot u+x\cdot u'=u+xu'$ ……㋒ ㋒，㋑を㋐に代入して，

$u+xu'=f(u)$， $x\cdot\frac{du}{dx}=f(u)-u$

$\int\frac{1}{f(u)-u}du=\int\frac{1}{x}dx$

として，u と x の関係式を求め，

u に $\frac{y}{x}$ を代入して一般解を求める。

（変数分離形より，$\frac{1}{f(u)-u}du=\frac{1}{x}dx$ として，（u の式）$\times du$ ＝（x の式）$\times dx$ 両辺に $\int$ を付ける！）

$y' = f(ax + by + c)$ ……ⓐ　$(a,\ b,\ c$：定数$)$ の形の常微分方程式の一般解を求める手順を次に示す。

$ax + by + c = u$ ……ⓑ　とおく。ⓑの両辺を x で微分して，

$a + by' = u'$　$\therefore\ by' = u' - a$ ……ⓒ となる。

ⓐの両辺に b をかけて，$by' = bf(ax + by + c)$ ……ⓐ´

ⓑ，ⓒをⓐ´に代入して，

$u' - a = bf(u)$　　$\therefore\ \dfrac{du}{dx} = bf(u) + a$　と変数分離形になるので，

$$\int \frac{1}{bf(u) + a}\,du = \int dx$$ から，一般解を求める。

$y' = f\left(\dfrac{ax + by + c}{a'x + b'y + c'}\right)$ ……①　$(ab' - a'b = 0)$ の形の常微分方程式の一般解を求める手順を次に示す。

($ab' = a'b$ より，$a' : b' = a : b$ のとき)

$ax + by = u$ ……②　とおく。②の両辺を x で微分して，

$a + by' = u'$　$\therefore\ by' = u' - a$ ……③

$a' : b' = a : b$ より，$a' = ka$，$b' = kb$ $(k$：定数$)$ とおくと，

$a'x + b'y = kax + kby = k(ax + by) = ku$　($ax + by = u$（②より）)

$a'x + b'y = ku$ ……④

①の両辺に b をかけて，

$by' = bf\left(\dfrac{ax + by + c}{a'x + b'y + c'}\right)$ ……①´　②，③，④を①´に代入して，

$$u' - a = bf\left(\frac{u + c}{ku + c'}\right)$$

$\dfrac{du}{dx} = bf\left(\dfrac{u + c}{ku + c'}\right) + a$　と変数分離形になるので，

$$\int \frac{1}{bf\left(\dfrac{u + c}{ku + c'}\right) + a}\,du = \int dx$$ から，一般解を求める。

$y' = f\left(\dfrac{ax+by+c}{a'x+b'y+c'}\right)$ ……㋐ $(ab' - a'b \neq 0)$ の形の常微分方程式

の一般解を求める手順を次に示す。 $a' : b' \neq a : b$ より，$\begin{bmatrix} a' \\ b' \end{bmatrix} \neq k\begin{bmatrix} a \\ b \end{bmatrix}$ のとき

連立方程式 $\begin{cases} ax+by+c=0 & \text{……㋑} \\ a'x+b'y+c'=0 & \text{…㋒} \end{cases}$ の解 $x=\alpha$，$y=\beta$ を求める。

$u = x-\alpha$，$v = y-\beta$ とおいて，それぞれを x で微分すると，

$$\frac{du}{dx} = 1, \quad \frac{dv}{dx} = \frac{dy}{dx} \qquad \therefore \frac{dv}{du} = \frac{\frac{dv}{dx}}{\frac{du}{dx}} = \frac{\frac{dy}{dx}}{1} = \frac{dy}{dx}$$ より，

$\dfrac{dy}{dx} = \dfrac{dv}{du}$ ……㋓ また，$x=\alpha$，$y=\beta$ は㋑，㋒の解より，

$a\alpha + b\beta + c = 0$ ， $a'\alpha + b'\beta + c' = 0$

$$\therefore \begin{cases} ax+by+c = a(u+\alpha)+b(v+\beta)+c = au+bv \\ a'x+b'y+c' = a'(u+\alpha)+b'(v+\beta)+c' = a'u+b'v \end{cases}$$ ……㋔

㋓，㋔を㋐に代入して，

$$\frac{dv}{du} = f\left(\frac{au+bv}{a'u+b'v}\right) = f\left(\frac{a+b\cdot\frac{v}{u}}{a'+b'\cdot\frac{v}{u}}\right)$$ と，同次形 (P6) に帰着する。 $\dfrac{dv}{du} = g\left(\dfrac{v}{u}\right)$ の同次形

§3. 微分方程式の図形，自然現象・物理への利用

図 1 に示すように，任意定数 C を含む曲線群：

$F(x, y, C) = 0$ ……①

が与えられたとき，①の α-**等交曲線**を，「交点 (x, y) におけるそれぞれの接線 l_1，l_2 について，l_1 を交点 (x, y) のまわりに角 α だけ反時計回りに回転すると l_2 に一致するような曲線」と定義する。

図 1 曲線群 $F(x, y, C) = 0$ の α - 等交曲線

特に $\alpha = 90°$ のとき，これを①の**直交曲線**という。

以下，α - 等交曲線を C_α と表すことにしよう。

図 **1** に示すように，交点 $(x,\ y)$ における C_α の接線 l_2 が x 軸の正方向となす角を θ とおくと，C_α の交点 $(x,\ y)$ における微分係数 y' は，

$y' = \tan\theta$ ……② となる。これに対して，交点 $(x,\ y)$ における①の接線 l_1 が x 軸正方向となす角が $\theta - \alpha$ だから，この点における①の微分係数 y' は，

$y' = \tan(\theta - \alpha)$ ……③ となる。ここで，①と，①の両辺を x で微分した式から C を消去して得られる，①がみたす微分方程式を

$G(x,\ y,\ y') = 0$ ……④ とおく。③を④の y' に代入して，α - 等交曲線 C_α がみたす微分方程式は， $G(x,\ y,\ \tan(\theta - \alpha)) = 0$ ……⑤ となる。

(i) $\alpha = 90°$ のとき，

$$\tan(\theta - \alpha) = \tan(\theta - 90°) = -\underbrace{\tan(90° - \theta)}_{\frac{1}{\tan\theta}} = -\frac{1}{\underbrace{\tan\theta}_{y'\ (②より)}} = -\frac{1}{y'} \quad \cdots⑥$$

この y' は $C_{90°}$ の定点 $(x,\ y)$ における微分係数であったから，⑥を⑤に代入して得られる $G\left(x,\ y,\ -\frac{1}{y'}\right) = 0$ は，①の直交曲線 $C_{90°}$ がみたす微分方程式である。(演習問題 **6**，**7**(**P16**，**P17**))

(ii) $\alpha \neq 90°$ のとき，正接 (**tan**) の加法定理より，

$$\tan(\theta - \alpha) = \frac{\overbrace{\tan\theta}^{y'\ (②より)} - \tan\alpha}{1 + \underbrace{\tan\theta}_{y'\ (②より)}\tan\alpha} = \frac{y' - \tan\alpha}{1 + y'\tan\alpha} \quad \cdots⑦ \quad となる。$$

よって，⑦を⑤に代入して導かれる $G\left(x,\ y,\ \frac{y' - \tan\alpha}{1 + y'\tan\alpha}\right) = 0$ は，①の α - 等交曲線 C_α がみたす微分方程式となる。(演習問題 **8**(**P18**))

積分計算でよく使われる応用公式を次に示す。(積分定数 C は省略した)

(1) $\displaystyle\int \frac{1}{a^2 + x^2}\,dx = \frac{1}{a}\tan^{-1}\frac{x}{a}$ (2) $\displaystyle\int \frac{1}{\sqrt{a^2 - x^2}}\,dx = \sin^{-1}\frac{x}{a}$ $(a > 0)$

(3) $\displaystyle\int \frac{1}{\sqrt{x^2 + \alpha}}\,dx = \log\left|x + \sqrt{x^2 + \alpha}\right|$ $(\alpha \neq 0)$

(4) $\displaystyle\int \sqrt{x^2 + \alpha}\,dx = \frac{1}{2}\left(x\sqrt{x^2 + \alpha} + \alpha\log\left|x + \sqrt{x^2 + \alpha}\right|\right)$

演習問題 1　●変数分離形●

微分方程式 $x\sqrt{x-1}\cdot y' = 1+y^2$　……①

（ただし，$x \fallingdotseq 0$，$x \fallingdotseq 1$）の一般解を求めよ。

また，初期条件：$y(2)=\sqrt{3}$ をみたす特殊解を求めよ。

ヒント！　①より，$\dfrac{1}{1+y^2}\cdot\dfrac{dy}{dx}=\dfrac{1}{x\sqrt{x-1}}$　この両辺を x で積分しよう。

解答＆解説

$x \fallingdotseq 0$，$x \fallingdotseq 1$ より，①を変形すると，

$\dfrac{dy}{dx}=\dfrac{1+y^2}{x\sqrt{x-1}}$　…①′　となる。

①′より，$\dfrac{1}{1+y^2}dy=\dfrac{1}{x\sqrt{x-1}}dx$ として，（y の式）×dy ＝（x の式）×dx　両辺に $\int$ を付ける！

これは変数分離形の微分方程式より，

$$\int\frac{1}{1+y^2}dy=\int\frac{1}{x\sqrt{x-1}}dx \quad \cdots②$$

②の左辺 $=\tan^{-1}y+C_1$　…③

積分公式 $\displaystyle\int\frac{1}{1+x^2}dx=\tan^{-1}x$ を使った！

②の右辺について，$\sqrt{x-1}=t$ とおくと，$x-1=t^2$

$dx=2tdt$ より，

$$②の右辺=\int\frac{1}{(1+t^2)t}\cdot 2t\,dt=2\int\frac{1}{1+t^2}dt$$

$$=2\tan^{-1}t+C_2=2\tan^{-1}\sqrt{x-1}+C_2 \quad \cdots④$$

（$t=\sqrt{x-1}$）

③，④を②に代入して，

$\tan^{-1}y+C_1=2\tan^{-1}\sqrt{x-1}+C_2$　よって，求める一般解は，

$\tan^{-1}y=2\tan^{-1}\sqrt{x-1}+C$　…⑤　となる。（ただし，$C=C_2-C_1$）……（答）

⑤において，初期条件：$x=2$ のとき $y=\sqrt{3}$ をみたすものは，

$\underbrace{\tan^{-1}\sqrt{3}}_{\frac{\pi}{3}}=2\underbrace{\tan^{-1}\sqrt{1}}_{\frac{\pi}{4}}+C$　$\therefore \dfrac{\pi}{3}=2\cdot\dfrac{\pi}{4}+C$ より，$C=-\dfrac{\pi}{6}$

これを⑤に代入して，

$\tan^{-1}y=2\tan^{-1}\sqrt{x-1}-\dfrac{\pi}{6}$　よって，求める特殊解は，

$y=\tan\left(2\tan^{-1}\sqrt{x-1}-\dfrac{\pi}{6}\right)$　である。……………………………（答）

演習問題 2 ●同次形●

微分方程式 $xyy' + y^2 + x^2 = 0$ …① $(x \neq 0)$ の一般解を求めよ。
また，初期条件：$y(1) = 1$ をみたす特殊解を求めよ。

ヒント！ ①の両辺を x^2 で割って，$\frac{y}{x} \cdot y' + \left(\frac{y}{x}\right)^2 + 1 = 0$ より，$y' = f\left(\frac{y}{x}\right)$ の同次形にもち込む。さらに，$\frac{y}{x} = u$ とおくんだね。

解答＆解説

①の両辺を x^2 で割って，$\frac{y}{x} \cdot y' + \left(\frac{y}{x}\right)^2 + 1 = 0$

$\frac{y}{x} \cdot y' = -\left(\frac{y}{x}\right)^2 - 1$，$y' = -\frac{x}{y}\left\{\left(\frac{y}{x}\right)^2 + 1\right\}$ …①´ ここで，$\frac{y}{x} = u$ …②

（$\frac{x}{y} = \frac{1}{u}$，$\frac{y}{x} = u$）

とおくと，$y = xu$ より，$y' = u + xu'$ …③ となる。②，③を①´に代入して，

$u + xu' = -\frac{1}{u}(u^2 + 1)$ $2u^2 + 1 + xuu' = 0$ $xuu' = -(2u^2 + 1)$ …④

④より，

$\frac{u}{2u^2 + 1}\frac{du}{dx} = -\frac{1}{x}$

変数分離形より，
$\frac{u}{2u^2+1}dy = -\frac{1}{x}dx$ として，
$(u$ の式$) \times du$　$(x$ の式$) \times dx$
両辺に $\int$ を付ける。

$\frac{1}{4} \cdot \int \frac{4u}{2u^2 + 1} dx = -\int \frac{1}{x} dx$ （$4u = (2u^2+1)'$）

$\frac{1}{4}\log(2u^2 + 1) = -\log|x| + C_1$ $\log(2u^2 + 1) = -4\log|x| + 4C_1$ （$2u^2+1$ は ⊕）

$\log(2u^2 + 1) + \log x^4 = C_2$ $\log x^4(2u^2 + 1) = C_2$ $(C_2 = 4C_1)$ （$\log C$ とおく。）

$\therefore x^4(2u^2 + 1) = C$ …⑤ （ただし，$C = e^{C_2}$ とする。）

⑤に $u = \frac{y}{x}$ …② を代入して，$x^4 \cdot \left(2 \cdot \frac{y^2}{x^2} + 1\right) = C$

よって，求める一般解は，$x^2(2y^2 + x^2) = C$ ……⑥ となる。 ………(答)

⑥において，初期条件：$y(1) = 1$ をみたすものは，$x = y = 1$ を⑥に代入して，

$1^2(2 \cdot 1^2 + 1^2) = C$ $\therefore C = 3$

よって，求める特殊解は，$x^2(2y^2 + x^2) = 3$ である。 …………………(答)

演習問題 3　● $y' = f(ax+by+c)$ 型 ●

微分方程式 $y' = \sqrt{2x+y-1}$ …① の一般解を求めよ。
また，初期条件：$y(2) = 1$ をみたす特殊解を求めよ。

ヒント！ $2x+y-1=u$ とおき，さらに，変数分離形にもち込もう。

解答＆解説

①は，$y' = f(\underbrace{2x+y-1}_{u\text{とおく}})$ の形をしているので，

$2x+y-1=u$ …② とおいて，両辺を x で微分すると，

$2+y'=u'$ $\therefore y'=u'-2$ ……③

②，③を①に代入して，

$u'-2=\sqrt{u}$ ，$\dfrac{du}{dx}=\sqrt{u}+2$

$$\int \frac{1}{\sqrt{u}+2}\,du = \int dx \quad \cdots\cdots ④$$

変数分離形より，$\dfrac{1}{\sqrt{u}+2}du = dx$ として，両辺に $\int$ を付ける。

ここで，$\sqrt{u}+2=t$ ($\oplus$) とおくと，$\sqrt{u}=t-2$，$u=(t-2)^2$

$du = 2(t-2)dt$

$$\therefore (④\text{の左辺}) = \int \frac{1}{t}\cdot 2(t-2)\,dt = 2\int\left(1-\frac{2}{t}\right)dt$$

$$= 2(t-2\log t)+C_1 = 2t-4\log t + C_1$$

よって，④より，$2t-4\log t = x+C$

これに $t=\sqrt{u}+2=\sqrt{2x+y-1}+2$ を代入して，求める一般解は，

$2(\sqrt{2x+y-1}+2)-4\log(\sqrt{2x+y-1}+2)=x+C$ …⑤ となる。…(答)

⑤において，初期条件：$y(2)=1$ をみたすものは，$x=2$，$y=1$ を⑤に代入して，

$2(\sqrt{4+1-1}+2)-4\log(\sqrt{4+1-1}+2)=2+C$

$8-4\underbrace{\log 4}_{2\log 2}=2+C$ $\therefore C=6-8\log 2$

よって，求める特殊解は，

$2(\sqrt{2x+y-1}+2)-4\log(\sqrt{2x+y-1}+2)=x+6-8\log 2$ となる。…(答)

演習問題 4　● $y' = f\left(\dfrac{ax+by+c}{a'x+b'y+c'}\right)$ $(ab'-a'b=0)$ 型 ●

微分方程式 $y' = -\dfrac{x+y+2}{2x+2y+5}$ …① の一般解を求めよ。

ヒント！ $y = f\left(\dfrac{ax+by+c}{a'x+b'y+c'}\right)$ で，$ab'-a'b=0$ より，$x+y=u$ とおく。

解答＆解説

$x+y=u$ …② とおいて，この両辺を x で微分すると，

$1+y'=u'$　$\therefore\ y'=u'-1$ …③ となる。

②，③を①に代入して，

$u'-1 = -\dfrac{u+2}{2u+5}$ より，$\dfrac{du}{dx} = 1-\dfrac{u+2}{2u+5} = \dfrac{u+3}{2u+5}$

$\therefore\ \dfrac{du}{dx} = \dfrac{u+3}{2u+5}$　$u+3 \neq 0$ のとき，

$\dfrac{2u+5}{u+3}\cdot\dfrac{du}{dx} = 1$，$\left(2-\dfrac{1}{u+3}\right)\cdot\dfrac{du}{dx} = 1$

（$\dfrac{2u+5}{u+3} = \dfrac{2(u+3)-1}{u+3}$）

$\therefore\ \displaystyle\int\left(2-\frac{1}{u+3}\right)du = \int dx$

$2u - \log|u+3| = x + C_1$

これに，$u=x+y$ …② を代入して，

$2(x+y) - \log|x+y+3| = x + C_1$

$\log|x+y+3| = x+2y+C_2$　$(C_2 = -C_1)$

$\therefore\ x+y+3 = C_3\cdot e^{x+2y}$　$(C_3 = \pm e^{C_2})$

よって，求める一般解は，

$x+y+3 = C\cdot e^{x+2y}$ （C：任意の定数） となる。 …………………………(答)

$x+y+3=0$ は，この一般解の $C=0$ の場合なんだね。

$u+3=0$ のときは，
$x+y+3=0$ となって，
これも①の解である。
（∵）このとき，
$y = -x-3$
$\therefore\ y' = -1$ …(a)
（①の右辺）
$= -\dfrac{x+y+2}{2(x+y)+5}$
$= -\dfrac{-3+2}{2\cdot(-3)+5}$
$= -1 = y'$（(a)より）
$=$（①の左辺）

演習問題 5 ● $y' = f\left(\dfrac{ax+by+c}{a'x+b'y+c'}\right)\ (ab'-a'b \neq 0)$ 型 ●

微分方程式 $y' = \dfrac{2x-y+3}{x-2y+3}$ …① について，連立方程式 $2x-y+3=0$，$x-2y+3=0$ の解を $x=\alpha$，$y=\beta$ とおき，$u=x-\alpha$，$v=y-\beta$ とおいて，①の一般解を求めよ。

ヒント！ $u=x-\alpha$，$v=y-\beta$ とおくと，$\dfrac{du}{dv}=\dfrac{dy}{dx}$ となって，①を u と v についての同次形の微分方程式にもち込める。

解答＆解説

連立方程式 $\begin{cases} 2x-y+3=0 & \cdots\cdots② \\ x-2y+3=0 & \cdots\cdots③ \end{cases}$ を解くと，

②×2−③より，$x=\underset{\alpha}{\boxed{-1}}$

②−③×2 より，$y=\underset{\beta}{\boxed{1}}$ となる。

よって，題意より，

$u = x-(\underset{\alpha}{\boxed{-1}}) = x+1$ …④，$v = y-\underset{\beta}{\boxed{1}}$ …⑤

とおくと，

$(①の右辺) = \dfrac{2x-y+3}{x-2y+3} = \dfrac{2(u-1)-(v+1)+3}{(u-1)-2(v+1)+3} = \dfrac{2u-v}{u-2v}$ …⑥となる。

次に，④，⑤それぞれの両辺を x で微分すると，

$\dfrac{du}{dx}=1$ …④′　$\dfrac{dv}{dx}=\dfrac{dy}{dx}$ …⑤′ となる。

$\therefore \dfrac{dv}{du} = \dfrac{\boxed{\frac{dv}{dx}}}{\boxed{\frac{du}{dx}}}$ より，$\dfrac{dv}{du}=\dfrac{dy}{dx}$ …⑦ となる。

（$\dfrac{dv}{dx}$ は $\dfrac{dy}{dx}$（⑤′より），$\dfrac{du}{dx}$ は 1（④′より））

⑥，⑦を①に代入して，

$$\frac{dv}{du}=\frac{2u-v}{u-2v}=\frac{2-\frac{v}{u}}{1-2\cdot\frac{v}{u}}\ \cdots⑧$$

同次形
$\frac{dv}{du}=f\left(\frac{v}{u}\right)$
$\frac{v}{u}=w$ とおく。

ここで，$\frac{v}{u}=w$ …⑨ とおくと，$v=uw$ より，両辺を u で微分して，

$$\frac{dv}{du}=w+u\frac{dw}{du}\ \cdots\cdots⑩$$

⑨，⑩を⑧に代入して，

$$w+u\cdot\frac{dw}{du}=\frac{2-w}{1-2w}\qquad u\cdot\frac{dw}{du}=\frac{2-w}{1-2w}-w=\frac{2(w^2-w+1)}{1-2w}$$

$\frac{2-w-w(1-2w)}{1-2w}=\frac{2w^2-2w+2}{1-2w}$

$$-\frac{2w-1}{w^2-w+1}\frac{dw}{du}=\frac{2}{u}$$

変数分離形の微分方程式

$$\int\frac{2w-1}{w^2-w+1}dw=-2\int\frac{1}{u}du$$

$(2w-1)=(w^2-w+1)'$

$$\log(w^2-w+1)=-2\log|u|+C_1$$

$2\log|u|=\log u^2$

$\oplus\left(\because w^2-w+1=\left(w-\frac{1}{2}\right)^2+\frac{3}{4}>0\right)$

$$\log u^2(w^2-w+1)=C_1$$

これに $w=\frac{v}{u}$ …⑨を代入して，

$$\log u^2\left(\frac{v^2}{u^2}-\frac{v}{u}+1\right)=C_1\qquad\log(v^2-uv+u^2)=C_1$$

$$u^2-uv+v^2=C_2\quad(C_2=e^{C_1})$$

これに，$u=x+1$ …④，$v=y-1$ …⑤ を代入して，

$$(x+1)^2-(x+1)(y-1)+(y-1)^2=C_2$$

$$x^2+2x+1-(xy-x+y-1)+y^2-2y+1=C_2$$

よって，求める①の一般解は，

$x^2-xy+y^2+3x-3y=C\quad(C=C_2-3)$ である。 ……………………(答)

演習問題 6　●直交曲線群(Ⅰ)●

だ円群 $\frac{x^2}{8}+\frac{y^2}{4}=C_0{}^2$ …①　がみたす微分方程式を作り，これを基に，①のだ円群と直交する曲線群の方程式を求めよ。

ヒント！ ①を表す微分方程式の y' に $-\frac{1}{y'}$ を入れたものが，求める曲線群を表す微分方程式となる。

解答＆解説

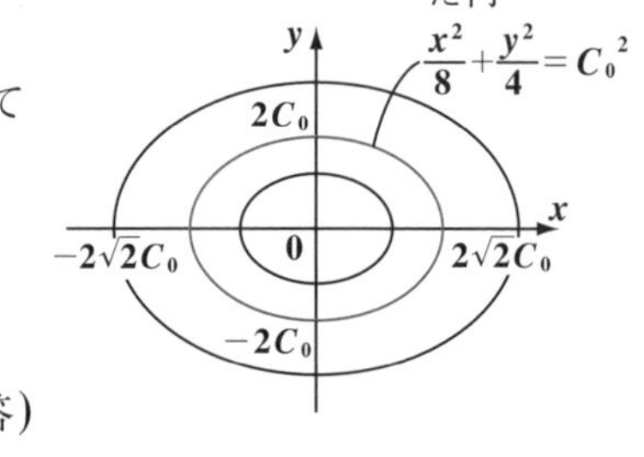

$\frac{x^2}{8}+\frac{y^2}{4}=C_0{}^2$ …① の両辺を x で微分して

$\frac{2x}{8}+\frac{2yy'}{4}=0$

よって，①を表す微分方程式は，

$x+2yy'=0$ …② である。……………(答)

次に，②の y' に $-\frac{1}{y'}$ を代入してまとめると，①のだ円群と直交する曲線群の微分方程式となり，

$xy'-2y=0$　　$x\cdot\frac{dy}{dx}=2y$ …③ ←（変数分離形の微分方程式）

$\therefore \int\frac{1}{y}dy=2\int\frac{1}{x}dx$

$\log|y|=2\log|x|+C_1$（$\log C_2$）

$\log|y|=\log x^2+\log C_2$

$(C_2=e^{C_1})$

$\log\left|\frac{y}{x^2}\right|=\log C_2$，$\left|\frac{y}{x^2}\right|=C_2$

$\therefore \frac{y}{x^2}=C_3$　$(C_3=\pm C_2)$ より，

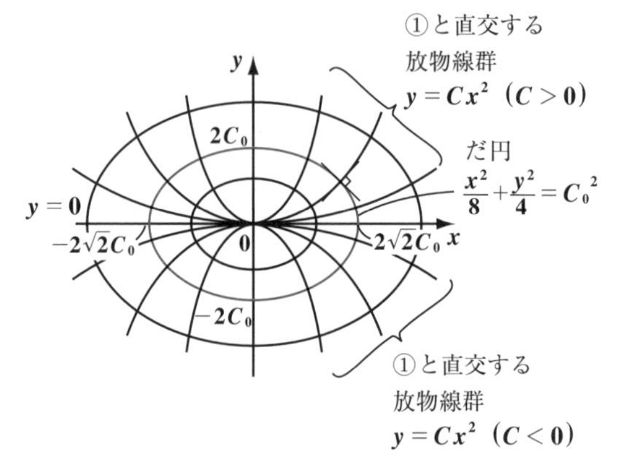

求める曲線群の方程式は，

$y=Cx^2$ （C：任意の定数）である。……………………………(答)

（$C=0$ のとき，$y=0$（x 軸）となって，これも①と直交する。）

演習問題 7　●直交曲線群(Ⅱ)●

双曲線群 $\frac{x^2}{4}-\frac{y^2}{2}=C_0{}^2$ …① がみたす微分方程式を作り，これを基に，①の双曲線群と直交する曲線群の方程式を求めよ。

ヒント！ まず，①の両辺を x で微分し，その結果の式の y' に $-\frac{1}{y'}$ を代入するんだね。

解答＆解説

$\frac{x^2}{4}-\frac{y^2}{2}=C_0{}^2$ …① の両辺を x で微分して，

$\frac{2x}{4}-\frac{2yy'}{2}=0$

よって，①を表す微分方程式は，

(ア) …② である。…………(答)

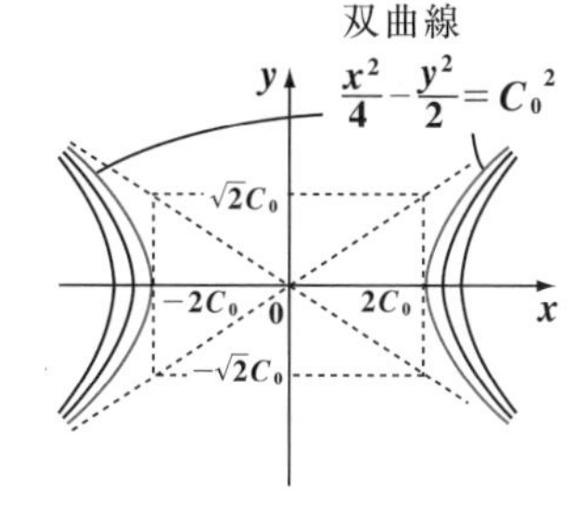

次に，②の y' に (イ) を代入してまとめると，①の双曲線群と直交する曲線群の微分方程式となり，（変数分離形の微分方程式）

$xy'+2y=0$，　$x\cdot\frac{dy}{dx}=-2y$ …③

$\therefore\int\frac{1}{y}dy=-2\int\frac{1}{x}dx$

$\log|y|=-2\log|x|+C_1$ （C_1 → $\log C_2$）

$\log|y|=-\log x^2+\log C_2$ 　($C_2=$ (ウ))

$\log|yx^2|=\log C_2$，$|yx^2|=C_2$

$\therefore$ (エ) 　($C_3=\pm C_2$) より，

求める直交曲線群の方程式は，

$y=\frac{C}{x^2}$ (C：(オ)) である。…(答)

$C=0$ のとき，$y=0$ (x 軸) となる。これも①と直交するね。

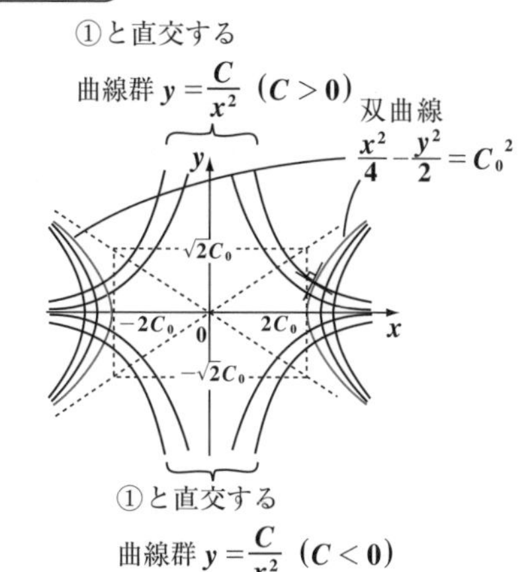

解答　(ア) $x-2yy'=0$　(イ) $-\frac{1}{y'}$　(ウ) e^{C_1}　(エ) $yx^2=C_3$　(オ) 任意の定数

演習問題 8　●α-等交曲線●

直線群 $y = C_0x$　…①　がみたす微分方程式を作り，これを基に①の直線群の $45°$-等交曲線群の方程式を求めよ。さらに，この曲線群上の点 $(x,\ y)$ を極座標で表すことにより，この曲線群の極方程式を求めよ。

ヒント！ ①と，①の両辺を x で微分した式から C_0 を消去して，①がみたす微分方程式を求める。この微分方程式の y' に $\dfrac{y'-\tan 45°}{1+y'\tan 45°}$ を代入して，①の $45°$-等交曲線がみたす微分方程式が求まるんだね。(P9 (ii) より)

解答＆解説

直線群 $y = C_0x$

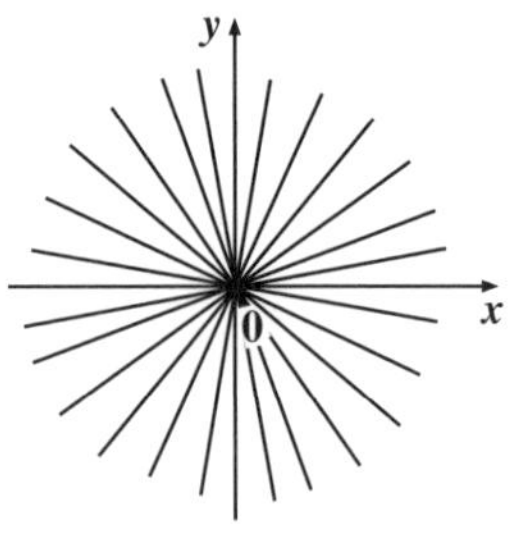

①の両辺を x で微分して，

$y' = C_0$　この両辺に x をかけて，

$xy' = C_0x$　…②

①を②に代入して，①の直線群がみたす微分方程式は，

$xy' = y$　…③　である。

①の $45°$-等交曲線群がみたす微分方程式は，

③の y' に $\dfrac{y'-\tan 45°}{1+y'\tan 45°} = \dfrac{y'-1}{y'+1}$ を代入したものより，

$x\cdot\dfrac{y'-1}{y'+1} = y$　…④　である。

> 曲線群 $F(x,\ y,\ C) = 0$　…(a) がみたす微分方程式が $G(x,\ y,\ y') = 0$　…(b) のとき，(a)の α-等交曲線がみたす微分方程式は，(b)の y' に $\dfrac{y'-\tan\alpha}{1+y'\tan\alpha}$ を代入した
>
> $G\left(x,\ y,\ \dfrac{y'-\tan\alpha}{1+y'\tan\alpha}\right) = 0$
>
> で与えられる。(P9(ii) より)

④を変形して，$x(y'-1) = y(y'+1)$

$(x-y)y' = x+y$　…④$'$

④$'$ は，次のように同次形の微分方程式になる。

$$y' = \frac{x+y}{x-y} = \frac{1+\dfrac{y}{x}}{1-\dfrac{y}{x}}\quad\cdots④''$$　ここで，

> 同次形：$y' = f\left(\dfrac{y}{x}\right)$　$\dfrac{y}{x} = u$ とおいて解く。

$\dfrac{y}{x} = u$ とおくと，$y = xu$　$y' = u + xu'$　これらを④$''$ に代入すると，

$$u + xu' = \frac{1+u}{1-u} \qquad xu' = \underbrace{\frac{1+u}{1-u} - u}_{\frac{1+u-u(1-u)}{1-u} = \frac{1+u^2}{1-u}} \qquad xu' = \frac{1+u^2}{1-u}$$

これは変数分離形

$$\int \frac{u-1}{1+u^2}du = -\int \frac{1}{x}dx \ , \ \frac{1}{2}\int \frac{2u}{1+u^2}du - \int \frac{1}{1+u^2}du = -\int \frac{1}{x}dx$$

$$\frac{1}{2}\log(1+u^2) - \tan^{-1}u = -\log|x| + C_1 \ , \ \log(1+u^2) - 2\tan^{-1}u = -\underbrace{2\log|x|}_{\log x^2} + C_2$$

$$\log(1+u^2)x^2 = 2\tan^{-1}u + C_2 \quad (C_2 = 2C_1)$$

これに $u = \dfrac{y}{x}$ を代入して，

$\log\left(1+\dfrac{y^2}{x^2}\right)x^2 = 2\tan^{-1}\dfrac{y}{x} + C_2$ よって，①の **45°** - 等交曲線群の方程式は

$\log(x^2+y^2) = 2\tan^{-1}\dfrac{y}{x} + C_2$ …⑤ となる。 ……………………………(答)

ここで，⑤上の点 $(x,\ y)$ を極座標で表すと，

$$\begin{cases} x = r\cos\theta \\ y = r\sin\theta \end{cases} \cdots\cdots ⑥ \quad \left(r > 0,\ \theta \fallingdotseq \frac{\pi}{2} + n\pi\ (n = 0,\ \pm 1,\ \pm 2,\ \cdots)\right)$$

（$x \fallingdotseq 0$ より）

⑥を⑤に代入して，

$$\log r^2\underbrace{(\cos^2\theta + \sin^2\theta)}_{1} = 2\tan^{-1}\underbrace{\frac{r\sin\theta}{r\cos\theta}}_{\tan\theta} + C_2$$

$\therefore 2\log r = \underbrace{2\tan^{-1}(\tan\theta)}_{\theta} + C_2$ より， $\log r = \theta + C_3 \quad \left(C_3 = \dfrac{C_2}{2}\right)$

よって，求める **45°** - 等交曲線群の極方程式は，$r = Ce^{\theta}$ である。$(C = e^{C_3})$

………(答)

$C = 1$ のとき，④の特殊解は，

$r = e^{\theta}$ …(a) となる。

一般に，特殊解が表す曲線を**解曲線**という。(a)の解曲線を，右図に示す。

また，一般解 $r = Ce^{\theta}$ が表す曲線群を**ベルヌーイらせん**と呼ぶ。

講義 Lecture 2 1階常微分方程式(Ⅱ) ● methods & formulae

§1. 1階線形微分方程式とベルヌーイの方程式

$y' + P(x)y = Q(x)$ …① の形の微分方程式を**1階線形微分方程式**と呼ぶ。特に，$Q(x) = 0$ のとき，すなわち

$y' + P(x)y = 0$ …② の形の微分方程式を，**同次方程式**，または**斉次方程式**(せいじ)とよぶ。これに対して，$Q(x) \neq 0$ のときを**非同次方程式**，または**非斉次方程式**(ひせいじ)と呼ぶ。②を①の**同伴方程式**ともいう。

まず，同伴方程式②の一般解を求めよう。$y \neq 0$ のとき，②を変形して，

$\dfrac{dy}{dx} = -P(x)y$ これは変数分離形だから，

$$\int \frac{1}{y}dy = -\int P(x)dx \qquad \log|y| = -\int P(x)dx + C_1$$

$|y| = e^{-\int P(x)dx + C_1} = e^{C_1} \cdot e^{-\int P(x)dx}$ $\therefore\ y = C \cdot e^{-\int P(x)dx}$ …③ (C：任意定数)

この定数 C を x の関数 $u(x)$ とおいた $y = u(x) \cdot e^{-\int P(x)dx}$ …③′ が①をみたすように $u(x)$ を定めると，③′を①に代入して，

(これを**定数変化法**と呼ぶ。)

$$\left\{u(x) \cdot e^{-\int P(x)dx}\right\}' + P(x) \cdot u(x) \cdot e^{-\int P(x)dx} = Q(x)$$

$u'(x) \cdot e^{-\int P(x)dx} + u(x) \cdot \left\{e^{-\int P(x)dx}\right\}'$ ← 公式：$(f \cdot g)' = f' \cdot g + f \cdot g'$

$\left\{-\int P(x)dx\right\}' \cdot e^{-\int P(x)dx} = -P(x)e^{-\int P(x)dx}$ ← 合成関数の微分

$$u'(x) \cdot e^{-\int P(x)dx} - u(x) \cdot P(x) \cdot e^{-\int P(x)dx} + P(x) \cdot u(x) \cdot e^{-\int P(x)dx} = Q(x)$$

$\therefore\ \dfrac{du(x)}{dx} = Q(x)e^{\int P(x)dx}$ これは直接積分形の微分方程式より，

$u(x) = \int Q(x)e^{\int P(x)dx}dx + C$ となる。これを③′に代入して，

1階線形微分方程式①の一般解は，

$$y = e^{-\int P(x)dx}\left\{\int Q(x)e^{\int P(x)dx}dx + C\right\}$$ となる。

(①の解の公式として覚えよう！)

ベルヌーイの微分方程式とその解の求め方を次に示す。

ベルヌーイの微分方程式：$y' + P(x)y = Q(x)y^n$ …① $(n \neq 0, 1)$

$y \neq 0$ として，$(-n+1)y^{-n}$ を①の両辺にかけて右辺の y^n を消去すると，

$\underbrace{(-n+1)y^{-n} \cdot y'}_{(y^{-n+1})'} + (-n+1)P(x)y^{-n+1} = (-n+1)Q(x)$ ← 合成関数の微分

$(y^{-n+1})' + (-n+1)P(x)y^{-n+1} = (-n+1)Q(x)$

ここで，$y^{-n+1} = u(x)$ とおくと，

$u' + \underbrace{(-n+1)P(x)}_{P_0(x)}u = \underbrace{(-n+1)Q(x)}_{Q_0(x)}$ ←

> u の 1 階線形微分方程式
> $u' + P_0(x)u = Q_0(x)$
> の一般解は，（解の公式）
> $u = e^{-\int P_0(x)dx}\left\{\int Q_0(x)e^{\int P_0(x)dx}dx + C\right\}$

これは，u の 1 階線形微分方程式だから，解の公式より一般解 u を求め，これに $u = y^{-n+1}$ を代入して，ベルヌーイの微分方程式①の一般解 y を求めればよい。

リッカチの微分方程式とその解の求め方を下に示す。

リッカチの微分方程式：$y' + P(x)y^2 + Q(x)y + R(x) = 0$ ……①

①の特殊解 y_1 が分かった場合，← 一般に，問題ではこれが与えられる。

①の一般解を，$y = y_1 + u$ …②とおくと，②の両辺を x で微分して，

$y' = y_1' + u'$ …②′となる。 ②′，②を①に代入して，

$\underbrace{y_1' + u'}_{y'} + P(x)\underbrace{(y_1^2 + 2y_1u + u^2)}_{y^2} + Q(x)\underbrace{(y_1 + u)}_{y} + R(x) = 0$

$\underbrace{y_1' + P(x)y_1^2 + Q(x)y_1 + R(x)}_{0\ (\because\ y_1 \text{は①の解より})} + u' + P(x)(2y_1u + u^2) + Q(x)u = 0$

$u' + \{2y_1P(x) + Q(x)\}u = -P(x)u^2$

これは，u についての $n = 2$ のベルヌーイの微分方程式より，この両辺に，$(-n+1)u^{-n} = -u^{-2}$ をかけて，解 u を求め，それを②に代入すれば，リッカチの微分方程式①の一般解 y が求まる。

§2. 完全微分方程式

1階常微分方程式：$\frac{dy}{dx} = -\frac{P(x,\ y)}{Q(x,\ y)}$ ……① を変形して，

$P(x,\ y)dx + Q(x,\ y)dy = 0$ ……①´ について，ある関数 $f(x,\ y)$ が存在して，

$P(x,\ y) = f_x = \frac{\partial f(x,\ y)}{\partial x}$ ，$Q(x,\ y) = f_y = \frac{\partial f(x,\ y)}{\partial y}$

となるとき，①´を**完全微分形**，または**完全微分方程式**という。このとき，①´は，$\underbrace{f_x\,dx + f_y\,dx}_{df} = 0$ となる。

この左辺は $f(x, y)$ の全微分より，①´の解は，$f(x, y) = C$ (C：任意定数)となる。①´が完全微分方程式であるための必要十分条件と一般形を次にまとめて示す。

微分方程式 $P(x,\ y)dx + Q(x,\ y)dy = 0$ ……①´

(ただし，P，Q は連続な偏導関数をもつものとする)について，

①´が完全微分方程式であるための必要十分条件は，

$P_y = Q_x$ である。←(完全微分方程式の判定条件) つまり，

$Pdx + Qdy = 0$ ……①´ が完全微分方程式 $\Longleftrightarrow$ $P_y = Q_x$ が成り立つ。

その一般解を次に示す。

・ $\underbrace{\int_{x_0}^{x} P(x,\ y)dx}_{(ii)} + \underbrace{\int_{y_0}^{y} Q(x_0,\ y)dy}_{(i)} = C$

または，

・ $\underbrace{\int_{x_0}^{x} P(x,\ y_0)dx}_{(i)} + \underbrace{\int_{y_0}^{y} Q(x,\ y)dy}_{(ii)} = C$

(ただし，x_0，y_0 は x，y それぞれの定義域内のある定数を表す。)

①´の微分方程式が完全微分方程式でないとき，この両辺に $\mu(x,\ y)$ をかけて，

$\mu(x,\ y)P(x,\ y)dx + \mu(x,\ y)Q(x,\ y)dy = 0$ ……①´´ とし，

$(\mu P)_y = (\mu Q)_x$，すなわち ←(①´´が完全微分方程式となるための条件)

$\mu_y P + \mu P_y = \mu_x Q + \mu Q_x \quad \therefore \mu_y P - \mu_x Q = -\mu(P_y - Q_x)$ …② が成り立てば①´´は完全微分方程式となり，これを解くことができる。このような $\mu(x, y)$ を**積分因子**という。②をみたす積分因子 μ を求めることは，一般に困難であるが，μ が（i）x だけの関数 $\mu(x)$ となる場合や，（ii）y だけの関数 $\mu(y)$ となる場合は，これを求めることができる。この $\mu(x)$ と $\mu(y)$ を下に示す。

完全微分形でない微分方程式 $Pdx + Qdy = 0$ について，
（i）$\dfrac{P_y - Q_x}{Q} = g(x)$ の場合，積分因子 $\mu(x) = e^{\int g(x)dx}$ となり，
（ii）$\dfrac{P_y - Q_x}{P} = h(y)$ の場合，積分因子 $\mu(y) = e^{-\int h(y)dy}$ となる。

§3. 非正規形 1 階微分方程式

正規形 $y' = f(x, y)$ の形で表せない 1 階微分方程式を，**非正規形の 1 階線形微分方程式**という。非正規形微分方程式では $y' = p$ とおくことが多い。この非正規形の微分方程式は p の 2 次以上の多項式で表されることが多く，これを **1 階高次微分方程式**と呼ぶ。
1 階高次微分方程式が因数分解できるときの解法を，次に示す。

$y' = p$ とおいて，p の多項式で表される次の 1 階高次微分方程式

$$p^n + Q_1(x, y)p^{n-1} + Q_2(x, y)p^{n-2} + \cdots$$
$$\cdots + Q_{n-1}(x, y)p + Q_n(x, y) = 0 \quad \cdots\cdots①$$

の左辺が因数分解されて，

$$\{p - f_1(x, y)\}\{p - f_2(x, y)\} \cdots\cdots \{p - f_n(x, y)\} = 0$$

となるとき，n 個の正規形の微分方程式

$$y' = f_1(x, y),\ y' = f_2(x, y),\ \cdots,\ y' = f_n(x, y)$$

のどの方程式の解も，①の解である。それらを，

$$F_1(x, y, C) = 0,\ F_2(x, y, C) = 0,\ \cdots,\ F_n(x, y, C) = 0$$

（C：任意定数）

とおくと，①の一般解は，

$$F_1(x, y, C) \cdot F_2(x, y, C) \cdot \cdots\cdots \cdot F_n(x, y, C) = 0$$ となる。

非正規形の微分方程式 $x = f(p)$ や $y = g(p)$ の形の微分方程式の解法を次に示す。

$x = f(p)$ ……① のとき，

$\dfrac{dy}{dx} = p$ より，$dy = p\,dx = p \cdot \dfrac{dx}{dp} \cdot dp = p \cdot \dfrac{df(p)}{dp} dp$ となる。

（x ＝ $f(p)$（①より），$p \cdot \dfrac{df(p)}{dp}$ ＝ p の関数）

y を p の関数と見ると，これは直接積分形の微分方程式なので，

$$y = \int p \cdot \frac{df(p)}{dp} dp + C \quad \cdots\cdots ②$$ となる。

そして，①と②から媒介変数 p を消去してできる y と x の関係式が，①の一般解である。

$y = g(p)$ ……① $(p \neq 0)$ のとき，

$\dfrac{dy}{dx} = p$ より，$dx = \dfrac{1}{p} dy = \dfrac{1}{p} \cdot \dfrac{dy}{dp} \cdot dp = \dfrac{1}{p} \cdot \dfrac{dg(p)}{dp} dp$ となる。

（y ＝ $g(p)$（①より））

x を p の関数と見ると，これは直接積分形の微分方程式なので，

$$x = \int \frac{1}{p} \cdot \frac{dg(p)}{dp} dp + C \quad \cdots\cdots ②$$ となる。

そして，①と②から媒介変数 p を消去してできる x と y の関係式が，①の一般解である。

$y = g(x,\ p)$ の形の微分方程式の解法を下に示す。

$y = g(x,\ p)$ のとき，両辺を x で微分して，

$$p = \frac{\partial g}{\partial x} + \frac{\partial g}{\partial p} \cdot \frac{dp}{dx}$$

の形にしてから，変数分離形に帰着させて解く。

（演習問題 25 (P45)）

$y = g(x,\ p)$ の全微分：

$dy = \dfrac{\partial g}{\partial x} dx + \dfrac{\partial g}{\partial p} dp$

$\therefore \dfrac{dy}{dx} = \dfrac{\partial g}{\partial x} + \dfrac{\partial g}{\partial p} \dfrac{dp}{dx}$ となる。（$\dfrac{dy}{dx} = p$）

$y = px + f(p)$ …①の形の微分方程式を，**クレローの微分方程式**という。クレローの微分方程式は，次のように解くことができる。

クレローの微分方程式：$y = px + f(p)$ ……① について，
①の両辺を x で微分すると，

$$\not{p} = \underbrace{p' \cdot x + \not{p}}_{(px)'} + \underbrace{f'(p) \cdot p'}_{\{f(p)\}'} \qquad p'\{x + f'(p)\} = 0$$

← 合成関数の微分

(i) $p' = \dfrac{dp}{dx} = 0$ または (ii) $x + f'(p) = 0$

(i) $p' = 0$ より，$p = C$ (定数) …② ②を①に代入して，一般解
$y = Cx + f(C)$ ……③ が求まる。← ③は無数の直線群を表す。

(ii) $x + f'(p) = 0$ ……④ と①から p を消去して，**特異解**(とくいかい)を求める。

この特異解は，③の一般解では表せないもので，③で表される直線群の**包絡線**(ほうらくせん)を表す。この包絡線とは，③の各直線と接する曲線のことだ。

この特異解は，次のようにして求めてもよい。
③の両辺を C で偏微分して，← x，y を固定して C で微分するということ
$0 = x + f'(C)$ ……⑤ この⑤と③から C を消去して得られる x と y の関係式として，直線群③の包絡線の方程式である特異解が求まる。

クレローの微分方程式を一般化した**ラグランジュの微分方程式**：
$y = f(p) \cdot x + g(p)$ ……① $(f(p) \neq p)$ の解法を，下に示す。

ラグランジュの微分方程式：$y = f(p) \cdot x + g(p)$ ……① $(f(p) \neq p)$
の両辺を x で微分すると，

$$p = \underbrace{f'(p) \cdot p' \cdot x + f(p)}_{\{f(p) \cdot x\}'} + \underbrace{g'(p) \cdot p'}_{\{g(p)\}'}$$

← 合成関数の微分

これを $p' = \dfrac{dp}{dx}$ でまとめて，

$$p - f(p) = \{f'(p) \cdot x + g'(p)\}\frac{dp}{dx}$$

$$\frac{dx}{dp} = \frac{f'(p)}{p - f(p)}x + \frac{g'(p)}{p - f(p)} \quad \text{より，}$$

$$\frac{dx}{dp} - \underbrace{\frac{f'(p)}{p - f(p)}}_{P_0(p)}x = \underbrace{\frac{g'(p)}{p - f(p)}}_{Q_0(p)} \cdots ②$$

$\dfrac{dx}{dp} + P_0(p) \cdot x = Q_0(p)$ より，この 1 階線形微分方程式の解は，$x = e^{-\int P_0 dp}\left(\int Q_0 e^{\int P_0 dp} dp + C\right)$

②の解と①から p を消去して，①の一般解を求める。

← p がうまく消去できない場合は，x と y の関係を媒介変数 p で表す形にして，②の解と①を併記して示せばよい。

演習問題 9　●1 階線形微分方程式 (Ⅰ)●

1 階線形微分方程式：$y' - y = 2x$ ……①
の一般解を求めよ。

ヒント！ 1 階線形微分方程式：$y' + P(x)y = Q(x)$ の一般解は，解の公式より，
$y = e^{-\int P(x)dx}\left\{\int Q(x)e^{\int P(x)dx}dx + C\right\}$ となる。

解答＆解説

1 階線形微分方程式：$y' \underbrace{-1}_{P(x)} \cdot y = \underbrace{2x}_{Q(x)}$ ……①

の一般解を，解の公式を使って求めると，

$$y = \underbrace{e^{-\int(-1)dx}}_{e^x}\left(\int 2x \underbrace{e^{\int(-1)dx}}_{e^{-x}} dx + C\right)$$

公式：$y = e^{-\int P dx}\left(\int Q e^{\int P dx} dx + C\right)$

$$= e^x\left(\int 2x \underbrace{e^{-x}}_{(-e^{-x})'} dx + C\right)$$

$(-e^{-x})'$ ←合成関数の微分

$$= e^x\left\{\underbrace{\int 2x(-e^{-x})' dx}_{2x(-e^{-x}) - \int (2x)'(-e^{-x})dx} + C\right\}$$

部分積分の公式：
$\int f \cdot g' dx = f \cdot g - \int f' \cdot g dx$

$$= e^x\left(-2xe^{-x} + 2\underbrace{\int e^{-x}dx}_{-e^{-x}} + C\right)$$

$-e^{-x}$ $(\because (-e^{-x})' = e^{-x})$

$$= e^x(-2xe^{-x} - 2e^{-x} + C)$$

$$= e^x\{-2e^{-x}(x+1) + C\}$$

以上より，求める①の 1 階線形微分方程式の一般解は，

$y = -2(x+1) + Ce^x$　である。 ……………………………………………(答)

演習問題 10 ●1階線形微分方程式(Ⅱ)●

1階線形微分方程式：$y' + \frac{1}{x+1}y = \cos x$ ……① $(x+1>0)$
の一般解を求めよ。

ヒント！ これも1階線形微分方程式より，解の公式を使って解こう。

解答&解説

1階線形微分方程式：$y' + \underbrace{\frac{1}{x+1}}_{P(x)}y = \underbrace{\cos x}_{Q(x)}$ ……①

の一般解を，解の公式を使って求めると，

$$y = \underbrace{e^{-\int\frac{1}{x+1}dx}}_{e^{-\log(x+1)}}\left(\int \boxed{(ア)\qquad} dx + C\right)$$

公式：$y = e^{-\int Pdx}\left(\int Qe^{\int Pdx}dx + C\right)$

$$= \underbrace{e^{\log\frac{1}{x+1}}}_{\frac{1}{x+1}\ (\because\ e^{\log\alpha}=\alpha)}\left\{\int \boxed{(イ)\qquad} dx + C\right\}$$

$$= \frac{1}{x+1}\left\{\int \boxed{(ウ)\quad}\cos x\,dx + C\right\}$$

$$= \frac{1}{x+1}\left\{\int \boxed{(ウ)\quad}(\sin x)'\,dx + C\right\}$$

部分積分の公式：
$\int f\cdot g'dx = f\cdot g - \int f'\cdot g\,dx$

$$= \frac{1}{x+1}\left\{\boxed{(エ)\qquad} - \int\sin x\,dx + C\right\}$$

$$= \frac{1}{x+1}\left\{\boxed{(オ)\qquad\qquad}\right\}$$

以上より，求める①の1階線形微分方程式の一般解は，

$y = \sin x + \frac{\cos x}{x+1} + \frac{C}{x+1}$ である。 ……………………………(答)

解答 (ア) $\cos x \cdot e^{\int\frac{1}{x+1}dx}$ (イ) $\cos x \cdot e^{\log(x+1)}$ (ウ) $(x+1)$
(エ) $(x+1)\sin x$ (オ) $(x+1)\sin x + \cos x + C$

演習問題 11 ● ベルヌーイの微分方程式 (Ⅰ) ●

ベルヌーイの微分方程式 $y' + \frac{2}{3x}y = -\frac{1}{3}e^x x^2 y^4$ …① $(x > 0)$ を解け。

ヒント！ $n = 4$ のベルヌーイの方程式だから，①の両辺に $(-n+1)y^{-n} = -3y^{-4}$ をかけるんだね。さらに $y^{-3} = u$ とおく。

解答＆解説

$y' + \frac{2}{3x}y = -\frac{1}{3}e^x x^2 y^{\overset{n}{④}}$ …① $(x > 0)$ は，$n = 4$ のベルヌーイの方程式より，

①の両辺に $(-n+1)y^{-n} = -3y^{-4}$ をかけて，

$$\underbrace{-3y^{-4}\cdot y'}_{(y^{-3})'} - \frac{2}{x}y^{-3} = e^x x^2$$

（$(y^{-3})'$ ← 合成関数の微分）

ベルヌーイの微分方程式：
$y' + P(x)y = Q(x)y^n \quad (n \neq 0,\ 1)$

$$(y^{-3})' - \frac{2}{x}y^{-3} = e^x x^2$$

ここで，$y^{-3} = u$ とおくと，

$u' \underbrace{- \frac{2}{x}}_{P(x)} u = \underbrace{e^x x^2}_{Q(x)}$ 　となって，これは u の 1 階線形微分方程式より，

解の公式を用いて，

公式：$y = e^{-\int P dx}\left(\int Q e^{\int P dx} dx + C\right)$

$$u = \underbrace{e^{\int \frac{2}{x}dx}}_{e^{2\log x} = x^2}\left(\int e^x x^2 \underbrace{e^{-\int \frac{2}{x}dx}}_{e^{-2\log x} = x^{-2}} dx + C\right)$$

$$= x^2\left(\int e^x \cdot x^2 \cdot \frac{1}{x^2}dx + C\right)$$

$$= x^2\left(\int e^x dx + C\right) = x^2(e^x + C)$$

$$= x^2 e^x + Cx^2 \quad \cdots\cdots ②$$

②に $u = y^{-3}$ を代入して，

$$y^{-3} = x^2 e^x + Cx^2$$

∴求める一般解は，$y^3 = \frac{1}{x^2 e^x + Cx^2}$ である。 ……………………………(答)

演習問題 12 ● ベルヌーイの微分方程式 (Ⅱ) ●

ベルヌーイの微分方程式 $y' + \frac{2}{x}y = \sqrt{y}$ …① $(x > 0)$ を解け。

ヒント! $n = \frac{1}{2}$ のベルヌーイの方程式だから，①の両辺に $(-n+1)y^{-n} = \frac{1}{2}y^{-\frac{1}{2}}$ をかける。さらに $y^{\frac{1}{2}} = u$ とおいて，1 階線形微分方程式にもち込むんだね。

解答&解説

$y' + \frac{2}{x}y = y^{\frac{1}{2}}$ …① $(x > 0)$ は，$n = \frac{1}{2}$ のベルヌーイの方程式より，（$\frac{1}{2}$ は n）

①の両辺に (ア) $= \frac{1}{2}y^{-\frac{1}{2}}$ をかけて，

$$\frac{1}{2}y^{-\frac{1}{2}} \cdot y' + \frac{1}{x}y^{\frac{1}{2}} = \frac{1}{2} \qquad \left(y^{\frac{1}{2}}\right)' + \frac{1}{x}y^{\frac{1}{2}} = \frac{1}{2}$$

（$\frac{1}{2}y^{-\frac{1}{2}} \cdot y' = \left(y^{\frac{1}{2}}\right)'$ ← 合成関数の微分）

ここで，(イ) $= u$ とおくと，$u' + \frac{1}{x}u = \frac{1}{2}$ となって，（$\frac{1}{x}$ は $P(x)$，$\frac{1}{2}$ は $Q(x)$）

これは u の (ウ) より，解の公式を用いて，

$$u = e^{-\int \frac{1}{x}dx}\left(\int \text{(エ)}\, dx + C\right) = \frac{1}{x}\left(\int \frac{1}{2}x\,dx + C\right) = \frac{1}{x}\left(\frac{1}{2}\cdot\frac{1}{2}x^2 + C\right)$$

（$e^{-\int \frac{1}{x}dx}$ は $e^{-\log x} = x^{-1}$）

$$= \frac{1}{4}x + \frac{C}{x} \quad \cdots\cdots②$$

②に $u = y^{\frac{1}{2}}$ を代入して，$y^{\frac{1}{2}} = \frac{1}{4}x + \frac{C}{x}$

∴求める一般解は，$y =$ (オ) である。 ……………………………(答)

解答 (ア) $(-n+1)y^{-n}$ (イ) $y^{\frac{1}{2}}$ (ウ) 1 階線形微分方程式
(エ) $\frac{1}{2}e^{\int \frac{1}{x}dx}$ (オ) $\left(\frac{x}{4} + \frac{C}{x}\right)^2$ $\left(\text{または，} \frac{x^2}{16} + \frac{C^2}{x^2} + \frac{C}{2}\right)$

演習問題 13　●リッカチの微分方程式●

$y = x$ が 1 つの特殊解であることを確認して，次のリッカチの微分方程式を解け。

$y' + \frac{1}{x}y^2 - \frac{1}{x}y - x = 0$ ……① $(x > 0)$

ヒント！ まず，リッカチの微分方程式：

$y' + P(x)y^2 + Q(x)y + R(x) = 0$ …㋐の特殊解 y_1 に対して，㋐の解を $y = y_1 + u$ …㋑とおく。この両辺を x で微分した $y' = y_1' + u'$ と㋑を㋐に代入してまとめると，

$u' + \{2y_1P(x) + Q(x)\}u = -P(x)u^2$ の，$n = 2$ のベルヌーイの方程式が導かれるんだね。

解答＆解説

リッカチの微分方程式：$y' + \underbrace{\frac{1}{x}}_{P(x)}y^2 \underbrace{- \frac{1}{x}}_{Q(x)}y \underbrace{- x}_{R(x)} = 0$ …① $(x > 0)$ について，

$y = x$ …② の両辺を x で微分して，$y' = 1$ ……②´

②´，②を①の左辺に代入して，

$\cancel{1} + \cancel{\frac{1}{x} \cdot x^2} - \cancel{\frac{1}{x} \cdot x} - \cancel{x} = 0 = (①の右辺)$ となって，①をみたす。

よって，$y = x$ …② は①の 1 つの特殊解である。

ここで，①の一般解を $y = x + u$ …③とおくと，$y' = 1 + u'$ …③´より，

③´，③を①に代入して，

$\underbrace{1 + u'}_{y'} + \underbrace{\frac{1}{x}}_{P(x)}\underbrace{(x^2 + 2xu + u^2)}_{y^2} \underbrace{- \frac{1}{x}}_{Q(x)}\underbrace{(x + u)}_{y} \underbrace{- x}_{R(x)} = 0$

$\underbrace{1 + \frac{1}{x} \cdot x^2 - \frac{1}{x} \cdot x - x}_{0} + u' + \frac{1}{x}(2xu + u^2) - \frac{1}{x}u = 0$

← 特殊解 $y = x$ を①に代入したものだから，これは 0 だ！

$\therefore u' + \left(2 - \frac{1}{x}\right)u = -\frac{1}{x}u^2$ …④

$u' + \underbrace{P_0(x)}_{\left(2 - \frac{1}{x}\right)}u = \underbrace{Q_0(x)}_{-\frac{1}{x}}u^2$ とみれば，これは $n = 2$ のベルヌーイ型だ！

④は u についての $n = 2$ のベルヌーイの微分方程式より，

④の両辺に，$(-n+1)u^{-n}=-u^{-2}$ をかけて，

$$\underbrace{-u^{-2}u'}_{(u^{-1})'}-\left(2-\frac{1}{x}\right)u^{-1}=\frac{1}{x}$$

合成関数の微分

$$(u^{-1})'-\left(2-\frac{1}{x}\right)\cdot u^{-1}=\frac{1}{x}$$

ここで，$u^{-1}=v$ とおくと，

$$v'\underbrace{-\left(2-\frac{1}{x}\right)}_{P(x)}v=\underbrace{\frac{1}{x}}_{Q(x)}$$

これは，v についての 1 階線形微分方程式より，解の公式を用いて，

$$v=\underbrace{e^{\int\left(2-\frac{1}{x}\right)dx}}_{e^{2x-\log x}=e^{2x}\cdot e^{\log x^{-1}}=e^{2x}\cdot\frac{1}{x}}\left(\int\frac{1}{x}\cdot\underbrace{e^{-\int\left(2-\frac{1}{x}\right)dx}}_{e^{-2x+\log x}=e^{-2x}\cdot e^{\log x}=e^{-2x}\cdot x}dx+C_1\right)$$

解の公式：
$y=e^{-\int Pdx}\left(\int Qe^{\int Pdx}dx+C\right)$

$$=\frac{e^{2x}}{x}\left(\int e^{-2x}dx+C_1\right)$$

$$=\frac{e^{2x}}{x}\left(-\frac{1}{2}e^{-2x}+C_1\right)$$

$$=\frac{1}{x}\left(-\frac{1}{2}+C_1e^{2x}\right)\quad\left[=\frac{1}{u}\right]$$

$$\therefore\ u=\frac{x}{C_1e^{2x}-\frac{1}{2}}=\frac{2x}{Ce^{2x}-1}\quad\cdots⑤\quad(C=2C_1)$$

⑤を③に代入して，①のリッカチの微分方程式の一般解は，

$y=x+\dfrac{2x}{Ce^{2x}-1}$ である。 ……………………………………………(答)

演習問題 14 ●完全微分方程式の判定条件と一般解●

(1) 微分方程式 $P(x, y)dx + Q(x, y)dy = 0$ ……①

が完全微分方程式であるための必要十分条件は

$P_y(x, y) = Q_x(x, y)$ ……②

であることを示せ。ただし，P，Q は連続な偏導関数をもつものとする。

(2) ②が成り立つ，すなわち①が完全微分方程式のとき，①の一般解は，

$\displaystyle\int_{x_0}^{x} P(x, y)dx + \int_{y_0}^{y} Q(x_0, y)dy = C$ であることを示せ。

ただし，x_0，y_0 は変数 x，y それぞれの定義域内のある定数とする。

ヒント！ (1)「①が完全微分方程式 $\Leftrightarrow$ $P_y = Q_x$」を示すんだね。$\Rightarrow$ の証明について，①が完全微分方程式ならば，$P = f_x$ かつ $Q = f_y$ となる 2 変数関数 $f(x, y)$ が存在する。$P = f_x$ より $P_y = f_{xy}$，$Q = f_y$ より $Q_x = f_{yx}$ となる。$\Leftarrow$ の証明について，$P = f_x$ かつ $Q = f_y$ となる $f(x, y)$ が存在することを，$P_y = Q_x$ …②の条件の下で示せばよい。まず，$P = f_x$ を x で積分しよう。

解答＆解説

(1)「$P(x, y)dx + Q(x, y)dy = 0$ が完全微分方程式 $\Leftrightarrow P_y = Q_x$」…(＊) を示す。

(i) まず，(＊) の $\Rightarrow$，すなわち，$P_y = Q_x$ …②が，①が完全微分形であるための必要条件であることを示す。

①が完全微分形のとき，$P = f_x$ …③ かつ $Q = f_y$ …④ となる 2 変数関数 $f(x, y)$ が存在する。

このとき①は，$f_x dx + f_y dy = 0$ の完全微分方程式だね。

③，④の両辺をそれぞれ y，x で微分すると，

$$P_y = f_{xy} = \frac{\partial^2 f(x, y)}{\partial y \partial x} \quad \cdots\cdots ③'$$

$$Q_x = f_{yx} = \frac{\partial^2 f(x, y)}{\partial x \partial y} \quad \cdots\cdots ④'$$

ここで，P，Q は連続な偏導関数をもつので，③′，④′より f は連続な 2 階の偏導関数をもつ。

これから，$\dfrac{\partial^2 f(x, y)}{\partial y \partial x} = \dfrac{\partial^2 f(x, y)}{\partial x \partial y}$ が成り立つ。（シュワルツの定理）

$\therefore f_{xy} = f_{yx}$ ……⑤

⑤に③′，④′を代入して，$P_y = Q_x$ …②が成り立つ。

(ⅱ) 次に，(＊) の ⇐ ，すなわち，$P_y = Q_x$ …②が，①が完全微分形であるための十分条件であることを示す。

$P_y = Q_x$ …②のとき，$P = f_x$ …⑥ かつ $Q = f_y$ …⑦ となる 2 変数関数 $f(x, y)$ を求める。⑥を x で区間 $[x_0, x]$ において積分すると，

$$f(x, y) = \int_{x_0}^{x} P(x, y)dx + \underline{g(y)} \cdots\cdots ⑧$$ となる。 （y だけの関数）

実際，⑧の両辺を x で微分すると，$\widetilde{P}(x, y) = \int P(x, y)dx$ として，

$f_x = \dfrac{\partial}{\partial x}[\widetilde{P}(x, y)]_{x_0}^{x} + \dfrac{dg(y)}{dx} = \dfrac{\partial}{\partial x}\{\widetilde{P}(x, y) - \widetilde{P}(x_0, y)\} = P(x, y)$ …⑥ だね。（$\dfrac{dg(y)}{dx} = 0$）

⑧の両辺を y で微分すると，

$$f_y = \frac{\partial}{\partial y}\int_{x_0}^{x} P(x, y)dx + g'(y)$$

（$f_y = Q$ （⑦より））

（$\dfrac{\partial}{\partial y}\int_{x_0}^{x} P(x, y)dx = \int_{x_0}^{x} \dfrac{\partial P}{\partial y}dx = \int_{x_0}^{x} P_y dx = \int_{x_0}^{x} Q_x dx$ （②より））

$$= \int_{x_0}^{x} Q_x(x, y)dx + g'(y) = Q(x, y) - Q(x_0, y) + g'(y) \ [= Q(x, y)]$$

（$\int_{x_0}^{x} Q_x(x, y)dx = [Q(x, y)]_{x_0}^{x} = Q(x, y) - Q(x_0, y)$）

よって，⑦より，$Q(x, y) = Q(x, y) - Q(x_0, y) + g'(y)$ だから，

$g'(y) = Q(x_0, y)$ ……⑨ となる。

⑨を y で区間 $[y_0, y]$ において積分すると，

$$g(y) = \int_{y_0}^{y} Q(x_0, y)dy + C_1 \cdots\cdots ⑩ \quad (C_1 : 任意定数)$$

⑩の両辺を y で微分すると，$\widetilde{Q}(x_0, y) = \int Q(x_0, y)dy$ として，

$g'(y) = \dfrac{d}{dy}[\widetilde{Q}(x_0, y)]_{y_0}^{y} = \dfrac{\partial}{\partial y}\{\widetilde{Q}(x_0, y) - \widetilde{Q}(x_0, y_0)\} = Q(x_0, y)$ （x_0, y_0：定数）

となって，$g'(y) = Q(x_0, y)$ …⑨を得る。

よって，⑩を⑧に代入して，⑥，⑦をみたす $f(x, y)$ は，

$$f(x, y) = \int_{x_0}^{x} P(x, y)dx + \int_{y_0}^{y} Q(x_0, y)dy + C_1 \cdots\cdots ⑪$$ となる。

実際，上の流れから，⑪の $f(x, y)$ に対して，$f_x = \dfrac{\partial}{\partial x}\int_{x_0}^{x} P(x, y)dx = P(x, y)$…⑥となり，

$f_y = \dfrac{\partial}{\partial y}\int_{x_0}^{x} P(x, y)dx + \dfrac{d}{dy}\int_{y_0}^{y} Q(x_0, y)dx = Q(x, y) - Q(x_0, y) + Q(x_0, y) = Q(x, y)$…⑦

が導かれるんだね。

以上より，$P_y = Q_x$ …②のとき，

$$f(x,\ y) = \int_{x_0}^{x} P(x,\ y)dx + \int_{y_0}^{y} Q(x_0,\ y)dy + C_1 \ \cdots\cdots ⑪$$

は，$P = f_x$ …⑥ かつ $Q = f_y$ …⑦をみたし，この⑥，⑦を

微分方程式 $\underbrace{P(x,\ y)}_{f_x(x,\ y)}dx + \underbrace{Q(x,\ y)}_{f_y(x,\ y)}dy = 0$ …① に代入すると，①は

$\underbrace{f_x(x,\ y)dx + f_y(x,\ y)dy}_{df(x,\ y)} = 0$ となる。← 完全微分方程式 $df(x,\ y) = 0$

よって，①は完全微分方程式である。

以上(ⅰ)(ⅱ)より，

「$P(x,\ y)dx + Q(x,\ y)dy = 0$ が完全微分方程式 $\Leftrightarrow P_y = Q_x$」…(＊)

は成り立つ。 ……………………………………………………(終)

(2) $P_y(x,\ y) = Q_x(x,\ y)$ …②の条件下で，**(1)** の(ⅱ)より，

$$f(x,\ y) = \int_{x_0}^{x} P(x,\ y)dx + \int_{y_0}^{y} Q(x_0,\ y)dy + C_1 \ \cdots\cdots ⑪$$

は，$P = f_x$，$Q = f_y$ をみたすので，

微分方程式 $P(x,\ y)dx + Q(x,\ y)dy = 0$ …①

は，完全微分方程式

$\underbrace{f_x(x,\ y)dx + f_y(x,\ y)dy}_{df(x,\ y)} = 0$ となる。

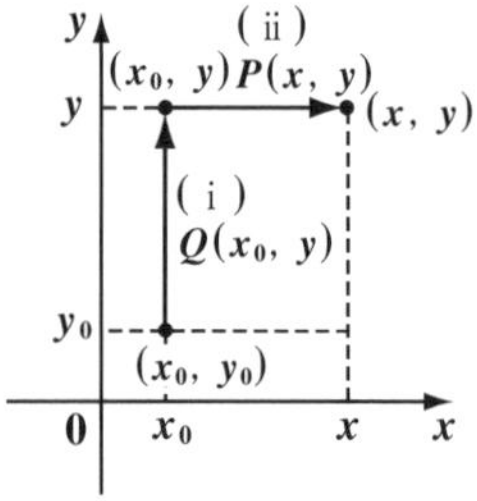

$\therefore\ d\underbrace{f(x,\ y)}_{C(\text{定数})} = 0$ より，この一般解は，

$$\underbrace{\int_{x_0}^{x} P(x,\ y)dx}_{\text{右図(ⅱ)の線積分}} + \underbrace{\int_{y_0}^{y} Q(x_0,\ y)dy}_{\text{右図(ⅰ)の線積分}} = C$$

である。…………………………(終)

$\int_{x_0}^{x} \underbrace{P(x,\ y)}_{\frac{\partial f(x,\ y)}{\partial x}}dx + \int_{y_0}^{y} \underbrace{Q(x_0,\ y)}_{\frac{df(x_0,\ y)}{dy}}dy$

$= \underbrace{\int_{x_0}^{x} \frac{\partial f(x,\ y)}{\partial x}dx}_{\text{(ⅱ)における}f\text{の差：}f(x,\ y) - f(x_0,\ y)} + \underbrace{\int_{y_0}^{y} \frac{df(x_0,\ y)}{dy}dy}_{\text{(ⅰ)における}f\text{の差：}f(x_0,\ y) - f(x_0,\ y_0)}$

$= f(x,\ y) - f(x_0,\ y_0)$

$\int_{x_0}^{x} P(x,\ y_0)dx + \int_{y_0}^{y} Q(x,\ y)dy = C$

も①の一般解となる。

演習問題 15 ● 完全微分方程式 (Ⅰ) ●

完全微分方程式 $(2x+y)dx+(x+3y^2)dy=0$ の一般解を求めよ。

ヒント！ $P(x,\ y)dx+Q(x,\ y)dy=0$ は，$P_y=Q_x=0$ のとき完全微分形だね。一般解の公式 (Ⅰ) $\int_{x_0}^{x} P(x,\ y)dx+\int_{y_0}^{y} Q(x_0,\ y)dy=C$，または (Ⅱ) $\int_{x_0}^{x} P(x,\ y_0)dx+\int_{y_0}^{y} Q(x,\ y)dy=C$ を使おう。

解答＆解説

$\underbrace{(2x+y)}_{P}dx+\underbrace{(x+3y^2)}_{Q}dy=0$ ……①

について，

$P=2x+y$，$Q=x+3y^2$ とおくと，

$P_y=1$，$Q_x=1$ となって，$P_y=Q_x$ が成り立つ。

よって，①は完全微分形なので，その一般解は，

$$\underbrace{\int_0^x (2x+y)dx}_{(ⅱ)}+\underbrace{\int_0^y (0\!\!\!/+3y^2)dy}_{(ⅰ)}=C$$

$[x^2+xy]_0^x+[y^3]_0^y=C$ より，

$x^2+xy+y^3=C$ である。 …………………(答)

・判定条件：$P_y=Q_x$
・一般解：
(Ⅰ) $\int_{x_0}^{x} P(x,\ y)dx+\int_{y_0}^{y} Q(x_0,\ y)dy=C$

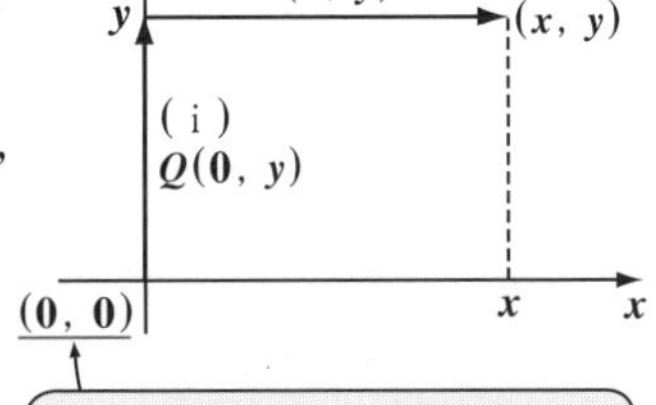

x，y の変域に特に条件がなければ，基点 $(x_0,\ y_0)$ を原点 $(0,\ 0)$ にとってかまわない。

別解

一般解の公式：

(Ⅱ) $\int_{x_0}^{x} P(x,\ y_0)dx+\int_{y_0}^{y} Q(x,\ y)dy=C$

を使って解くと，

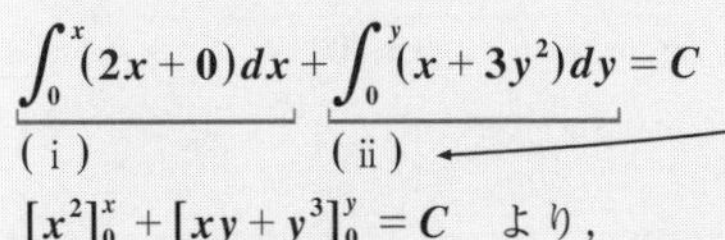

$$\underbrace{\int_0^x (2x+0)dx}_{(ⅰ)}+\underbrace{\int_0^y (x+3y^2)dy}_{(ⅱ)}=C$$

$[x^2]_0^x+[xy+y^3]_0^y=C$ より，

一般解は，$x^2+xy+y^3=C$ となる。 ……………………………………(答)

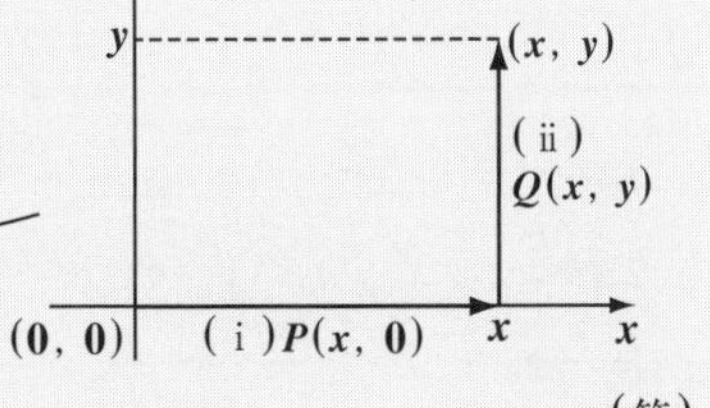

演習問題　16　●完全微分方程式(Ⅱ)●

完全微分方程式$(-2x+\sin y)dx+x\cdot\cos y\,dy=0$の一般解を求めよ。

ヒント！　一般解の公式$\displaystyle\int_{x_0}^{x}P(x,\ y)dx+\int_{y_0}^{y}Q(x_0,\ y)dy=C$　を使おう。

解答＆解説

$$\underbrace{(-2x+\sin y)}_{P}dx+\underbrace{x\cdot\cos y}_{Q}\,dy=0\ \cdots\cdots①$$

について，

$P=-2x+\sin y$，$Q=x\cos y$とおくと，

$P_y=\cos y$，$Q_x=\cos y$となって，

$P_y=Q_x$が成り立つ。←完全微分形の判定条件

よって，①は完全微分形より，これを解くと，

$$\underbrace{\int_0^x(-2x+\sin y)dx}_{(ⅱ)}+\underbrace{\int_0^y 0\cdot\cos y\,dy}_{(ⅰ)}=C$$

(ⅰ) $Q(0,\ y)$　(ⅱ) $P(x,\ y)$　$(0,\ 0)$　$(x,\ y)$

$[-x^2+x\cdot\sin y]_0^x=C$　より，

$-x^2+x\cdot\sin y=C$　である。……………………………………………(答)

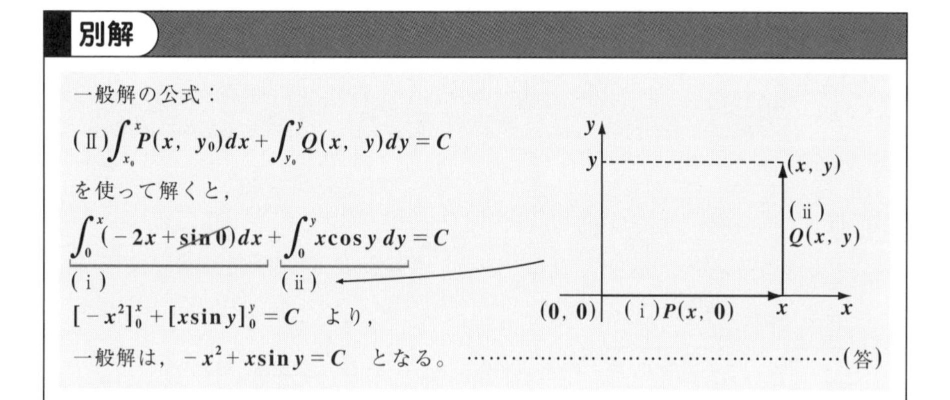

別解

一般解の公式：

$$(Ⅱ)\int_{x_0}^{x}P(x,\ y_0)dx+\int_{y_0}^{y}Q(x,\ y)dy=C$$

を使って解くと，

$$\underbrace{\int_0^x(-2x+\sin 0)dx}_{(ⅰ)}+\underbrace{\int_0^y x\cos y\,dy}_{(ⅱ)}=C$$

$[-x^2]_0^x+[x\sin y]_0^y=C$　より，

一般解は，$-x^2+x\sin y=C$　となる。……………………………………(答)

演習問題 17　● 完全微分方程式 (Ⅲ) ●

完全微分方程式 $(2x+\tan y)dx+(x+1)\sec^2 y\,dy=0$
の一般解を求めよ。

ヒント！ 前問同様，一般解の公式 $\int_{x_0}^{x}P(x,\ y)dx+\int_{y_0}^{y}Q(x_0,\ y)dy=C$ を使う。

解答＆解説

$\underbrace{(2x+\tan y)}_{P}dx+\underbrace{(x+1)\sec^2 y}_{Q}\,dy=0$ ……①

について，$P=2x+\tan y$，$Q=(x+1)\sec^2 y$ とおくと，

$P_y=$ (ア) $\left[=\dfrac{1}{\cos^2 y}\right]$，$Q_x=\sec^2 y$ より，(イ) が成り立つ。

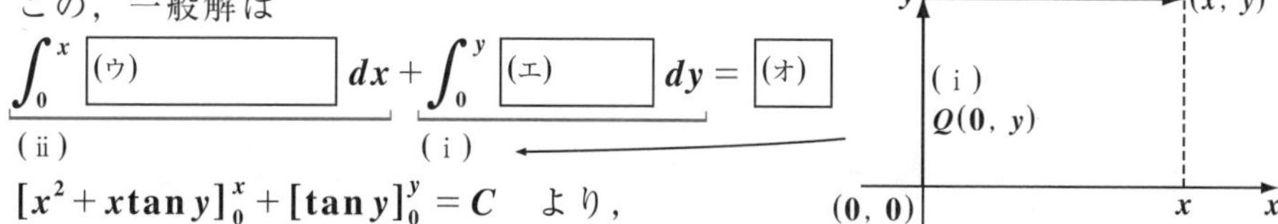

よって，①は完全微分形なので，
この，一般解は

$\underbrace{\int_0^x (ウ)\ dx}_{(ii)}+\underbrace{\int_0^y (エ)\ dy}_{(i)}=$ (オ)

$[x^2+x\tan y]_0^x+[\tan y]_0^y=C$　より，

$x^2+x\tan y+\tan y=C$

$\therefore x^2+(x+1)\tan y=C$　である。……………………………………(答)

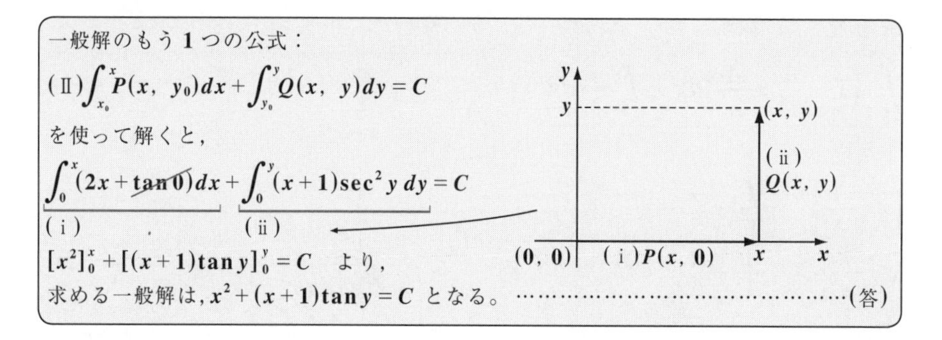

一般解のもう 1 つの公式：

(Ⅱ) $\int_{x_0}^{x}P(x,\ y_0)dx+\int_{y_0}^{y}Q(x,\ y)dy=C$

を使って解くと，

$\underbrace{\int_0^x(2x+\tan 0)dx}_{(i)}+\underbrace{\int_0^y(x+1)\sec^2 y\,dy}_{(ii)}=C$

$[x^2]_0^x+[(x+1)\tan y]_0^y=C$　より，

求める一般解は，$x^2+(x+1)\tan y=C$ となる。……………………………(答)

解答　(ア) $\sec^2 y$　(イ) $P_y=Q_x$　(ウ) $(2x+\tan y)$　(エ) $(0+1)\cdot\sec^2 y$　(オ) C

演習問題 18　●積分因子 $\mu(x)$ ●

微分方程式 $(x^2-y+1)dx+xdy=0$ ……① $(x>0)$ の積分因子を求めて，①の一般解を求めよ。

ヒント！ $\dfrac{P_y-Q_x}{Q}=g(x)$ より，積分因子は $\mu(x)=e^{\int g(x)dx}$ となる。

解答＆解説

①について，$P=x^2-y+1$，$Q=x$ とおくと，

$P_y=-1$，　$Q_x=1$

よって，$P_y \neq Q_x$ から，①は完全微分方程式ではない。

ここで，$\dfrac{P_y-Q_x}{Q}=\dfrac{-1-1}{x}=-\dfrac{2}{x}=g(x)$

と，$\dfrac{P_y-Q_x}{Q}$ が x のみの関数 $g(x)=-\dfrac{2}{x}$ となるので，①の積分因子 μ は x のみの関数で，$\mu(x)=e^{\int g(x)dx}=e^{-2\int \frac{1}{x}dx}=e^{-2\log x}=\dfrac{1}{x^2}$ となる。

①の両辺に $\mu(x)=\dfrac{1}{x^2}$ をかけて，

$$\left(1-\frac{y}{x^2}+\frac{1}{x^2}\right)dx+\frac{1}{x}dy=0 \quad \cdots\cdots ②$$

新たに，$P=1-\dfrac{y}{x^2}+\dfrac{1}{x^2}$，　$Q=\dfrac{1}{x}$ とおくと，$P_y=Q_x=-\dfrac{1}{x^2}$ より，②は完全微分形だね。

②は完全微分方程式より，

求める一般解は

$$\underbrace{\int_1^x\left(1-\frac{0}{x^2}+\frac{1}{x^2}\right)dx}_{(\text{i})}+\underbrace{\int_0^y\frac{1}{x}dy}_{(\text{ii})}=C$$

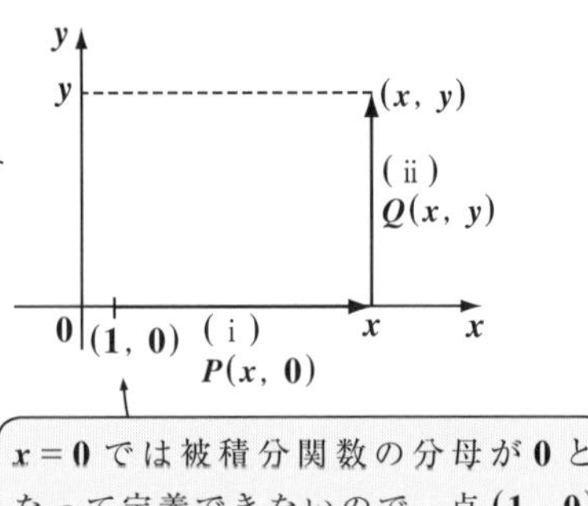

$$\left[x-\frac{1}{x}\right]_1^x+\frac{1}{x}[y]_0^y=C$$

$$x-\frac{1}{x}-1+\frac{1}{1}+\frac{1}{x}y=C$$

$$\frac{1}{x}y=-x+C+\frac{1}{x}$$

$$\therefore\ y=-x^2+Cx+1 \quad (x>0) \quad \cdots\cdots\cdots(\text{答})$$

$x=0$ では被積分関数の分母が 0 となって定義できないので，点 $(1,\ 0)$ スタートの積分にした！

演習問題 19 ●積分因子 $\mu(y)$●

微分方程式 $(4x+y)(y^2+1)dx+(2xy+2y^2+1)xdy=0$ ……①

の積分因子を求めて，①の一般解を求めよ。

ヒント！ $\dfrac{P_y-Q_x}{P}=h(y)$ より，積分因子は $\mu(y)=e^{-\int h(y)dy}$ だね。

解答＆解説

①について，$P=(4x+y)(y^2+1)$，$Q=(2xy+2y^2+1)x$ とおくと，

$$P_y=1\cdot(y^2+1)+(4x+y)\cdot 2y=8xy+3y^2+1$$

$$Q_x=2y\cdot x+(2xy+2y^2+1)\cdot 1=4xy+2y^2+1$$

積の微分：$(fg)'=f'g+fg'$

よって，$P_y \neq Q_x$ から，①は完全微分方程式ではない。

ここで，$\dfrac{P_y-Q_x}{P}=\dfrac{8xy+3y^2+1-(4xy+2y^2+1)}{(4x+y)(y^2+1)}=\dfrac{y(4x+y)}{(4x+y)(y^2+1)}$

$=\dfrac{y}{y^2+1}=h(y)$ と，$\dfrac{P_y-Q_x}{P}$ が y のみの関数 $h(y)=\dfrac{y}{y^2+1}$

となるので，①の積分因子 μ は y のみの関数で，

$$\mu(y)=e^{-\int h(y)dy}=e^{-\frac{1}{2}\int\frac{2y}{y^2+1}dy}$$

$$=e^{-\frac{1}{2}\log(y^2+1)}=\frac{1}{\sqrt{y^2+1}}$$ となる。

①の両辺に $\mu(y)=\dfrac{1}{\sqrt{y^2+1}}$ をかけて，

新たに，$P=(4x+y)\sqrt{y^2+1}$，$Q=\dfrac{(2xy+2y^2+1)x}{\sqrt{y^2+1}}$ とおくと，$P_y=Q_x=\dfrac{4xy+2y^2+1}{\sqrt{y^2+1}}$ より，②は完全微分形だね。

$$(4x+y)\sqrt{y^2+1}\,dx+\frac{(2xy+2y^2+1)x}{\sqrt{y^2+1}}dy=0 \quad \cdots\cdots ②$$ となる。

②は完全微分方程式より，求める一般解は

$$\underbrace{\int_0^x (4x+y)\sqrt{y^2+1}\,dx}_{(ii)}+\underbrace{\int_0^y \frac{(2\cdot 0\cdot y+2y^2+1)0}{\sqrt{y^2+1}}dy}_{(i)}=C$$

$$[(2x^2+yx)\sqrt{y^2+1}\ ]_0^x=C$$

$\therefore (2x^2+xy)\sqrt{y^2+1}=C$ である。 ……………………………………(答)

演習問題 20　●1 階高次微分方程式(Ⅰ)●

次の 1 階高次微分方程式を解け。ただし，$y'=p$ とおいた。

(1) $\sqrt{x^2+9}\,p^2+(2x\sqrt{x^2+9}-1)p-2x=0$ ……①

(2) $yp^2+(x-2y)p-2x=0$ ……②

ヒント！ (1)(2) 共，p の 2 次方程式とみて，左辺を因数分解して解く。

解答＆解説

(1) $\sqrt{x^2+9}\,p^2+(2x\sqrt{x^2+9}-1)p-2x=0$ ……①の左辺を因数分解して，

$(p+2x)(\sqrt{x^2+9}\,p-1)=0$　より，

（ⅰ）$p=-2x$，または　（ⅱ）$p=\dfrac{1}{\sqrt{x^2+9}}$　となる。

直接積分形

（ⅰ）$p=-2x$　より，$\dfrac{dy}{dx}=-2x$　$\therefore y=\int(-2x)dx=-x^2+C$ …①′

（ⅱ）$p=\dfrac{1}{\sqrt{x^2+9}}$　より，$\dfrac{dy}{dx}=\dfrac{1}{\sqrt{x^2+9}}$

$y=\int\dfrac{1}{\sqrt{x^2+9}}dy=\log|x+\sqrt{x^2+9}|+C$ ……①″ ← 直接積分形

公式：$\int\dfrac{1}{\sqrt{x^2+\alpha}}dx=\log|x+\sqrt{x^2+\alpha}|$ を使った！

∴①の方程式の一般解は，①′または①″より，

$(y+x^2-C)(y-\log|x+\sqrt{x^2+9}|-C)=0$　である。 ……(答)

(2) $yp^2+(x-2y)p-2x=0$ ……②　の左辺を因数分解して，

$(p-2)(py+x)=0$　より，

（ⅰ）$p=2$，または　（ⅱ）$py=-x$　となる。

（ⅰ）$p=2$　より，$\dfrac{dy}{dx}=2$　　$\therefore y=2\int dx=2x+C$ ……②′

（ⅱ）$py=-x$　より，$y\dfrac{dy}{dx}=-x$　　$\int y\,dy=-\int x\,dx$ ← 変数分離形

$\dfrac{1}{2}y^2=-\dfrac{1}{2}x^2+C_1$　　$x^2+y^2=C$ ……②″　$(C=2C_1)$

∴②の方程式の一般解は，②′または②″より，

$(y-2x-C)(x^2+y^2-C)=0$　である。 ……(答)

演習問題 21　● 1 階高次微分方程式 (II) ●

次の 1 階高次微分方程式を解け。ただし，$y' = p$ とおいた。

$$p^3 - yp^2 - x(x+y)p = 0 \quad \cdots\cdots ①$$

ヒント！ 前問同様，①の左辺を因数分解して解こう。

解答＆解説

$p^3 - yp^2 - x(x+y)p = 0 \quad \cdots\cdots ①$ の左辺を因数分解して，

$p\{p^2 - yp - x(x+y)\} = 0$，　p [(ア)　　　　] $= 0$ より，

(i) $p = 0$，または (ii) $p = -x$，または (iii) $p =$ [(イ)　] となる。

(i) $p = 0$ より，$\dfrac{dy}{dx} = 0$ $\therefore y =$ [(ウ)] $\cdots\cdots ①'$

(ii) $p = -x$ より，$\dfrac{dy}{dx} = -x$ $\therefore y = -\displaystyle\int x\,dx$ ← 直接積分形

$\therefore y = -\dfrac{1}{2}x^2 + C_1$ より，$2y = -x^2 + C \quad \cdots\cdots ①'' \quad (C = 2C_1)$

(iii) $y' - 1 \cdot y = x$ より，（$y' = p$，$-1 = P(x)$，$x = Q(x)$）

1 階線形微分方程式の解：$y = e^{-\int P dx}\left(\displaystyle\int Q \cdot e^{\int P dx} dx + C\right)$

$y = e^{\int 1 dx}\left(\displaystyle\int x e^{-\int dx} dx + C\right)$　（$e^{\int 1 dx} = e^x$，$\displaystyle\int x \cdot e^{-x} dx = \int x(-e^{-x})' dx$）

$= e^x\left(\displaystyle\int x(-e^{-x})' dx + C\right)$

$= e^x\left(-xe^{-x} + \right.$ [(エ)　　　　] $\left. + C\right)$

$= e^x(-xe^{-x} - e^{-x} + C) = e^x\{-(x+1)e^{-x} + C\}$

$\therefore y = Ce^x - x - 1 \quad \cdots\cdots ①'''$ となる。

以上①′，①″，①‴より，①の一般解は，

[(オ)　　　　　　　] $= 0$ である。 ……………………(答)

解答　(ア) $(p+x)\{p-(x+y)\}$　(イ) $x+y$　(ウ) C　(エ) $\displaystyle\int e^{-x} dx$

(オ) $(y-C)(2y+x^2-C)(y-Ce^x+x+1)$

演習問題 22 ● 非正規形の微分方程式 $x = f(p)$ 型 ●

非正規形の微分方程式：$x = f(p)$ $\left(\text{ただし，} p = \dfrac{dy}{dx}\right)$ について，

$\dfrac{dy}{dx} = p$ より，$dy = p\,dx = p \cdot \dfrac{dx}{dp} \cdot dp = p \cdot \dfrac{df(p)}{dp}dp$ ……① となる。

①を利用して，微分方程式：$x = \dfrac{1}{2}\log(1+p^2) - \log p$ ……② の一般解を求めよ。

ヒント！ ①より，y を p の関数とみて，$y = \displaystyle\int p \cdot \frac{df}{dp}dp$ となる。

解答＆解説

$x = f(p) = \dfrac{1}{2}\log(1+p^2) - \log p$ ……②´ とおく。

ここで，$\dfrac{dy}{dx} = p$ より，

$dy = p\,dx = p \cdot \dfrac{dx}{dp} \cdot dp = p \cdot \left\{-\dfrac{1}{(1+p^2)p}\right\}dp = -\dfrac{1}{1+p^2}dp$ （②´より） 直接積分形

$$f'(p) = \left\{\frac{1}{2}\log(1+p^2) - \log p\right\}' = \frac{p}{1+p^2} - \frac{1}{p} = -\frac{1}{(1+p^2)p}$$

$\therefore y = -\displaystyle\int \frac{1}{1+p^2}dp = -\tan^{-1}p + C$ 　　$\tan^{-1}p = C - y$

$\therefore p = \tan(C-y)$ ……③ 　　③を②に代入して p を消去すると，

$$x = \frac{1}{2}\log\{1+\tan^2(C-y)\} - \log\{\tan(C-y)\}$$

$$= \frac{1}{2}\cdot\log\frac{1}{\cos^2(C-y)} - \log\frac{\sin(C-y)}{\cos(C-y)}$$

$$= \log\frac{1}{\cos(C-y)} - \log\frac{\sin(C-y)}{\cos(C-y)}$$

$$= \log\left\{\frac{1}{\cos(C-y)} \cdot \frac{\cos(C-y)}{\sin(C-y)}\right\}$$

$$= \log\frac{1}{\sin(C-y)} = -\log\{\sin(C-y)\}$$

よって，求める②の一般解は，$x = -\log\{\sin(C-y)\}$ である。 ……(答)

演習問題 23　●非正規形の微分方程式 $y = g(p)$ 型●

非正規形の微分方程式：$y = g(p)$ $\left(\text{ただし，} p = \dfrac{dy}{dx}\right)$ について，

$\dfrac{dy}{dx} = p$ より，$p \neq 0$ とすると，

$dx = \dfrac{1}{p}dy = \dfrac{1}{p} \cdot \dfrac{dy}{dp} \cdot dp = \dfrac{1}{p} \cdot \dfrac{dg(p)}{dp} dp$ ……① となる。

①を利用して，微分方程式：$y = 2p^3 + p^2$ …② $(p \neq 0)$ の一般解を求めよ。

ヒント！ ①より，x を p の関数とみて，$x = \displaystyle\int p \cdot \dfrac{dg}{dp} dp$ となる。

解答＆解説

$y = g(p) = 2p^3 + p^2$ ……②′　とおく。

ここで，$\dfrac{dy}{dx} = p$ より，(ア)［　　］のとき，

$$dx = \frac{1}{p}dy = \frac{1}{p} \cdot \frac{dy}{dp} \cdot dp = \frac{1}{p} \cdot (6p^2 + 2p)dp = (6p + 2)dp \quad (\text{②′より})$$

$\dfrac{dy}{dp} = g'(p) = (2p^3 + p^2)' = 6p^2 + 2p$

$\therefore\ x = \displaystyle\int (6p + 2)dp =$ (イ)［　　］

以上より，②の微分方程式の一般解は，媒介変数(ウ)［　　］を用いて，

$$\begin{cases} x = \text{(イ)［　　］} \\ y = 2p^3 + p^2 \quad (C : \text{(エ)［　　］}) \end{cases}$$ となる。 ……………………………(答)

解答　(ア) $p \neq 0$　(イ) $3p^2 + 2p + C$　(ウ) p　(エ) 任意定数

演習問題 24 ●$y=g(x,\ p)$ 型の微分方程式(Ⅰ)●

微分方程式：$y=\dfrac{x}{2}\left(p-\dfrac{2}{p}\right)$ ……① の一般解を，①の両辺を x で微分することによって求めよ。ただし，$y'=p$ とおいた。

ヒント！ ①を $y=g(x,\ p)$ とみて，この両辺を x で微分する。右辺の微分では，積の微分法と合成関数の微分法を使おう。

解答＆解説

$y=\dfrac{x}{2}\left(p-\dfrac{2}{p}\right)$ ……①の両辺を x で微分して，

積の微分：$(f\cdot g)'=f'g+fg'$

$$p=\frac{1}{2}\left(p-\frac{2}{p}\right)+\frac{x}{2}\cdot\left(1+\frac{2}{p^2}\right)\cdot\frac{dp}{dx}$$

$\left(1+\dfrac{2}{p^2}\right)\cdot\dfrac{dp}{dx}=\dfrac{d}{dp}\left(p-\dfrac{2}{p}\right)\cdot\dfrac{dp}{dx}$ ← 合成関数の微分

$$2p=p-\frac{2}{p}+x\cdot\left(1+\frac{2}{p^2}\right)\cdot\frac{dp}{dx}\qquad p+\frac{2}{p}=x\left(1+\frac{2}{p^2}\right)\frac{dp}{dx}$$

$$\frac{p^2+2}{p}=x\cdot\frac{p^2+2}{p^2}\cdot\frac{dp}{dx}$$

$\therefore\ \dfrac{x}{p}\cdot\dfrac{dp}{dx}=1$ これは変数分離形の微分方程式より，

$$\int\frac{1}{p}dp=\int\frac{1}{x}dx\qquad \log|p|=\log|x|+C_1$$

（C_1 を $\log C_2$ とおく，C_2 は ⊕）

$$\log|p|=\log|C_2x|\quad (C_2=e^{C_1})\qquad |p|=|C_2x|$$

$\therefore\ p=\pm C_2x=Cx$ ……② （ただし，$C=\pm C_2$）

②を①に代入して p を消去すると，

$y=\dfrac{x}{2}\left(Cx-\dfrac{2}{Cx}\right)$ よって，①の一般解は，

$y=\dfrac{1}{2}\left(Cx^2-\dfrac{2}{C}\right)$ である。 ……………………………………(答)

演習問題 25　●$y = g(x,\ p)$ 型の微分方程式(Ⅱ)●

微分方程式：$y = (p+2)x$ ……① の一般解を，①の両辺を x で微分することによって求めよ。ただし，$y' = p$ とおいた。

ヒント！ 前問同様に，積の微分法を使おう。

解答＆解説

$y = (p+2)x$ ……①の両辺を (ア) で微分して，

積の微分：$(f\cdot g)' = f'g + fg'$

$$\cancel{p} = \frac{dp}{dx}\cdot x + (\cancel{p}+2)\cdot 1$$

$$0 = x\cdot\frac{dp}{dx} + 2$$

$x\cdot\dfrac{dp}{dx} = -2$　　これは (イ) の微分方程式より，

$$\int dp = -2\int\frac{1}{x}dx$$

$$p = -2\log|x| + C_1 = -\text{(ウ)} + C_1 \quad\cdots\cdots②$$

②を①に代入して p を消去すると，

$y = (C - \text{(ウ)})\cdot x$　$(C = C_1 + 2)$ である。 ……………………………(答)

$y = g(x,\ p)$ のとき，この両辺を x で微分すると，

$p = \dfrac{\partial g}{\partial x} + \dfrac{\partial g}{\partial p}\cdot\dfrac{dp}{dx}$　となる。(P24)

この公式を用いて，$y = g(x,\ p) = (p+2)x$ ……① の両辺を x で微分すると，

$$p = \frac{\partial}{\partial x}\underbrace{(p+2)x}_{g(x,\ p)} + \frac{\partial}{\partial p}\underbrace{(p+2)x}_{g(x,\ p)}\cdot\frac{dp}{dx}$$

（定数扱い）（定数扱い）

$= p + 2 + x\cdot\dfrac{dp}{dx}$　$\therefore 0 = x\cdot\dfrac{dp}{dx} + 2$　となる。

解答　(ア) x　(イ) 変数分離形　(ウ) $\log x^2$

演習問題 26　● クレローの微分方程式 (Ⅰ) ●

クレローの微分方程式：$y = px + \dfrac{1}{p}$ ……① を解いて，

一般解と特異解を求め，グラフの概形を描け。ただし，$y' = p$ とした。

ヒント！ まず，①の両辺を x で微分して，$p' = 0$ または $x - \dfrac{1}{p^2} = 0$ を導く。

解答＆解説

（クレローの微分方程式：$y = px + f(x)$）

$y = px + \dfrac{1}{p}$ ……① の両辺を x で微分して，

$\cancel{p} = \underbrace{p'x + \cancel{p}}_{(px)'} \underbrace{- \dfrac{1}{p^2} \cdot p'}_{(p^{-1})'}$　　$p'\left(x - \dfrac{1}{p^2}\right) = 0$

$\therefore$ (i) $p' = 0$　または　(ii) $x - \dfrac{1}{p^2} = 0$

(i) $p' = 0$ より，$p = C$ (定数) ……②

②を①に代入して，①の一般解は，

$y = Cx + \dfrac{1}{C}$ である。 …………(答)

> ①の一般解 $y = Cx + \dfrac{1}{C}$ … ⓐ
> について，x，y を固定して C で微分すると，
> $0 = x - \dfrac{1}{C^2}$　$\therefore C^2 = \dfrac{1}{x}$ … ⓑ
> ⓐとⓑから C を消去すれば直線群ⓐの包絡線の方程式が求まる。
> ⓐの両辺を $\mathbf{2}$ 乗して，
> $y^2 = C^2x^2 + 2x + \dfrac{1}{C^2}$ …… ⓐ′
> ⓐ′ にⓑを代入して,ⓐの包絡線
> $y^2 = 4x$ $(x > 0)$ (特異解) が求まる。

(ii) $x = \dfrac{1}{p^2}$ より，$p^2 = \dfrac{1}{x}$ ……③ ここで，①の両辺を $\mathbf{2}$ 乗して，

$y^2 = p^2x^2 + 2x + \dfrac{1}{p^2}$ ……④

③を④に代入して，

$y^2 = \dfrac{1}{x} \cdot x^2 + 2x + x = 4x$

よって,①の特異解は，

$y^2 = 4x$ $(x > 0)$ である。 …(答)

（焦点 $(1, 0)$ の左に凸の放物線 (ただし，頂点 $(0, 0)$ を除く)）

以上 (i)(ii) より，①の一般解と特異解のグラフの概形を右図に示す。

………(答)

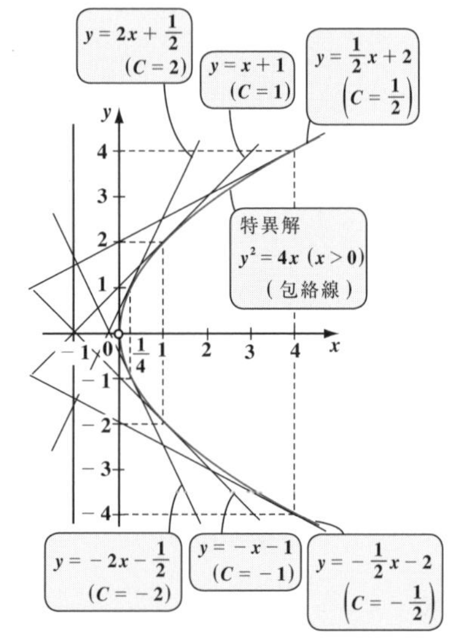

演習問題 27　● クレローの微分方程式 (Ⅱ) ●

クレローの微分方程式：$y = px + p^2 + p$ ……①　を解いて，
一般解と特異解を求め，グラフの概形を描け。ただし，$y' = p$ とした。

ヒント！ まず，①の両辺を x で微分しよう。

解答＆解説

$y = px + p^2 + p$ ……①　の両辺を x で微分して，

$\not{p} = p'x + \not{p} + 2pp' + p'$　　$p'(\boxed{(ア)\quad}) = 0$

$\therefore$ (ⅰ) $p' = 0$　または　(ⅱ) $\boxed{(ア)\quad} = 0$

(ⅰ) $p' = 0$　より，$p = \boxed{(イ)}$ (定数) ……②

②を①に代入して，①の $\boxed{(ウ)\quad}$ は，

$y = \boxed{(エ)\quad}$ である。…………(答)

(ⅱ) $2p = -x - 1$　より，$p = -\dfrac{x+1}{2}$ …③

③を①に代入して，

$$y = -\frac{x+1}{2}x + \frac{(x+1)^2}{4} - \frac{x+1}{2}$$

$$= \frac{x+1}{4}(-2x + x + 1 - 2)$$

$$= \frac{x+1}{4}(-x-1) = -\frac{(x+1)^2}{4}$$

よって，①の $\boxed{(オ)\quad}$ は，

$y = -\dfrac{(x+1)^2}{4}$ である。…(答)

頂点 $(-1, 0)$ の上に凸の放物線

①の一般解
$y = Cx + C^2 + C$ …ⓐ
について，x，y を固定して C で微分すると，
$0 = x + 2C + 1$ …ⓑ
ⓐとⓑから C を消去すれば直線群ⓐの包絡線の方程式が求まる。ⓑより，
$C = -\dfrac{x+1}{2}$ …… ⓑ′
ⓑ′をⓐに代入して，ⓐの包絡線
$y = -\dfrac{(x+1)^2}{4}$ (特異解) が求まる。

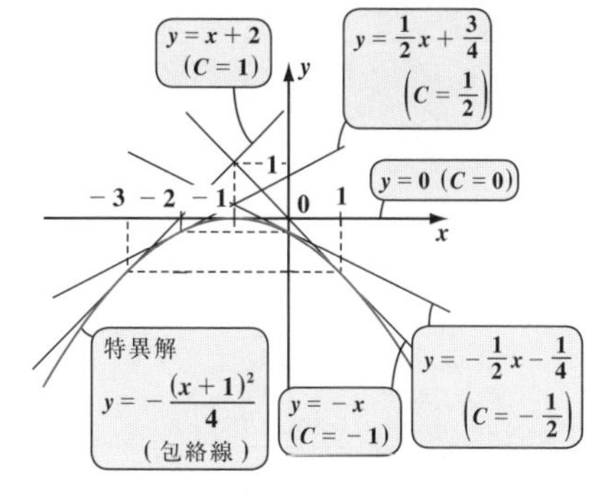

以上 (ⅰ)(ⅱ) より，①の一般解と特異解のグラフの概形を右図に示す。……………………………(答)

解答　(ア) $x + 2p + 1$　(イ) C　(ウ) 一般解
(エ) $Cx + C^2 + C$　(オ) 特異解

演習問題 28　●ラグランジュの微分方程式●

ラグランジュの微分方程式：$y = p^2x + p^2$ ……①
を解いて，一般解を求め，特異解があればそれも求めよ。

ヒント！ まず，①の両辺を x で微分して，$p(1-p) = 2p(x+1)\dfrac{dp}{dx}$ を導こう。
(ⅰ) $p \neq 0,\ 1$，(ⅱ) $p = 0$，(ⅲ) $p = 1$ の 3 つに場合分けする。

解答＆解説

ラグランジュの微分方程式：$y = \underbrace{p^2}_{f(p)}x + \underbrace{p^2}_{g(p)}$ ……①　について，

> ラグランジュの微分方程式
> $y = f(p)x + g(p)$
> （ただし，$f(p) \neq p$）

この両辺を x で微分すると，

$$p = \underbrace{2pp'x + p^2}_{(p^2x)'} + \underbrace{2pp'}_{(p^2)'}$$

$$p(1-p) = 2p(x+1)\frac{dp}{dx} \quad \cdots\cdots②$$

(ⅰ) $p \neq 0,\ 1$ のとき，

$$\frac{dx}{dp} = \frac{2\cancel{p}(x+1)}{\cancel{p}(1-p)} = \frac{2}{1-p}x + \frac{2}{1-p}$$

> $p \neq 0,\ 1$ より，$p(1-p) \neq 0$
> ∴②より，$\dfrac{dp}{dx} \neq 0$　だね。

$$\frac{dx}{dp} + \underbrace{\frac{2}{p-1}}_{P_0(p)}x = \underbrace{-\frac{2}{p-1}}_{Q_0(p)}$$

> 1 階線形微分方程式の解の公式：
> $x = e^{-\int P_0 dp}\left(\int Q_0 \cdot e^{\int P_0 dp}dp + C\right)$

これは 1 階線形微分方程式より，解の公式を用いて，

$$x = \underbrace{e^{-2\int\frac{1}{p-1}dp}}_{e^{-2\log|p-1|} = \frac{1}{(p-1)^2}}\left\{\int\left(-\frac{2}{p-1}\right)\cdot\underbrace{e^{2\int\frac{1}{p-1}dp}}_{e^{2\log|p-1|} = (p-1)^2}dp + C\right\}$$

$$= \frac{1}{(p-1)^2}\left\{-2\int\frac{1}{p-1}\cdot(p-1)^2dp + C\right\}$$

$$= \frac{1}{(p-1)^2}\left\{-2\int(p-1)dp + C\right\} = \frac{1}{(p-1)^2}\left\{-\cancel{2}\cdot\frac{1}{\cancel{2}}(p-1)^2 + C\right\}$$

$$= -1 + \frac{C}{(p-1)^2}$$

$\therefore\ x+1=\dfrac{C}{(p-1)^2}$ より，$(p-1)^2(x+1)=C$ ……③ となる。

①と③より p を消去して，x と y の関係として，①の一般解を求める。

$y=p^2x+p^2=p^2(x+1)$ ……① の右辺を変形して，

$$y=(p-1+1)^2(x+1)=\{(p-1)^2+2(p-1)+1\}(x+1)$$
$$=(p-1)^2(x+1)+2(p-1)(x+1)+(x+1)=C+2(p-1)(x+1)+(x+1)$$

C (∵③より)

$\therefore\ y-(x+1)-C=2(p-1)(x+1)$ この両辺を 2 乗して，

$\{y-(x+1)-C\}^2=4(p-1)^2(x+1)(x+1)=4C(x+1)$ (∵③)

よって，①の一般解は，$(y-x-1-C)^2=4C(x+1)$ ……④ である。

(ⅱ) $p=0$ のとき，①に代入して，求める特異解は，$y=0$ である。

一般解に含まれない解のこと

(ⅲ) $p=1$ のとき，①に代入して，$y=x+1$ ……⑤ である。

ここで，一般解④で $C=0$ の場合，

$\{y-(x+1)\}^2=0$ $\therefore\ y=x+1$ ……⑤ となり，

この⑤は④の特殊解である。

一般解の任意定数にある値を代入したもの

以上 (ⅰ)(ⅱ)(ⅲ) より，求める①の一般解と特異解は，

$\begin{cases} 一般解\ (y-x-1-C)^2=4C(x+1) \\ 特異解\ y=0 \end{cases}$ である。……………………(答)

特異解 $y=0$ は次のようにしても求められる。

一般解 $(y-x-1-C)^2=4C(x+1)$ ……④の両辺を C で偏微分する，すなわち x，y を固定して，C で微分すると，

$2(y-x-1-C)\cdot(-1)=4(x+1)$ $-y+x+1+C=2x+2$

$\therefore\ C=y+x+1$ …ⓐ となる。ⓐを④に代入して C を消去すると，

$(\cancel{y}-x-1-\cancel{y}-x-1)^2=4(y+x+1)(x+1)$ $\cancel{4}(x+1)^2=\cancel{4}(y+x+1)(x+1)$

$(x+1)(y+\cancel{x+1}-\cancel{x-1})=0$ $\therefore\ y(x+1)=0$ これが任意の独立変数 x に対して成り立つ条件から，①の特異解は，$y=0$ と求められる。

講 義 Lecture 3 2階線形微分方程式

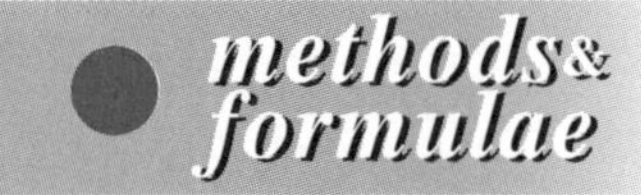

§1. 2階線形微分方程式(Ⅰ)

一般に，2階常微分方程式は，x，y，y'，y'' の関係式として，
$F(x, y, y', y'') = 0$ の形で表される。このうち，特に，

$$y'' + P(x)y' + Q(x)y = R(x) \quad \cdots\cdots ①$$

の形の微分方程式を**2階線形微分方程式**という。ここで，「すべての x に対して，$R(x)$ が恒等的に 0」ではない，すなわち $R(x) \neq 0$ のとき，①を**非同次微分方程式**または，**非斉次微分方程式**といい，この $R(x)(\neq 0)$ を**非斉次項**と呼ぶ。これに対して，恒等的に $R(x) = 0$ のとき，すなわち，

$$y'' + P(x)y' + Q(x)y = 0 \quad \cdots\cdots ②$$

のとき，これを**同次微分方程式**または**斉次微分方程式**という。また，②を①の**同伴方程式**と呼ぶ。

①の2階非同次微分方程式の一般解 y は，①の特殊解 y_0 と同伴方程式②の一般解 Y との和，すなわち

$y = y_0 + Y$ の形で表される。

ここで，②の一般解 Y は，②の基本解 y_1 と y_2 の1次結合，すなわち

$Y = C_1y_1 + C_2y_2$ (C_1，C_2：任意定数) の形で与えられる。

基本解 y_1，y_2 は②の1次独立な解である。

この1次独立な解と，そうでない場合の解の定義を，次に示す。

$C_1y_1 + C_2y_2 = 0 \ \cdots\cdots (*)$ について，

(ⅰ) $C_1 = C_2 = 0$ のときしか $(*)$ が成り立たないとき，y_1，y_2 を**1次独立**(または**線形独立**)な解といい，

(ⅱ) 0でない C_1，C_2 が存在するとき，y_1，y_2 を**1次従属**(または**線形従属**)な解という。

そして，y_1，y_2 が1次独立な解であることを判定するものとして，**ロンスキアン**または**ロンスキー行列式** $W(y_1, y_2)$ がある。この定義は次の通りである。

$$W(y_1,\ y_2)=\begin{vmatrix} y_1 & y_2 \\ y_1' & y_2' \end{vmatrix}=y_1y_2'-y_1'y_2$$ ← 行列式 $\begin{vmatrix} a & b \\ c & d \end{vmatrix}=ad-bc$

このロンスキアン $W(y_1,\ y_2)\neq 0$ のとき，y_1 と y_2 は 1 次独立な解である。以上のことをまとめて下に示す。

2 階線形微分方程式：

$y''+P(x)y'+Q(x)y=R(x)$ ……① (非同次微分方程式：$R(x)\neq 0$)

の特殊解を y_0 とおく。また，①の同伴方程式：

$y''+P(x)y'+Q(x)y=0$ ………② (同次微分方程式) の一般解を

$Y=C_1y_1+C_2y_2$ (ただし，ロンスキアン $W(y_1,\ y_2)\neq 0$) とおくと，

①の一般解 y は，$y=y_0+Y$ より，

$y=y_0+C_1y_1+C_2y_2$ ($C_1,\ C_2$：任意定数) となる。

(y_0：特殊解，$C_1y_1+C_2y_2$：①の余関数)

(ここで，$y_1,\ y_2$ を②の**基本解**と呼ぶ。また，$C_1y_1+C_2y_2$ を①の**余関数**という。)

この $P(x)$ と $Q(x)$ が定数係数 $a,\ b$ のときの同次方程式の解法を次に示す。

定数係数 2 階同次微分方程式：

$y''+ay'+by=0$ …③ ($a,\ b$：定数) の基本解は次のように求める。

③の**特性方程式**：$\lambda^2+a\lambda+b=0$ の 2 つの解 $\lambda=\lambda_1,\ \lambda_2$ について，

(ⅰ) $\lambda_1,\ \lambda_2$ が相異なる 2 実数解であるとき，

基本解は，$e^{\lambda_1x},\ e^{\lambda_2x}$ である。

(ⅱ) $\lambda_1=\lambda_2$ の重解であるとき，

基本解は，$e^{\lambda_1x},\ xe^{\lambda_1x}$ である。

(ⅲ) $\lambda_1,\ \lambda_2$ が共役な虚数解であるとき，

$\lambda_1=\alpha+i\beta,\ \lambda_2=\alpha-i\beta$ ($\alpha,\ \beta(\neq 0)$：実数，i：虚数単位) とおくと，

基本解は，$e^{\alpha x}\cos\beta x,\ e^{\alpha x}\sin\beta x$ である。

§2. 2 階線形微分方程式 (Ⅱ)

2 階線形微分方程式 $y''+P(x)y'+Q(x)y=R(x)$ ……① の一般解 y の具体的な求め方を次に示す。

$y'' + P(x)y' + Q(x)y = R(x)$ ……① の同伴方程式：
$y'' + P(x)y' + Q(x)y = 0$ ……② について，
(Ⅰ) ②の基本解 y_1, y_2 が分かっているとき，①の特殊解 y_0 は，

$$y_0 = -y_1\int\frac{y_2R(x)}{W(y_1,\ y_2)}dx + y_2\int\frac{y_1R(x)}{W(y_1,\ y_2)}dx$$ となる。

よって，①の一般解は，$y = y_0 + C_1y_1 + C_2y_2$ である。
(Ⅱ) ②の基本解の 1 つ $y_1(\neq 0)$ が分かっているとき，
①の一般解を $y = uy_1$ とおき，これと y', y'' を①に代入して，
$u'' + P_0(x)u' = Q_0(x)$ の形を導く。さらに，$u' = p$ とおき，
p の 1 階線形微分方程式に帰着させて，p について解く。この後，
u を求め，そして一般解 $y = uy_1$ を求める。

①の同伴方程式：

$y'' + P(x)y' + Q(x)y = 0$ ……②

の $P(x)$, $Q(x)$ の関係から，②の基本解 $y_1(\neq 0)$ を求めるための一覧を表 1 に示す。この P, Q の条件は，対応する基本解 y_1 と y_1', y_2'' を②に代入して導かれる。

表 1　同伴方程式の基本解の形

P, Q の条件	基本解の 1 つ
$P + xQ = 0$	$y_1 = x$
$\lambda(\lambda-1) + \lambda xP + x^2Q = 0$	$y_1 = x^{\lambda}$
$1 + P + Q = 0$	$y_1 = e^x$
$1 - P + Q = 0$	$y_1 = e^{-x}$
$\lambda^2 + \lambda P + Q = 0$	$y_1 = e^{\lambda x}$

($P(x)$, $Q(x)$ をそれぞれ P, Q と略記した。)

§3. 2 階線形微分方程式 (Ⅲ)

$x^2y'' + axy' + by = R(x)$ …① $(x > 0)$ (a, b：定数) の形の微分方程式を**オイラーの微分方程式**という。①の同伴方程式：
$x^2y'' + axy' + by = 0$ …② $(x > 0)$ (a, b：定数) を，2 階オイラーの方程式と呼ぶことにする。②の基本解は，次のように求める。

$y = x^{\lambda}$ とおいて導かれる**特性方程式**：
$\lambda^2 + (a-1)\lambda + b = 0$ の 2 つの解 λ_1, λ_2 について，
(ⅰ) λ_1, λ_2 が相異なる 2 実数解であるとき，基本解は，x^{λ_1}, x^{λ_2} である。
(ⅱ) $\lambda_1 = \lambda_2$ の重解であるとき，基本解は，x^{λ_1}, $x^{\lambda_1}\log x$ である。

(iii) λ_1, λ_2 が共役な虚数解であるとき，

$\lambda_1 = \alpha + i\beta, \lambda_2 = \alpha - i\beta$ $(\alpha, \beta(\neq 0)$：実数，i：虚数単位) とおくと，

基本解は，$x^\alpha \cdot \cos(\beta \log x)$，$x^\alpha \cdot \sin(\beta \log x)$ である。

①のオイラーの微分方程式は，$x = e^t$ とおいて定数係数線形微分方程式に帰着させて解く方法が一般的である。(演習問題 38(P78)，39(P79))

2 階線形微分方程式：$y'' + P(x)y' + Q(x)y = R(x)$ …(a)の一般解が

$y = u(x) \cdot v(x)$ …(b) $(v(x) > 0)$ で表されるものとすると，

$y' = u'v + uv'$ ……(c)　$y'' = u''v + 2u'v' + uv''$ ……(d)

ここで，(d), (c), (b)を(a)に代入して，u でまとめると，

$vu'' + (2v' + Pv)u' + (v'' + Pv' + Qv)u = R$ …(e) となる。

ここで，(e)の u' の係数 $2v' + Pv = 0$ …(f) のとき，$v' = -\frac{1}{2}Pv$

これは変数分離形の微分方程式より，

$\int \frac{1}{v} dv = -\frac{1}{2}\int P dx$，$\log v = -\frac{1}{2}\int P dx$　$\therefore v(x) = e^{-\frac{1}{2}\int P(x)dx}$ となる。

この v に対して，(e)の u の係数 $v'' + Pv' + Qv$ は，

$v'' + Pv' + Qv = \left(Q - \frac{1}{2}P' - \frac{1}{4}P^2\right)v$ …(g) となる。

(f)，(g)を(e)に代入し，両辺を $v(v > 0)$ で割ると，

$u'' + \left(Q - \frac{1}{2}P' - \frac{1}{4}P^2\right)u = \frac{R}{v}$ となる。ここで，

$I(x) = Q(x) - \frac{1}{2}P'(x) - \frac{1}{4}\{P(x)\}^2$，$J(x) = \frac{R(x)}{v(x)}$ とおくと，

$u'' + I \cdot u = J$

の形の u の微分方程式を得る。これを，2 階線形微分方程式の**標準形**という。この標準形に変換する 2 階線形微分方程式の解法を，下にまとめて示す。

2 階線形微分方程式：$y'' + Py' + Qy = R$ …(a) の解を $y = u \cdot v$ とおき，

$v = e^{-\frac{1}{2}\int P dx}$，$I = Q - \frac{1}{2}P' - \frac{1}{4}P^2$，$J = \frac{R}{v}$ とおくと，

標準形の微分方程式 $u'' + Iu = J$ を得る。

この解 u より，(a)の一般解 $y = uv$ が求まる。(演習問題 40(P80))

演習問題 29　●定数係数 2 階非同次微分方程式 (Ⅰ)●

次の定数係数 2 階非同次微分方程式の一般解を求めよ。

(1) $y'' - 3y' + 2y = 4x^2$ ……㋐

(2) $y'' + y = \tan x$ …………㋑

(3) $y'' - 2y' + y = e^x \log x$ …㋒

ヒント！ 微分方程式 $y'' + ay' + by = R(x)$ (a, b：定数) の特殊解 y_0 は，同伴方程式：$y'' + ay' + by = 0$ の基本解 y_1，y_2 を用いて，公式：

$$y_0 = -y_1\int\frac{y_2R(x)}{W(y_1,\ y_2)}dx + y_2\int\frac{y_1R(x)}{W(y_1,\ y_2)}dx$$ で求まる。

ただし，ロンスキアン $W(y_1,\ y_2) = \begin{vmatrix} y_1 & y_2 \\ y_1' & y_2' \end{vmatrix} = y_1y_2' - y_1'y_2$ だね。

解答＆解説

(1) ㋐の同伴方程式：$y'' - 3y' + 2y = 0$ の特性方程式：$\lambda^2 - 3\lambda + 2 = 0$ を解いて，

$(\lambda - 1)(\lambda - 2) = 0$　より，$\lambda = 1,\ 2$

よって，この基本解は，$y_1 = e^x$，$y_2 = e^{2x}$ となるので，

㋐の余関数 Y は，$Y = C_1e^x + C_2e^{2x}$　(C_1, C_2：任意定数) である。

ここで，まず，y_1 と y_2 のロンスキアン $W(y_1,\ y_2)$ は，

$$W(y_1,\ y_2) = \begin{vmatrix} y_1 & y_2 \\ y_1' & y_2' \end{vmatrix} = \begin{vmatrix} e^x & e^{2x} \\ e^x & 2e^{2x} \end{vmatrix} = 2e^{3x} - e^{3x} = e^{3x}\ (\neq 0)$$

よって，㋐の特殊解 y_0 は，公式を用いて，

$$y_0 = -\underset{e^x}{y_1}\int\frac{\overset{e^{2x}}{y_2}\overset{4x^2}{R(x)}}{\underset{e^{3x}}{W(y_1,\ y_2)}}dx + \underset{e^{2x}}{y_2}\int\frac{\overset{e^x}{y_1}\overset{4x^2}{R(x)}}{\underset{e^{3x}}{W(y_1,\ y_2)}}dx$$

$$= -e^x\int\frac{e^{2x}\cdot 4x^2}{e^{3x}}dx + e^{2x}\int\frac{e^x\cdot 4x^2}{e^{3x}}dx$$

$$= -4e^x\int x^2e^{-x}\,dx + 4e^{2x}\int x^2e^{-2x}\,dx$$

$$= -4e^x\int x^2(-e^{-x})'\,dx + 4e^{2x}\int x^2\left(-\frac{1}{2}e^{-2x}\right)'dx$$

部分積分の公式：$\int f\cdot g'\,dx = f\cdot g - \int f'\cdot g\,dx$

$$= -4e^x\left(-x^2e^{-x} + 2\int xe^{-x}\,dx\right) + 4e^{2x}\left(-\frac{1}{2}x^2e^{-2x} + \int xe^{-2x}\,dx\right)$$

$$= -4e^x\left\{-x^2e^{-x} + 2\int x(-e^{-x})'\,dx\right\}$$

$$+ 4e^{2x}\left\{-\frac{1}{2}x^2e^{-2x} + \int x\left(-\frac{1}{2}e^{-2x}\right)'dx\right\}$$

$$= -4e^x\left\{-x^2e^{-x} + 2\left(-xe^{-x} + \int e^{-x}\,dx\right)\right\}$$

部分積分

$$+ 4e^{2x}\left(-\frac{1}{2}x^2e^{-2x} - \frac{1}{2}xe^{-2x} + \frac{1}{2}\int e^{-2x}\,dx\right)$$

$$= -4e^x(-x^2e^{-x} - 2xe^{-x} - 2e^{-x})$$

$$+ 4e^{2x}\left(-\frac{1}{2}x^2e^{-2x} - \frac{1}{2}xe^{-2x} - \frac{1}{4}e^{-2x}\right)$$

$$= 4(x^2 + 2x + 2) - 4\left(\frac{1}{2}x^2 + \frac{1}{2}x + \frac{1}{4}\right)$$

$\therefore\ y_0 = 2x^2 + 6x + 7$　となる。

以上より，㋐の一般解は，

$y = 2x^2 + 6x + 7 + C_1e^x + C_2e^{2x}$　である。 ……………………………(答)

(2) $y'' + y = \tan x$ （$R(x)$）…㋑の同伴方程式：$y'' + y = 0$ の特性方程式：

$\lambda^2 + 1 = 0$ を解いて，$\lambda = \pm i$

よって，この基本解は，$y_1 = \cos x$，$y_2 = \sin x$ となるので，

㋑の余関数 Y は，$Y = C_1\cos x + C_2\sin x$　(C_1，C_2：任意定数) となる。

ここで，y_1 と y_2 のロンスキアン $W(y_1,\ y_2)$ は，

$$W(y_1,\ y_2) = \begin{vmatrix} y_1 & y_2 \\ y_1' & y_2' \end{vmatrix} = \begin{vmatrix} \cos x & \sin x \\ -\sin x & \cos x \end{vmatrix} = \cos^2 x + \sin^2 x = 1\ (\neq 0)$$

よって，㋑の特殊解 y_0 は，公式を用いて，

$$y_0 = -\underset{\cos x}{y_1}\int \frac{\overset{\sin x}{y_2}\overset{\tan x}{R(x)}}{\underset{1}{W(y_1,\ y_2)}}\,dx + \underset{\sin x}{y_2}\int \frac{\overset{\cos x}{y_1}\overset{\tan x}{R(x)}}{\underset{1}{W(y_1,\ y_2)}}\,dx$$

$$= -\cos x\int \sin x\cdot \underset{\frac{\sin x}{\cos x}}{\tan x}\,dx + \sin x\int \cos x\cdot \underset{\frac{\sin x}{\cos x}}{\tan x}\,dx$$

$$= -\cos x\int \frac{\overset{1-\cos^2 x}{\sin^2 x}}{\cos x}\,dx + \sin x\int \sin x\ dx$$

$$= -\cos x\int \left(\frac{1}{\cos x} - \cos x\right)dx + \sin x\cdot(-\cos x)$$

$$= -\cos x\left(\int \frac{1}{\cos x}\,dx - \int \cos x\ dx\right) - \sin x\cdot\cos x$$

$$\int \frac{1}{\cos x}\,dx = \int \frac{\cos x}{\cos^2 x}\,dx = \int \frac{\cos x}{1-\sin^2 x}\,dx \quad \cdots\text{(a)}$$

ここで，$\sin x = t$ とおくと，$\cos x\ dx = dt$　よって，(a)より

$$\int \frac{1}{\cos x}\,dx = \int \frac{1}{1-t^2}\,dt = \frac{1}{2}\int\left(\frac{1}{t+1} - \frac{1}{t-1}\right)dt = \frac{1}{2}\log\left|\frac{t+1}{t-1}\right|$$

$$= \frac{1}{2}\log\left|\frac{1+\sin x}{1-\sin x}\right| = \frac{1}{2}\log\left|\frac{1+2\sin\frac{x}{2}\cos\frac{x}{2}}{1-2\sin\frac{x}{2}\cos\frac{x}{2}}\right| = \frac{1}{2}\log\frac{\left(\cos\frac{x}{2}+\sin\frac{x}{2}\right)^2}{\left(\cos\frac{x}{2}-\sin\frac{x}{2}\right)^2}$$

$$= \log\left|\frac{\cos\frac{x}{2}+\sin\frac{x}{2}}{\cos\frac{x}{2}-\sin\frac{x}{2}}\right| = \log\left|\frac{1+\tan\frac{x}{2}}{1-\tan\frac{x}{2}}\right| = \log\left|\tan\left(\frac{x}{2}+\frac{\pi}{4}\right)\right|$$

$$= -\cos x\cdot\left\{\log\left|\tan\left(\frac{x}{2}+\frac{\pi}{4}\right)\right| - \sin x\right\} - \sin x\cdot\cos x$$

$\therefore\ y_0 = -\cos x\cdot\log\left|\tan\left(\frac{x}{2}+\frac{\pi}{4}\right)\right|$　となる。

以上より，㋑の一般解は，

$y = -\cos x\cdot\log\left|\tan\left(\frac{x}{2}+\frac{\pi}{4}\right)\right| + C_1\cos x + C_2\sin x$　である。……(答)

(3) $y'' - 2y' + y = \underset{}{\overset{R(x)}{e^x \log x}}$ …㋒の同伴方程式：$y'' - 2y' + y = 0$ の特性方程式：

$\lambda^2 - 2\lambda + 1 = 0$ を解いて，$(\lambda - 1)^2 = 0$ を解いて，$\lambda = 1$（重解）

よって，この基本解は，$y_1 = e^x$，$y_2 = xe^x$ となるので，

㋒の余関数 Y は，$Y = C_1e^x + C_2xe^x$ （C_1，C_2：任意定数）である。

ここで，y_1 と y_2 のロンスキアン $W(y_1,\ y_2)$ は，

$$W(y_1,\ y_2) = \begin{vmatrix} y_1 & y_2 \\ y_1' & y_2' \end{vmatrix} = \begin{vmatrix} e^x & xe^x \\ e^x & (1+x)e^x \end{vmatrix} = (1+\cancel{x})e^{2x} - \cancel{xe^{2x}} = e^{2x}\ (\neq 0)$$

よって，㋒の特殊解 y_0 は，公式を用いて，

$$y_0 = -\underset{e^x}{y_1}\int \frac{\overset{xe^x}{y_2}\overset{e^x\log x}{R(x)}}{\underset{e^{2x}}{W(y_1,\ y_2)}}dx + \underset{xe^x}{y_2}\int \frac{\overset{e^x}{y_1}\overset{e^x\log x}{R(x)}}{\underset{e^{2x}}{W(y_1,\ y_2)}}dx$$

$$= -e^x\int \frac{x\cancel{e^x}\cdot\cancel{e^x}\log x}{\cancel{e^{2x}}}dx + xe^x\int \frac{\cancel{e^x}\cdot\cancel{e^x}\log x}{\cancel{e^{2x}}}dx$$

$$= -e^x\underbrace{\int x\log x\,dx}_{\int\left(\frac{1}{2}x^2\right)'\log x\,dx} + xe^x\underbrace{\int \log x\,dx}_{\int x'\log x\,dx}$$

部分積分の公式：
$\int f'\cdot g\,dx = f\cdot g - \int f\cdot g'\,dx$

$$= -e^x\left(\frac{1}{2}x^2\log x - \frac{1}{2}\int x^2\cdot\frac{1}{x}dx\right) + xe^x\left(x\log x - \int \cancel{x}\cdot\frac{1}{\cancel{x}}dx\right)$$

$$= -e^x\left(\frac{1}{2}x^2\log x - \frac{1}{2}\cdot\frac{1}{2}x^2\right) + xe^x(x\log x - x)$$

$$= \frac{1}{4}x^2e^x(-2\log x + 1) + x^2e^x(\log x - 1)$$

$\therefore\ y_0 = \frac{1}{4}x^2e^x(2\log x - 3)$ となる。

以上より，㋒の一般解は，

$$y = \frac{1}{4}x^2e^x(2\log x - 3) + C_1e^x + C_2xe^x$$

$$= \left(\frac{1}{2}x^2\log x - \frac{3}{4}x^2 + C_2x + C_1\right)e^x$$ である。 ……………………………(答)

演習問題 30 ●定数係数 2 階非同次微分方程式（Ⅱ）●

次の定数係数 2 階非同次微分方程式の一般解を求めよ。

(1) $y'' - 5y' + 6y = -xe^{3x}$ ……㋐

(2) $y'' + y = \sin x + \sin 2x$ ……㋑

(3) $y'' + 8y' + 16y = 4e^{-2x}$ ……㋒

ヒント！ 前問同様，同伴方程式の基本解 y_1，y_2 を用いた非同次方程式の特殊解 y_0 の公式：$y_0 = -y_1\int\frac{y_2R(x)}{W(y_1,\ y_2)}dx + y_2\int\frac{y_1R(x)}{W(y_1,\ y_2)}dx$ を使う。

解答＆解説

(1) ㋐の同伴方程式：$y'' - 5y' + 6y = 0$ の特性方程式：$\lambda^2 - 5\lambda + 6 = 0$ を解いて，$(\lambda - 2)(\lambda - 3) = 0$　より，$\lambda = 2,\ 3$

よって，この基本解は，$y_1 =$ (ア)，$y_2 =$ (イ) となるので，

㋐の余関数 Y は，$Y = C_1e^{2x} + C_2e^{3x}$　(C_1，C_2：任意定数) である。

ここで，y_1 と y_2 のロンスキアン $W(y_1,\ y_2)$ は，

$$W(y_1,\ y_2) = \begin{vmatrix} e^{2x} & e^{3x} \\ 2e^{2x} & 3e^{3x} \end{vmatrix} = \boxed{(ウ)} \quad (\neq 0)$$

よって，㋐の特殊解 y_0 は，公式を用いて

$$y_0 = -y_1\int\frac{y_2R(x)}{W(y_1,\ y_2)}dx + y_2\int\frac{y_1R(x)}{W(y_1,\ y_2)}dx$$

$$= -e^{2x}\int\frac{e^{3x}\boxed{(エ)}}{\boxed{(ウ)}}dx + e^{3x}\int\frac{e^{2x}\boxed{(エ)}}{\boxed{(ウ)}}dx$$

$$= e^{2x}\int xe^x\,dx - e^{3x}\int x\,dx$$

$$\left[\int x(e^x)'\,dx = xe^x - \int e^x\,dx\right]$$

$$= e^{2x}(x-1)e^x - \frac{1}{2}x^2e^{3x} = \left(-\frac{1}{2}x^2 + x - 1\right)e^{3x}$$

$\therefore\ y_0 = -\left(\frac{1}{2}x^2 - x + 1\right)e^{3x}$　となる。

以上より，求める㋐の一般解は，

$$y = -\left(\frac{1}{2}x^2 - x + 1\right)e^{3x} + \boxed{(オ)\quad}$$

$$= C_1e^{2x} - \left(\frac{1}{2}x^2 - x + C_3\right)e^{3x} \quad (C_3 = 1 - C_2)$$ である。……………(答)

参考

$y'' + P(x)y' + Q(x)y = f_1(x) + f_2(x)$ …(a)　のとき，(a)の特殊解 y_0 は，

$\begin{cases} y'' + P(x)y' + Q(x)y = f_1(x) & \cdots(b) \text{ の特殊解 } y_{01} \text{ と，} \\ y'' + P(x)y' + Q(x)y = f_2(x) & \cdots(c) \text{ の特殊解 } y_{02} \text{ との和，すなわち} \end{cases}$

$y_0 = y_{01} + y_{02}$ ……(d)　となる。これを**解の重ね合わせ**と呼ぶ。

実際(d)を(a)の左辺に代入すると，

$$y_0'' + P(x)y_0' + Q(x)y_0 = (y_{01} + y_{02})'' + P(x)(y_{01} + y_{02})' + Q(x)(y_{01} + y_{02})$$

$$= y_{01}'' + y_{02}'' + P(x)(y_{01}' + y_{02}') + Q(x)(y_{01} + y_{02})$$

$$= \underbrace{y_{01}'' + P(x)y_{01}' + Q(x)y_{01}}_{f_1(x)} + \underbrace{y_{02}'' + P(x)y_{02}' + Q(x)y_{02}}_{f_2(x)}$$

$= f_1(x) + f_2(x)$　となるから，確かに(d)は(a)の解だね。

(2) $y'' + y = \underset{f_1(x)}{\boxed{\sin x}} + \underset{f_2(x)}{\boxed{\sin 2x}}$ …④の同伴方程式：$y'' + y = 0$ の特性方程式：

$\lambda^2 + 1 = 0$ を解いて，$\lambda = \pm i$

よって，この基本解は，$y_1 = \boxed{(カ)\quad}$，$y_2 = \boxed{(キ)\quad}$ となるので，

④の余関数 Y は，$Y = C_1 \cos x + C_2 \sin x$ である。

ここで，y_1 と y_2 のロンスキアン $W(y_1, y_2)$ は，

$$W(y_1, y_2) = \begin{vmatrix} y_1 & y_2 \\ y_1' & y_2' \end{vmatrix} = \begin{vmatrix} \cos x & \sin x \\ -\sin x & \cos x \end{vmatrix} = \cos^2 x + \sin^2 x = 1 \ (\neq 0)$$

また，④の特殊解 y_0 は，

$\begin{cases} y'' + y = \underset{f_1(x)}{\boxed{\sin x}} & \cdots① \text{ の特殊解 } y_{01} \text{ と，} \\ y'' + y = \underset{f_2(x)}{\boxed{\sin 2x}} & \cdots② \text{ の特殊解 } y_{02} \text{ との和より，} \end{cases}$

$y_0 = y_{01} + y_{02}$　…③　となる。

(i) $y'' + y = \underset{f_1(x)}{\boxed{\sin x}}$ …① の特殊解 y_{01} は，公式を用いて

$$y_{01} = -y_1\int\frac{y_2 f_1(x)}{W(y_1,\ y_2)}dx + y_2\int\frac{y_1 f_1(x)}{W(y_1,\ y_2)}dx$$

$$= -\cos x\int \underbrace{\sin^2 x}_{\frac{1-\cos 2x}{2}} dx + \sin x\int \underbrace{\cos x\cdot\sin x}_{\frac{1}{2}\sin 2x} dx$$

半角公式

2倍角公式：$\sin 2x = 2\sin x\cos x$

$$= -\frac{1}{2}\cos x\int(1-\cos 2x)\,dx + \frac{1}{2}\sin x\int\sin 2x\,dx$$

$$= -\frac{1}{2}\cos x\left(x - \frac{1}{2}\sin 2x\right) + \frac{1}{2}\sin x\left(-\frac{1}{2}\cos 2x\right)$$

$$= \frac{1}{4}(\underbrace{\sin 2x\cos x - \cos 2x\sin x}_{\sin(2x-x)=\sin x}) - \frac{1}{2}x\cos x$$

加法定理：$\sin(\alpha-\beta) = \sin\alpha\cos\beta - \cos\alpha\sin\beta$

$\therefore\ y_{01} = \frac{1}{4}\sin x - \frac{1}{2}x\cos x$ …④ となる。

(ii) $y'' + y = \underset{f_2(x)}{\boxed{\sin 2x}}$ …② の特殊解 y_{02} は，公式を用いて

$$y_{02} = -y_1\int\frac{y_2 f_2(x)}{W(y_1,\ y_2)}dx + y_2\int\frac{y_1 f_2(x)}{W(y_1,\ y_2)}dx$$

$$= -\cos x\int \underline{\sin x\sin 2x}\,dx + \sin x\int \underline{\cos x\cdot\sin 2x}\,dx$$

$\sin 2x\cdot\sin x = -\frac{1}{2}\cdot(\cos 3x - \cos x)$ ← $\sin\alpha\sin\beta = -\frac{1}{2}\{\cos(\alpha+\beta) - \cos(\alpha-\beta)\}$

$\sin 2x\cdot\cos x = \frac{1}{2}\cdot(\sin 3x + \sin x)$ ← $\sin\alpha\cos\beta = \frac{1}{2}\{\sin(\alpha+\beta) + \sin(\alpha-\beta)\}$

$$= \frac{1}{2}\cos x\int(\cos 3x - \cos x)\,dx + \frac{1}{2}\sin x\int(\sin 3x + \sin x)\,dx$$

$$= \frac{1}{2}\cos x\left(\frac{1}{3}\sin 3x - \sin x\right) + \frac{1}{2}\sin x\left(-\frac{1}{3}\cos 3x - \cos x\right)$$

$$= \frac{1}{6}(\underbrace{\sin 3x\cos x - \cos 3x\sin x}_{\sin(3x-x)=\sin 2x}) - \underbrace{\sin x\cos x}_{\frac{1}{2}\sin 2x} = \left(\frac{1}{6} - \frac{1}{2}\right)\sin 2x$$

$\therefore\ y_{02} = -\dfrac{1}{3}\sin 2x$ …⑤ となる。

・$y'' + y = \sin x + \sin 2x$ …㋑

(ⅰ)(ⅱ) より，④，⑤を③に代入して，㋑の特殊解 y_0 は，

$$y_0 = \frac{1}{4}\sin x - \frac{1}{2}x\cos x - \frac{1}{3}\sin 2x$$

・㋑の余関数 Y は，
$Y = C_1\cos x + C_2\sin x$
・$y_0 = y_{01} + y_{02}$ ……③

以上より，㋑の一般解は，

$y = \dfrac{1}{4}\sin x - \dfrac{1}{2}x\cos x - \dfrac{1}{3}\sin 2x +$ [(ク)　　] である。 ……(答)

(3) $y'' + 8y' + 16y = \underset{R(x)}{4e^{-2x}}$ …㋒の同伴方程式：$y'' + 8y' + 16y = 0$ の特性方程式：$\lambda^2 + 8\lambda + 16 = 0$　$(\lambda + 4)^2 = 0$ を解いて，$\lambda = -4$（重解）

よって，この基本解は，$y_1 =$ [(ケ)　]，$y_2 =$ [(コ)　] となるので，

㋒の余関数 Y は，$Y = C_1e^{-4x} + C_2xe^{-4x} = (C_1 + C_2x)e^{-4x}$ である。

ここで，y_1 と y_2 のロンスキアン $W(y_1,\ y_2)$ は，

$$W(y_1,\ y_2) = \begin{vmatrix} e^{-4x} & xe^{-4x} \\ -4e^{-4x} & (1-4x)e^{-4x} \end{vmatrix} = \boxed{(サ)}\quad (\neq 0)$$

よって，㋒の特殊解 y_0 は，公式を用いて，

$$y_0 = -e^{-4x}\int \frac{xe^{-4x}\cdot 4e^{-2x}}{e^{-8x}}dx + xe^{-4x}\int \frac{e^{-4x}\cdot 4e^{-2x}}{e^{-8x}}dx$$

$$y_0 = -y_1\int\frac{y_2R(x)}{W(y_1,\ y_2)}dx + y_2\int\frac{y_1R(x)}{W(y_1,\ y_2)}dx$$

$$= -4e^{-4x}\int xe^{2x}dx + 4xe^{-4x}\int e^{2x}dx$$

$$\int x\left(\frac{1}{2}e^{2x}\right)'dx = \frac{1}{2}xe^{2x} - \frac{1}{2}\int e^{2x}dx \qquad \frac{1}{2}e^{2x}$$

$$= -4e^{-4x}\left(\frac{1}{2}xe^{2x} - \frac{1}{4}e^{2x}\right) + 2xe^{-2x}$$

$\therefore\ y_0 = e^{-2x}$ となる。

以上より，㋒の一般解は，

$y = e^{-2x} +$ [(シ)　　] である。 ……………………………………(答)

解答　(ア) e^{2x}　(イ) e^{3x}　(ウ) e^{5x}　(エ) $(-xe^{3x})$　(オ) $C_1e^{2x} + C_2e^{3x}$
(カ) $\cos x$　(キ) $\sin x$　(ク) $C_1\cos x + C_2\sin x$　(ケ) e^{-4x}
(コ) xe^{-4x}　(サ) e^{-8x}　(シ) $(C_1 + C_2x)e^{-4x}$

演習問題 31 ● 定数係数 2 階非同次微分方程式 (Ⅲ) ●

次の定数係数 **2** 階非同次微分方程式の一般解 y を，その同伴方程式の基本解の **1** つ y_1 に対して，$y = u(x) \cdot y_1$ とおくことによって求めよ。

(1) $y'' - 3y' + 2y = 4x^2$ ………㋐

(2) $y'' + y = \tan x$ ……………㋑

(3) $y'' - 2y' + y = e^x \log x$ ……㋒

ヒント！ $y = u(x) \cdot y_1$ より，y'，y'' を求め，これらを与式に代入して，u の **2** 階微分方程式を導き，さらに $u' = p$ とおいて，p について解く。

解答＆解説

(1) ㋐の同伴方程式：$y'' - 3y' + 2y = 0$ の特性方程式：

$\lambda^2 - 3\lambda + 2 = 0$ を解いて，$(\lambda - 1)(\lambda - 2) = 0$ より，$\lambda = 1,\ 2$

よって，㋐の同伴方程式の基本解の **1** つは，$y_1 = e^x$ である。

これから，非同次方程式㋐の一般解を

$y = u(x) \cdot e^x$ …① とおいて求める。

$y_1 = e^{2x}$ としても同じ結果になる。ただし，簡単な方を y_1 とした方が，計算は速くなる。

①の両辺を x で順次微分して，

$y' = u' \cdot e^x + ue^x = (u' + u)e^x$ …①′

$y'' = (u'' + u')e^x + (u' + u)e^x$

$= (u'' + 2u' + u)e^x$ …………①″

①は㋐の解より，①″，①′，①を㋐に代入して，

$(u'' + 2u' + \cancel{u})e^x - 3(u' + \cancel{u})e^x + \cancel{2ue^x} = 4x^2$

$(u'' - u')e^x = 4x^2$ ←必ず，u の項が消える　両辺を e^x で割ると，

$u'' - u' = 4x^2e^{-x}$ ここで，$u' = p$ とおくと，$u'' = p'$ より，

$p' \underbrace{-1}_{P_0(x)} \cdot p = \underbrace{4x^2e^{-x}}_{Q_0(x)}$

1 階線形微分方程式：
$y' + P_0(x)y = Q_0(x)$ の解は，
$y = e^{-\int P_0 dx}\left(\int Q_0 e^{\int P_0 dx} dx + C_1\right)$

これは p についての **1** 階線形微分方程式より，解の公式を用いて，

$p = \underbrace{e^{\int dx}}_{e^x}\left(\int 4x^2e^{-x}\underbrace{e^{-\int dx}}_{e^{-x}} dx + C_1\right)$

$$p = e^x\left(4\int x^2e^{-2x}\,dx + C_1\right)$$

部分積分法：$\int f\cdot g'\,dx = f\cdot g - \int f'\cdot g\,dx$

$$\int x^2\left(-\frac{1}{2}e^{-2x}\right)'dx = -\frac{1}{2}x^2e^{-2x} + \int xe^{-2x}\,dx$$
$$= -\frac{1}{2}x^2e^{-2x} + \int x\left(-\frac{1}{2}e^{-2x}\right)'dx$$
$$= -\frac{1}{2}x^2e^{-2x} - \frac{1}{2}xe^{-2x} + \frac{1}{2}\int e^{-2x}\,dx$$

$$= e^x\left\{4\left(-\frac{1}{2}x^2e^{-2x} - \frac{1}{2}xe^{-2x} - \frac{1}{4}e^{-2x}\right) + C_1\right\}$$

$$= 4\left(-\frac{1}{2}x^2 - \frac{1}{2}x - \frac{1}{4}\right)e^{-x} + C_1e^x$$

$$\therefore\ p = \frac{du}{dx} = -(2x^2 + 2x + 1)e^{-x} + C_1e^x$$

この両辺をさらに x で積分して，

$$u = \int\{C_1e^x - (2x^2 + 2x + 1)e^{-x}\}\,dx$$
$$= C_1\int e^x\,dx - \int(2x^2 + 2x + 1)e^{-x}\,dx$$

部分積分法：
$\int f\cdot g'\,dx = f\cdot g - \int f'\cdot g\,dx$

$$\int(2x^2 + 2x + 1)(-e^{-x})'\,dx$$
$$= -(2x^2 + 2x + 1)e^{-x} + \int(4x + 2)e^{-x}\,dx$$
$$= -(2x^2 + 2x + 1)e^{-x} + \int(4x + 2)(-e^{-x})'\,dx$$
$$= -(2x^2 + 2x + 1)e^{-x} - (4x + 2)e^{-x} + 4\int e^{-x}\,dx$$

$\int e^{-x}\,dx = -e^{-x}$

$$= C_1e^x + (2x^2 + 2x + 1)e^{-x} + (4x + 2)e^{-x} + 4e^{-x} + C_2$$

$$= C_1e^x + (2x^2 + 6x + 7)e^{-x} + C_2\ \left[= \frac{y}{e^x}\right]$$

以上より，求める㋐の一般解は，

$y = 2x^2 + 6x + 7 + C_1e^{2x} + C_2e^x$ である。 ……………………………(答)

(2) $y'' + y = \tan x$ …㋑ の同伴方程式：$y'' + y = 0$ の

特性方程式：$\lambda^2 + 1 = 0$ を解いて，$\lambda = \pm i$

よって，㋑の同伴方程式の基本解の 1 つは，$y_1 = \cos x$ である。

これから，非同次方程式㋑の一般解を

$y = u(x) \cdot \cos x$ …② とおいて求める。 $y'' + y = \tan x$ …㋑

②の両辺を x で順次微分して,

$y' = u'\cos x - u\sin x$ ……………………②′

$y'' = u''\cos x - u'\sin x - (u'\sin x + u\cos x)$

$= u''\cos x - 2u'\sin x - u\cos x$ ……②″

②は㋑の解より,②″,②′,②を㋑に代入して,

$u''\cos x - 2u'\sin x - \cancel{u\cos x} + \cancel{u\cos x} = \tan x$

$u''\cos x - 2u'\sin x = \tan x \quad \left(x \neq \frac{\pi}{2} + n\pi \ (n:\text{整数})\right)$

両辺を $\cos x(\neq 0)$ で割って,

$u'' - 2u'\underbrace{\tan x}_{\frac{\sin x}{\cos x}} = \frac{\tan x}{\cos x}$ ここで,$u' = p$ とおくと,$u'' = p'$ より,

$p' \underbrace{- 2\tan x}_{P_0(x)} \cdot p = \underbrace{\frac{\tan x}{\cos x}}_{Q_0(x)}$

これは p についての1階線形微分方程式より,解の公式を用いて,

$$p = \underbrace{e^{2\int \tan x\,dx}}_{e^{-2\int \frac{(\cos x)'}{\cos x}dx} = e^{-2\log|\cos x|}}\left(\int \frac{\tan x}{\cos x}\underbrace{e^{-2\int \tan x\,dx}dx}_{e^{2\int \frac{(\cos x)'}{\cos x}dx} = e^{2\log|\cos x|}} + C_1\right)$$

$$= \frac{1}{\cos^2 x}\left(\underbrace{\int \frac{\tan x}{\cos x}\cos^2 x\,dx}_{\int \tan x \cdot \cos x\,dx = \int \sin x\,dx = -\cos x} + C_1\right)$$

$$= \frac{1}{\cos^2 x}(-\cos x + C_1)$$

$$\therefore\ p = \frac{du}{dx} = -\frac{1}{\cos x} + \frac{C_1}{\cos^2 x}$$

この両辺をさらに x で積分して,

$$u = -\underbrace{\int \frac{1}{\cos x}dx}_{\log\left|\tan\left(\frac{x}{2} + \frac{\pi}{4}\right)\right|} + C_1 \cdot \underbrace{\int \frac{1}{\cos^2 x}dx}_{\tan x}$$

← P56

$$u = -\log\left|\tan\left(\frac{x}{2}+\frac{\pi}{4}\right)\right| + C_1\tan x + C_2 \quad \left[=\frac{y}{\cos x}\right]$$

以上より，求める㋑の一般解は，

$$y = -\cos x\cdot\log\left|\tan\left(\frac{x}{2}+\frac{\pi}{4}\right)\right| + C_1\sin x + C_2\cos x$$ である。 …(答)

(3) $y'' - 2y' + y = e^x\cdot\log x$ …㋒ の同伴方程式：$y''-2y'+y=0$ の特性方程式：$\lambda^2 - 2\lambda + 1 = 0$ を解いて，$(\lambda-1)^2=0$ より，$\lambda = 1$ (重解)

よって，㋒の同伴方程式の基本解の 1 つは，$y_1 = e^x$ である。

これから，非同次方程式㋒の一般解を

$y = u(x)\cdot e^x$ …③ とおいて求める。

③の両辺を x で順次微分して，

$y' = u'\cdot e^x + ue^x = (u'+u)e^x$ …③′

$y'' = (u''+u')e^x + (u'+u)e^x$

$\quad = (u''+2u'+u)e^x$ ……………③″

③は㋒の解より，③″，③′，③を㋒に代入して，

$(u''+2u'+u)e^x - 2(u'+u)e^x + ue^x = e^x\log x$

$u''e^x = e^x\log x$ 　　両辺を e^x で割って，

$u'' = \log x$ ←(2 階の直接積分形)

この両辺を x で順次積分して，

$$u' = \int\log x\,dx = \int x'\cdot\log x\,dx = x\log x - \int x\cdot\frac{1}{x}\,dx = x\log x - x + C_1$$

$$u = \int(x\log x - x + C_1)\,dx = \int x\log x\,dx - \frac{1}{2}x^2 + C_1x + C_2$$

$$\int\left(\frac{1}{2}x^2\right)'\log x\,dx = \frac{1}{2}x^2\log x - \int\frac{1}{2}x^2\cdot\frac{1}{x}\,dx$$

$$= \frac{1}{2}x^2\log x - \frac{1}{4}x^2 - \frac{1}{2}x^2 + C_1x + C_2$$

$$= \frac{1}{2}x^2\log x - \frac{3}{4}x^2 + C_1x + C_2 \quad \left[=\frac{y}{e^x}\right]$$

以上より，求める㋒の一般解は，

$$y = \left(\frac{1}{2}x^2\log x - \frac{3}{4}x^2 + C_1x + C_2\right)e^x$$ である。 ……………………(答)

演習問題 32 ●定数係数 2 階非同次微分方程式(Ⅳ)●

次の定数係数 2 階非同次微分方程式の一般解 y を，その同伴方程式の基本解の 1 つ y_1 に対して，$y = u(x) \cdot y_1$ とおくことによって求めよ。

(1) $y'' - 5y' + 6y = -xe^{3x}$ ………㋐

(2) $y'' + 8y' + 16y = 4e^{-2x}$ ………㋑

ヒント！ 前問同様，同伴方程式の基本解 y_1 を求めて，$y = u(x) \cdot y_1$ とおく。さらに，y'，y'' を求めて，これらを与式に代入して，u の 2 階微分方程式を u について解く。次に，$u' = p$ とおいて，p の 1 階微分方程式を解こう。

解答＆解説

(1) ㋐の同伴方程式：$y'' - 5y' + 6y = 0$ の特性方程式：

(ア) を解いて，$(\lambda - 2)(\lambda - 3) = 0$ $\therefore \lambda = 2, 3$

よって，㋐の同伴方程式の基本解の 1 つは，$y_1 = e^{2x}$ である。

これから，非同次方程式㋐の一般解を

$y =$ (イ) …① とおいて求める。

①の両辺を x で順次微分して，

$y' = u' \cdot e^{2x} + 2ue^{2x} = (u' + 2u)e^{2x}$ …①′

$y'' = (u'' + 2u')e^{2x} + (u' + 2u) \cdot 2e^{2x}$

$= (u'' + 4u' + 4u)e^{2x}$ ………………①″

①は㋐の解より，①″，①′，①を㋐に代入して，

$(u'' + 4u' + 4u)e^{2x} - 5(u' + 2u)e^{2x} + 6ue^{2x} = -xe^{3x}$

$(u'' - u')e^{2x} = -xe^{3x}$ 両辺を e^{2x} で割ると，

$u'' - u' = -xe^{x}$ ここで，$u' = p$ とおくと，$u'' =$ (ウ) より，

$p' \underbrace{-1}_{P_0(x)} \cdot p = \underbrace{-xe^{x}}_{Q_0(x)}$

1 階線形微分方程式：
$y' + P_0(x)y = Q_0(x)$ の解は，
$y = e^{-\int P_0 dx}\left(\int Q_0 e^{\int P_0 dx} dx + C_1\right)$

これは p についての 1 階線形微分方程式より，解の公式を用いて，

$p = \underbrace{e^{\int dx}}_{e^{x}}\left(\int (-xe^{x})\underbrace{e^{-\int dx}}_{e^{-x}} dx + C_1\right)$

$$p = e^x\left(-\int x\,dx + C_1\right)$$

$$\therefore\ p = \frac{du}{dx} = e^x\left(-\frac{1}{2}x^2 + C_1\right)$$

この両辺を x で積分して,

$$u = \int\left(-\frac{1}{2}x^2 + C_1\right)e^x dx = \int\left(-\frac{1}{2}x^2 + C_1\right)(e^x)' dx$$

$$= \left(-\frac{1}{2}x^2 + C_1\right)e^x + \int xe^x dx$$

$$\int x(e^x)' dx = xe^x - \int e^x dx$$

部分積分法：
$$\int f \cdot g' dx = f \cdot g - \int f' \cdot g dx$$

$$= \left(-\frac{1}{2}x^2 + C_1\right)e^x + xe^x - e^x + \boxed{(エ)}$$

$$= \left(-\frac{1}{2}x^2 + x + C_3\right)e^x + C_2\ \left[= \frac{y}{e^{2x}}\right]\ \ (C_3 = C_1 - 1)$$

以上より，求める㋐の一般解は,

$$y = \left(-\frac{1}{2}x^2 + x + C_3\right)e^{3x} + C_2 e^{2x}$$ である。 ……………………………(答)

(2) $y'' + 8y' + 16y = 4e^{-2x}$ …㋑ の同伴方程式：$y'' + 8y' + 16y = 0$ の

特性方程式：$\boxed{(オ)\qquad}$ $= 0$ を解いて，$(\lambda + 4)^2 = 0$ $\therefore \lambda = -4$ (重解)

よって，㋑の同伴方程式の基本解の 1 つは，$y_1 = e^{-4x}$ である。

これから，非同次方程式㋑の一般解を

$y = \boxed{(カ)\qquad}$ …② とおいて求める。

②の両辺を x で順次微分して,

$y' = u' \cdot e^{-4x} - 4ue^{-4x} = (u' - 4u)e^{-4x}$ ……②′

$y'' = (u'' - 4u')e^{-4x} + (u' - 4u)(-4e^{-4x})$

$= (u'' - 8u' + 16u)e^{-4x}$ …………………②″

②は㋑の解より，②″，②′，②を㋑に代入して,

$(u'' - 8u' + 16u)e^{-4x} + 8(u' - 4u)e^{-4x} + 16ue^{-4x} = 4e^{-2x}$

$u''e^{-4x} = 4e^{-2x}$ 　両辺を e^{-4x} で割って,

$u'' = 4e^{2x}$ ← 2 階の直接積分形

この両辺を x で順次積分して,

$$u' = \int 4e^{2x}\,dx = 2e^{2x} + \boxed{(キ)}$$

$$u = \int (2e^{2x} + C_1)\,dx = e^{2x} + C_1x + \boxed{(ク)} \quad \left[= \frac{y}{e^{-4x}} \right]$$

以上より，求める㋑の一般解は，

$$y = e^{-4x}(e^{2x} + C_1x + C_2)$$

$\therefore\ y = e^{-2x} + (C_1x + C_2)e^{-4x}$ である。 ……………………………(答)

参考

ここで，2 階線形微分方程式：

$y'' + P(x)y' + Q(x)y = R(x)$ の同伴方程式：

$y'' + P(x)y' + Q(x)y = 0$ ……ⓐの基本解の 1 つ y_1 が分かっているとき，y_1 と 1 次独立なⓐのもう 1 つの解 y_2 は，次式で求まる。

$$y_2 = y_1 \int \frac{1}{{y_1}^2} e^{-\int P(x)dx} dx \quad \cdots\cdots(*)$$

ⓐの一般解 y を

$y = u \cdot y_1$ ……① とおくことによって，$(*)$ を導いてみよう。

①の両辺を x で順次微分して，

$y' = u'y_1 + uy_1'$ …………………①′

$y'' = u''y_1 + u'y_1' + u'y_1' + uy_1''$

$\quad = u''y_1 + 2u'y_1' + uy_1''$ ……①″

①はⓐの解より，①″，①′，①をⓐに代入して，

$(u''y_1 + 2u'y_1' + uy_1'') + P(u'y_1 + uy_1') + Quy_1 = 0$

(ここで，$P(x)$，$Q(x)$ をそれぞれ P，Q と略記した。)

これを u について まとめて，

$\underbrace{(y_1'' + Py_1' + Qy_1)}_{0\ (\because\ y_1 \text{ はⓐの解})}u + y_1u'' + (2y_1' + Py_1)u' = 0$

$\therefore\ y_1u'' + (2y_1' + Py_1)u' = 0$

両辺を y_1 ($\neq 0$) で割り，さらに $u' = p$ とおくと，$u'' = p'$ より，

$$p' + \left(\frac{2y_1'}{y_1} + P\right)p = 0$$

$$p' = -\left(\frac{2y_1'}{y_1} + P\right)p$$ ← 変数分離形の微分方程式

$$\therefore \int \frac{1}{p}\,dp = -\int \left(\frac{2y_1'}{y_1} + P\right)dx$$

$+\log e^{-\int P\,dx}$ ← 公式：$\log e^{\alpha} = \alpha$

$$\log|p| = -2\log|y_1| - \int P\,dx = \log\frac{1}{{y_1}^2} + \log e^{-\int P dx}$$

$\therefore \log|p| = \log\frac{1}{{y_1}^2}e^{-\int P dx}$　両辺の真数を比較して，

$$p = \frac{du}{dx} = C_1\frac{1}{{y_1}^2}e^{-\int P dx} \quad (C_1 = \pm 1)$$

この両辺をさらに x で積分して，

$$u = C_1\int \frac{1}{{y_1}^2}e^{-\int P dx}\,dx \quad \left[= \frac{y}{y_1}\right]$$

以上より，ⓐの一般解は，

$$y = C_1 y_1 \int \frac{1}{{y_1}^2}e^{-\int P dx}\,dx$$

ここで，$C_1 = 1$ とおくことによって，同伴方程式ⓐの y_1 と 1 次独立なもう 1 つの解 y_2 が，

$$y_2 = y_1 \int \frac{1}{{y_1}^2}e^{-\int P(x)\,dx}dx \quad \cdots\cdots(*)$$ と求まる。

$(*)$ より，$y_2 \neq ky_1$ (k：定数) だから，y_1 と y_2 はⓐの 1 次独立な解だね。

解答　(ア) $\lambda^2 - 5\lambda + 6 = 0$　(イ) $u(x)\cdot e^{2x}$　(ウ) p'
(エ) C_2　(オ) $\lambda^2 + 8\lambda + 16 = 0$　(カ) $u(x)\cdot e^{-4x}$
(キ) C_1　(ク) C_2

演習問題 33　●2階線形微分方程式(Ⅰ)●

2階線形微分方程式：$y'' - \frac{2}{x^2}y = 9$ ……①　$(x > 0)$
の同伴方程式の基本解の1つが $y_1 = x^2$ であることを確認して，
①の一般解を求めよ。

ヒント！ $P = 0$，$Q = -\frac{2}{x^2}$ より，$2(2-1) + 2xP + x^2Q = 0$ だから，①の同伴方程式の基本解の1つ y_1 は，$y_1 = x^2$ となる。よって，①の一般解を $y = ux^2$ とおき，u の方程式を導いて，u を求めよう。

解答＆解説

$y'' - \frac{2}{x^2}y = 9$ ……①について，

$y_1 = x^2$ とおくと，$y_1' = 2x$，$y_1'' = 2$

これらを①の左辺に代入すると，

$2 - \frac{2}{x^2} \cdot x^2 = 0$　となる。

> $y'' + P(x)y' + Q(x)y = 0$ …㋐
> の $P(x)$，$Q(x)$ が，
> $\lambda(\lambda - 1) + \lambda xP + x^2Q = 0$
> をみたすとき，㋐は $y_1 = x^\lambda$ を基本解にもつ。(P52)

よって，$y_1 = x^2$ は①の同伴方程式：$y'' - \frac{2}{x^2}y = 0$ の基本解の1つである。

これから，①の一般解を

$y = ux^2$ ……②　とおくと，

> ①の一般解を $y = u \cdot y_1$ とおいて，
> $u = u(x)$ を求めればいい。

$y' = u'x^2 + 2ux$

$y'' = u''x^2 + 2u'x + 2u'x + 2u = u''x^2 + 4u'x + 2u$ ……③

③，②を①に代入して，

$u''x^2 + 4u'x + 2u - \frac{2}{x^2} \cdot ux^2 = 9$

この両辺を x^2 で割って，

$\underbrace{u''}_{p'} + \frac{4}{x}\underbrace{u'}_{p} = \frac{9}{x^2}$　←（u の項が消える）

ここで，$u' = p$ とおくと，$u'' = p'$ より，

$$p' + \frac{4}{x} \cdot p = \frac{9}{x^2}$$

（$\frac{4}{x} = P_0(x)$，$\frac{9}{x^2} = Q_0(x)$）

1 階線形微分方程式：
$y' + P_0(x)y = Q_0(x)$ の解は，
$y = e^{-\int P_0 dx}\left(\int Q_0 \cdot e^{\int P_0 dx} dx + C_1\right)$

これは p についての 1 階線形微分方程式だから，解の公式より，

$$p = e^{-\int \frac{4}{x} dx}\left(\int \frac{9}{x^2} e^{\int \frac{4}{x} dx} dx + C_1'\right)$$

（$e^{-4\log x} = \frac{1}{x^4}$，$e^{4\log x} = x^4$）

$e^{\log\alpha} = \alpha$（$\because e^X = \alpha \Leftrightarrow X = \log\alpha$ より）

$$= \frac{1}{x^4}\left(\int \frac{9}{x^2} x^4 dx + C_1'\right)$$

$$= \frac{1}{x^4}\left(9\int x^2 dx + C_1'\right)$$

$$= \frac{1}{x^4}(3x^3 + C_1')$$

$$\therefore p = \frac{3}{x} + \frac{C_1'}{x^4} \quad [= u']$$

この両辺を x で積分して，

$$u = \frac{y}{x^2} = \int\left(\frac{3}{x} + \frac{C_1'}{x^4}\right)dx = 3\int \frac{1}{x} dx + C_1'\int x^{-4} dx$$

$y = ux^2$ …②より

$$= 3\log x - \frac{C_1'}{3} \cdot \frac{1}{x^3} + C_2$$

よって，求める①の一般解は，

$$y = x^2\left(3\log x - \frac{C_1'}{3} \cdot \frac{1}{x^3} + C_2\right)$$

$\therefore y = 3x^2\log x + \frac{C_1}{x} + C_2x^2$ である。$\left(C_1 = -\frac{C_1'}{3}\right)$ ……………………(答)

演習問題 34　●2階線形微分方程式(Ⅱ)●

2階線形微分方程式：$y'' - \frac{3x^2}{x^3+1}y' + \frac{3x}{x^3+1}y = 2(x^3+1)$ …① $(x>0)$
の同伴方程式の基本解の1つが $y_1 = x$ であることを確認して，
①の一般解を求めよ。

ヒント！ $P = -\frac{3x^2}{x^3+1}$，$Q = \frac{3x}{x^3+1}$ より，$P + xQ = 0$ をみたすので，
①の同伴方程式の基本解の1つが，$y_1 = x$ となる。(P52)

解答＆解説

$y'' - \frac{3x^2}{x^3+1}y' + \frac{3x}{x^3+1}y = 2(x^3+1)$ ……①について，

$y_1 = x$ とおくと，$y_1' = 1$，$y_1'' = 0$

これらを①の左辺に代入すると，

$0 - \frac{3x^2}{x^3+1}\cdot 1 + \frac{3x}{x^3+1}\cdot x =$ (ア) となる。

よって，$y_1 = x$ は①の同伴方程式：$y'' - \frac{3x^2}{x^3+1}y' + \frac{3x}{x^3+1}y = 0$ の基本解の1つである。

これから，①の一般解を

$y = ux$ ……②　とおくと，

$y' = u'x + u$ ……③

$y'' = u''x + u' + u' = u''x + 2u'$ ……④

④，③，②を①に代入して，

$u''x + 2u' - \frac{3x^2}{x^3+1}(u'x + u) + \frac{3x}{x^3+1}\cdot ux = 2(x^3+1)$ ← u の項が消える。

この両辺を x $(x>0)$ で割ってまとめると，

(イ) $= \frac{2(x^3+1)}{x}$ となる。

ここで，$u'=p$ とおくと，$u''=p'$ より，

$$p'+\left(\frac{2}{x}-\frac{3x^2}{x^3+1}\right)p=\frac{2(x^3+1)}{x}$$

これは p についての 1 階線形微分方程式だから，解の公式より，

$$p=\underbrace{e^{-\int\left(\frac{2}{x}-\frac{3x^2}{x^3+1}\right)dx}}\left(\int \boxed{(ウ)\qquad} \underbrace{e^{\int\left(\frac{2}{x}-\frac{3x^2}{x^3+1}\right)dx}}dx+C_1\right)$$

$e^{-2\log x+\log(x^3+1)}$
$e^{\log x^{-2}}\cdot e^{\log(x^3+1)}$
$=\frac{1}{x^2}\cdot(x^3+1)$

$e^{2\log x-\log(x^3+1)}$
$e^{\log x^2}\cdot e^{\log(x^3+1)^{-1}}$
$=x^2\cdot\frac{1}{x^3+1}$

$$=\frac{x^3+1}{x^2}\left(\int\frac{2(x^3+1)}{x}\cdot\frac{x^2}{x^3+1}dx+C_1\right)$$

$$=\frac{x^3+1}{x^2}\left(\int 2x\,dx+C_1\right)=\frac{x^3+1}{x^2}(x^2+C_1)$$

$$\therefore\ p=\boxed{(エ)\qquad\qquad}\quad[=u']$$

よって，この両辺を x で積分して，

$$u=\frac{y}{x}=\int\left\{x^3+1+\underbrace{\frac{C_1(x^3+1)}{x^2}}\right\}dx$$ ← $y=ux$ …②より

$C_1(x+x^{-2})$

$$=\frac{1}{4}x^4+x+C_1\left(\frac{1}{2}x^2-\frac{1}{x}\right)+C_2$$

よって，求める①の一般解は，

$$y=x\left\{\boxed{(オ)\qquad\qquad}\right\}$$

$\therefore\ y=\frac{1}{4}x^5+\frac{C_1}{2}x^3+x^2+C_2x-C_1$ である。 ……………………………(答)

解答　(ア) 0　(イ) $u''+\left(\frac{2}{x}-\frac{3x^2}{x^3+1}\right)u'$　(ウ) $\frac{2(x^3+1)}{x}$

(エ) $x^3+1+\frac{C_1(x^3+1)}{x^2}$　(オ) $\frac{1}{4}x^4+x+C_1\left(\frac{1}{2}x^2-\frac{1}{x}\right)+C_2$

演習問題 35　●2階オイラーの方程式(I)●

2階線形微分方程式：$y'' - \frac{3}{x}y' - \frac{5}{x^2}y = \frac{8}{x}$ ……①　$(x > 0)$

の一般解を求めよ。

ヒント！ ①の同伴方程式の両辺に x^2 をかけると，2階オイラーの方程式 $x^2y'' + axy' + by = 0$ の形が導かれるんだね。

解答＆解説

①の同伴方程式は，$y'' - \frac{3}{x}y' - \frac{5}{x^2}y = 0$ …②より，両辺に x^2 をかけて

$x^2y'' \underbrace{-3}_{a} xy' \underbrace{-5}_{b} y = 0$　となる。これは2階オイラーの方程式である。

よって，この特性方程式：$\lambda^2 - 4\lambda - 5 = 0$ ← $\lambda^2 + (a-1)\lambda + b = 0$ $(a = -3,\ b = -5)$

を解いて，$(\lambda + 1)(\lambda - 5) = 0$　　$\therefore \lambda = -1,\ 5$

これから②の基本解は，$y_1 = x^{-1}$，$y_2 = x^5$ となる。← P52

∴②の一般解 (①の余関数) は，$C_1x^{-1} + C_2x^5$ である。

ここで，y_1 と y_2 のロンスキアン $W(y_1,\ y_2)$ は，

$$W(y_1,\ y_2) = \begin{vmatrix} y_1 & y_2 \\ y_1' & y_2' \end{vmatrix} = \begin{vmatrix} x^{-1} & x^5 \\ -x^{-2} & 5x^4 \end{vmatrix} = 5x^3 + x^3 = 6x^3$$

よって，①の特殊解 y_0 は，

$$y_0 = -x^{-1}\int \frac{x^5 \cdot \frac{8}{x}}{6x^3}dx + x^5\int \frac{x^{-1} \cdot \frac{8}{x}}{6x^3}dx$$

← $y'' + Py' + Qy = 0$ の基本解が y_1，y_2 のとき，$y'' + Py' + Qy = R$ の特殊解 y_0 は，
$y_0 = -y_1\int \frac{y_2 \cdot R}{W}dx + y_2\int \frac{y_1 \cdot R}{W}dx$

$$= -\frac{4}{3}x^{-1}\underbrace{\int x\,dx}_{\frac{1}{2}x^2} + \frac{4}{3}x^5\underbrace{\int x^{-5}dx}_{-\frac{1}{4}x^{-4}}$$

$$= -\frac{4}{3}x^{-1} \cdot \frac{1}{2}x^2 - \frac{4}{3}x^5 \cdot \frac{1}{4}x^{-4}$$

$$= \frac{2}{3}x - \frac{1}{3}x = -x$$　となる。

∴求める①の一般解は，$y = \underbrace{-x}_{\text{特殊解}} + \underbrace{C_1x^{-1} + C_2x^5}_{\text{余関数}}$ である。……………(答)

演習問題 36　● 2 階オイラーの方程式 (Ⅱ) ●

2 階線形微分方程式：$y'' - \frac{7}{x}y' + \frac{16}{x^2}y = x^3$ ……①　$(x > 0)$

の一般解を求めよ。

ヒント！　これも前問同様，同伴方程式の両辺に x^2 をかけるんだね。

解答＆解説

①の同伴方程式は，$y'' - \frac{7}{x}y' + \frac{16}{x^2}y =$ (ア) …②より，両辺に x^2 をかけて

$x^2y'' \underbrace{-7}_{a} xy' + \underbrace{16}_{b} y = 0$　となる。これは 2 階オイラーの方程式である。

よって，この特性方程式：(イ)　← $\lambda^2 + (a-1)\lambda + b = 0$　$(a = -7,\ b = 16)$

を解いて，$(\lambda - 4)^2 = 0$　　$\therefore \lambda = 4$(重解)

これから②の基本解は，$y_1 = x^4$，$y_2 =$ (ウ) となる。← P52

∴②の一般解 (①の余関数) は，$C_1x^4 + C_2x^4\log x = (C_1 + C_2\log x)x^4$ である。

ここで，y_1 と y_2 のロンスキアン $W(y_1, y_2)$ は，

$$W(y_1, y_2) = \begin{vmatrix} y_1 & y_2 \\ y_1' & y_2' \end{vmatrix} = \begin{vmatrix} x^4 & x^4\log x \\ 4x^3 & (4\log x + 1)x^3 \end{vmatrix} = \text{(エ)}$$

よって，①の特殊解 y_0 は，

$$y_0 = -x^4\int \frac{\text{(ウ)} \cdot x^3}{\text{(エ)}}dx + \text{(ウ)}\int \frac{x^4 \cdot x^3}{\text{(エ)}}dx$$

$$= -x^4\underbrace{\int \log x\,dx}_{} + x^4\log x\underbrace{\int dx}_{x}$$

$$\int x'\log x\,dx = x\log x - \int x \cdot \frac{1}{x}dx = x\log x - x$$

$$= -x^4(x\log x - x) + x^4 \cdot \log x \cdot x = x^5$$

∴求める①の一般解は，$y =$ (オ) である。　……………(答)

解答　(ア) 0　(イ) $\lambda^2 - 8\lambda + 16 = 0$　(ウ) $x^4\log x$　(エ) x^7
(オ) $x^5 + (C_1 + C_2\log x)x^4$

演習問題 37　●2階オイラーの方程式(Ⅲ)●

2階線形微分方程式：$y'' + \frac{1}{x}y' + \frac{1}{x^2}y = \frac{2\log x}{x^2}$ ……①

の一般解を求めよ。

ヒント！ この同伴方程式も2階オイラーの方程式 $x^2y'' + axy' + by = 0$ の形だね。

解答＆解説

①の同伴方程式は，$y'' + \frac{1}{x}y' + \frac{1}{x^2}y = 0$ …②より，両辺に x^2 をかけて

$x^2y'' + \underset{a}{\underline{1}} \cdot xy' + \underset{b}{\underline{1}} \cdot y = 0$　となる。これは2階オイラーの方程式である。

よって，この特性方程式：$\lambda^2 + 1 = 0$ ←【$\lambda^2 + (a-1)\lambda + b = 0$ $(a = 1,\ b = 1)$】

を解いて，$\lambda^2 = -1$　　$\therefore \lambda = \pm i$

これから②の基本解は，

$y_1 = \cos(\log x)$，$y_2 = \sin(\log x)$ となる。←P53

∴②の一般解（①の余関数）は，

$C_1\cos(\log x) + C_2\sin(\log x)$ である。

y_1 と y_2 のロンスキアン $W(y_1, y_2)$ は，

$$W(y_1, y_2) = \begin{vmatrix} y_1 & y_2 \\ y_1' & y_2' \end{vmatrix}$$

$$= \begin{vmatrix} \cos(\log x) & \sin(\log x) \\ -\frac{1}{x}\sin(\log x) & \frac{1}{x}\cos(\log x) \end{vmatrix}$$

$$= \frac{1}{x}\{\underbrace{\cos^2(\log x) + \sin^2(\log x)}_{1}\}$$

$$= \frac{1}{x}$$

【$y_1 = \cos(\log x)$ のとき，
$y_1' = -\frac{1}{x}\sin(\log x)$
$y_1'' = \frac{1}{x^2}\sin(\log x) - \frac{1}{x^2}\cos(\log x)$ より，
$x^2y_1'' + xy_1' + y_1$
$= \sin(\log x) - \cos(\log x) - \sin(\log x) + \cos(\log x)$
$= 0$　となって，
$y_1 = \cos(\log x)$ は②の解。
$y_2 = \sin(\log x)$ も同様に②の解だ。】

よって，①の特殊解 y_0 は，

$$y_0 = -\cos(\log x)\int \frac{\sin(\log x)\cdot\frac{2\log x}{x^2}}{\frac{1}{x}}dx$$

$$+\sin(\log x)\int \frac{\cos(\log x)\cdot\frac{2\log x}{x^2}}{\frac{1}{x}}dx$$

$y'' + Py' + Qy = 0$ の基本解が y_1, y_2 のとき，$y'' + Py' + Qy = R$ の特殊解 y_0 は，

$$y_0 = -y_1\int\frac{y_2\cdot R}{W}dx + y_2\int\frac{y_1\cdot R}{W}dx$$

$$= -2\cos(\log x)\underbrace{\int \sin(\log x)\cdot\frac{1}{x}\cdot\log x\,dx}_{(\text{i})}$$

$$+2\sin(\log x)\underbrace{\int \cos(\log x)\cdot\frac{1}{x}\cdot\log x\,dx}_{(\text{ii})} \quad\cdots\cdots③$$

ここで，(ⅰ)，(ⅱ) について，

(ⅰ) $\displaystyle\int \underbrace{\sin(\log x)\cdot\frac{1}{x}}_{\{-\cos(\log x)\}'}\cdot\log x\,dx = \int\{-\cos(\log x)\}'\cdot\log x\,dx$

部分積分法：$\displaystyle\int f'g\,dx = fg - \int fg'\,dx$

$$= -\cos(\log x)\cdot\log x + \int \underbrace{\cos(\log x)\cdot\frac{1}{x}}_{\{\sin(\log x)\}'}dx$$

$$= -\cos(\log x)\cdot\log x + \sin(\log x) \quad\cdots\cdots④$$

(ⅱ) $\displaystyle\int \underbrace{\cos(\log x)\cdot\frac{1}{x}}_{\{\sin(\log x)\}'}\cdot\log x\,dx = \int\{\sin(\log x)\}'\cdot\log x\,dx$

$$= \sin(\log x)\cdot\log x - \int\underbrace{\sin(\log x)\cdot\frac{1}{x}}_{\{-\cos(\log x)\}'}dx = \sin(\log x)\cdot\log x + \cos(\log x) \quad\cdots⑤$$

④，⑤を③に代入して，

$$y_0 = -2\cos(\log x)\{-\cos(\log x)\cdot\log x + \sin(\log x)\}$$

$$+2\sin(\log x)\{\sin(\log x)\cdot\log x + \cos(\log x)\}$$

$$= 2\log x\{\underbrace{\cos^2(\log x) + \sin^2(\log x)}_{1}\} = 2\log x$$

∴求める①の一般解は，$y = \underbrace{2\log x}_{\text{特殊解}} + \underbrace{C_1\cos(\log x) + C_2\sin(\log x)}_{\text{余関数}}$ である。 ……(答)

演習問題 38　●オイラーの微分方程式（Ⅰ）●

2 階線形微分方程式：$x^2y'' + axy' + by = R(x)$ ……①　（a，b：定数）

は，$x = e^t$ と変数変換することによって，定数係数 2 階微分方程式：

$\ddot{y} + (a-1)\dot{y} + by = R(e^t)$ ……①′　になることを示せ。

（ただし，$\ddot{y}$，$\dot{y}$ はそれぞれ t での微分 $\ddot{y} = \dfrac{d^2y}{dt^2}$，$\dot{y} = \dfrac{dy}{dt}$ を表す。）

ヒント！ $x = e^t$ より，$t = \log x$　よって，$\dfrac{dt}{dx} = \dfrac{1}{x}(=e^{-t})$ だね。

合成関数の微分法を用いて，y'，y'' を $\dot{y}$ と $\ddot{y}$ で表そう。

解答＆解説

2 階線形微分方程式：$x^2y'' + axy' + by = R(x)$ ……①

について，$x = e^t$ ……②　とおくと，$t = \log x$ ……②′

$\therefore \dfrac{dt}{dx} = \dfrac{1}{x}(=e^{-t})$

（ⅰ）$\underbrace{\dfrac{dy}{dx}}_{y'} = \underbrace{\dfrac{dt}{dx}}_{\frac{1}{x}} \cdot \underbrace{\dfrac{dy}{dt}}_{\dot{y}}$　　$\therefore y' = \dfrac{1}{x} \cdot \dot{y}$　より，$xy' = \dot{y}$ ……③

（ⅱ）$\underbrace{\dfrac{d^2y}{dx^2}}_{y''} = \dfrac{d}{dx}\underbrace{\left(\dfrac{dy}{dx}\right)}_{\frac{1}{x}\dot{y} = e^{-t}\cdot\dot{y}} = \dfrac{d}{dx}(e^{-t}\cdot\dot{y}) = \underbrace{\dfrac{dt}{dx}}_{\frac{1}{x}} \cdot \underbrace{\dfrac{d}{dt}(e^{-t}\cdot\dot{y})}_{-e^{-t}\cdot\dot{y} + e^{-t}\cdot\ddot{y} = \frac{1}{x}(\ddot{y}-\dot{y})}$

$\therefore y'' = \dfrac{1}{x^2}(\ddot{y} - \dot{y})$ より，$x^2y'' = \ddot{y} - \dot{y}$ ……④

以上④，③，②を①に代入して，$\underbrace{\ddot{y} - \dot{y}}_{x^2y''} + a\underbrace{\dot{y}}_{xy'} + by = \underbrace{R(e^t)}_{R(x)}$ となる。

よって，①は，$x = e^t$ とおくことにより，定数係数 2 階微分方程式：

$\ddot{y} + (a-1)\dot{y} + by = R(e^t)$ ……①′　に変換される。 ……………………（終）

t についての微分方程式①′の同伴方程式：
$\ddot{y} + (a-1)\dot{y} + by = 0$ ……②′　の特性方程式 $\lambda^2 + (a-1)\lambda + b = 0$
を解いて，②′の基本解 y_1，y_2 を求めれば，②′の一般解，すなわち①′の余関数が $Y = C_1y_1 + C_2y_2$ の形で求まるんだね。

演習問題 39 ●オイラーの微分方程式（Ⅱ）●

2 階線形微分方程式：$x^2y'' + xy' + y = 2\log x$ ……① について，
$x = e^t$ により定数係数 2 階微分方程式に変換することによって，その一般解を x の関数として表せ。この変換では演習問題 38 の結果を用いてかまわない。

ヒント！ ①は，演習問題 37 と同じ微分方程式だね。演習問題 38 の①´の形に変換して，まず t の関数として一般解を求めよう。

解答＆解説

2 階線形微分方程式：$x^2y'' + \underset{a}{1}\cdot xy' + \underset{b}{1}\cdot y = \underset{R(x)}{2\log x}$ ……①

は，$x = e^t$ により，定数係数 2 階線形微分方程式：

$\ddot{y} + y = 2t$ ……①´ に変換される。

$R(e^t) = 2\log e^t = \log e^{2t}$

$x^2y'' + axy' + by = R(x)$ は $x = e^t$ ($\Leftrightarrow t = \log x$) により，$\ddot{y} + (a-1)\dot{y} + by = R(e^t)$ に変換される。

①´の同伴方程式：$\ddot{y} + y = 0$ ……②の

特性方程式：$\lambda^2 + 1 = 0$ を解くと，

$\lambda = \pm i$　これから②の基本解は，$y_1 = \cos t$，$y_2 = \sin t$ ← P51

∴②の一般解（①´の余関数）は，$C_1\cos t + C_2\sin t$ である。

ここで，y_1 と y_2 のロンスキアン $W(y_1, y_2)$ は，

$$W(y_1, y_2) = \begin{vmatrix} y_1 & y_2 \\ y_1' & y_2' \end{vmatrix} = \begin{vmatrix} \cos t & \sin t \\ -\sin t & \cos t \end{vmatrix} = \cos^2 t + \sin^2 t = 1$$

よって，①´の特殊解 y_0 は，

$y_0 = -y_1\int \frac{y_2\cdot R}{W}dt + y_2\int \frac{y_1\cdot R}{W}dt$

$$y_0 = -\cos t\cdot\int\frac{\sin t\cdot 2t}{1}dt + \sin t\cdot\int\frac{\cos t\cdot 2t}{1}dt$$

$$= -2\cos t\cdot\underbrace{\int t\cdot(-\cos t)'\,dt}_{-t\cos t+\int\cos t\,dt} + 2\sin t\cdot\underbrace{\int t\cdot(\sin t)'\,dt}_{t\sin t-\int\sin t\,dt}$$

部分積分法：$\int fg'dt = fg - \int f'g\,dt$

$$= -2\cos t(-t\cos t + \sin t) + 2\sin t(t\sin t + \cos t) = 2t$$

∴①´の一般解は，$y = 2t + C_1\cos t + C_2\sin t$　これに $t = \log x$ を代入して，

求める①の一般解は，$y = 2\log x + C_1\cos(\log x) + C_2\sin(\log x)$ ……(答)

演習問題 40 ●標準形への変換●

2 階線形微分方程式：$y'' - 8xy' + (16x^2 - 5)y = xe^{2x^2}$ ……①

を標準形に変換することにより，この一般解を求めよ。

ヒント！ 2 階線形微分方程式：$y'' + Py' + Qy = R$ …ⓐ　に対して，この一般解を $y = uv$ とおき，$v = e^{-\frac{1}{2}\int P\,dx}$，$I = Q - \frac{1}{2}P' - \frac{1}{4}P^2$，$J = \frac{R}{v}$ とおくと，ⓐは $u'' + Iu = J$ の標準形に変換されるんだね。(P53)

解答＆解説

$y'' \underbrace{-8x}_{P} y' + \underbrace{(16x^2 - 5)}_{Q} y = \underbrace{xe^{2x^2}}_{R}$ …①　について，

$P = -8x$，$Q = 16x^2 - 5$，$R = xe^{2x^2}$　とおく。

ここで，①の一般解を $y = uv$ …②　とおき，

$$v = e^{-\frac{1}{2}\int P\,dx} = e^{\int 4x\,dx} = e^{2x^2} \quad \cdots\cdots ③$$

$$I = \underbrace{Q}_{16x^2-5} - \frac{1}{2}\underbrace{P'}_{(-8x)' = -8} - \frac{1}{4}\underbrace{P^2}_{(-8x)^2 = 64x^2} = 16x^2 - 5 + 4 - 16x^2 = -1$$

$$J = \frac{R}{v} = \frac{xe^{2x^2}}{e^{2x^2}} = x \quad \text{とおく。}$$

すると，u は，標準形の微分方程式：$u'' + Iu = J$，すなわち

$u'' - u = x$ …④　をみたす。

④の同伴方程式：$u'' - u = 0$ …⑤は，定数係数 2 階同次微分方程式なので，この特性方程式：

$\lambda^2 - 1 = 0$ を解いて，$\lambda = \pm 1$ となる。

よって，⑤の基本解は，$u_1 = e^x$，$u_2 = e^{-x}$

∴⑤の一般解（④の余関数）は，$C_1e^x + C_2e^{-x}$ である。

ここで，u_1 と u_2 のロンスキアン $W(u_1, u_2)$ は，

$$W(u_1, u_2) = \begin{vmatrix} u_1 & u_2 \\ u_1' & u_2' \end{vmatrix} = \begin{vmatrix} e^x & e^{-x} \\ e^x & -e^{-x} \end{vmatrix}$$

$$= e^x \cdot (-e^{-x}) - e^x \cdot e^{-x}$$

$$= -1 - 1 = -2 \text{ となる。}$$

④の特殊解

$$u_0 = -u_1 \int \frac{u_2 \cdot J}{W} dx + u_2 \int \frac{u_1 \cdot J}{W} dx$$

よって，④の特殊解 u_0 は，

$$u_0 = -e^x \int \frac{e^{-x} \cdot x}{-2} dx + e^{-x} \int \frac{e^x \cdot x}{-2} dx$$

$$= \frac{1}{2} e^x \int x(-e^{-x})' dx - \frac{1}{2} e^{-x} \int x(e^x)' dx$$

$$\int x(-e^{-x})' dx = -xe^{-x} + \int e^{-x} dx, \quad \int x(e^x)' dx = xe^x - \int e^x dx$$

部分積分法：

$$\int f \cdot g' dx = f \cdot g - \int f' \cdot g dx$$

$$= \frac{1}{2} e^x (-xe^{-x} - e^{-x}) - \frac{1}{2} e^{-x} (xe^x - e^x)$$

$$= -x$$

この $u_0 = -x$ は，④から直感的に導いても構わない。

以上より，④の一般解は，$u = -x + C_1 e^x + C_2 e^{-x}$ となるので，

これと②，③より，①の一般解 $y = uv$ は，

$y = e^{2x^2}(-x + C_1 e^x + C_2 e^{-x})$ である。 ……………………………………(答)

講義 Lecture **4** 高階微分方程式

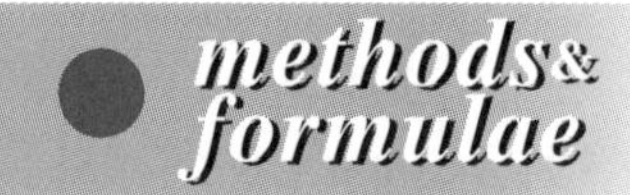

§1. 高階完全微分方程式

n 階の常微分方程式は一般に

$F(x, y, y', \cdots, y^{(n-1)}, y^{(n)}) = 0$ …① の形で表される。

ここで，この①の左辺 $F(x, y, y', \cdots, y^{(n-1)}, y^{(n)})$ に対して，

$\frac{d}{dx} f(x, y, y', \cdots, y^{(n-1)}) = F(x, y, y', \cdots, y^{(n-1)}, y^{(n)})$

をみたす $f(x, y, y', \cdots, y^{(n-1)})$ が存在するとき，①の微分方程式を "**完全微分方程式**(かんぜんびぶんほうていしき)" と呼ぶ。よって，n 階の微分方程式①が完全微分方程式であるならば両辺を x で積分して，

$f(x, y, y', \cdots, y^{(n-1)}) = C$ …② に持ち込める。②を①の**第1積分**という。

n 階線形微分方程式：

$P_0 y^{(n)} + P_1 y^{(n-1)} + P_2 y^{(n-2)} + \cdots + P_{n-1} y' + P_n y = R$ ……㋐

が，完全微分方程式であるための必要十分条件は，

$P_n - P'_{n-1} + P''_{n-2} - P'''_{n-3} + \cdots + (-1)^n P_0^{(n)} = 0$ である。

このとき，㋐の両辺を x で積分してできる第1積分は，

$q_0 y^{(n-1)} + q_1 y^{(n-2)} + q_2 y^{(n-3)} + \cdots + q_{n-2} y' + q_{n-1} y = \int R dx$ ……㋑ となる。

（ただし，$q_0 = P_0$，$q_1 = P_1 - P_0'$，$q_2 = P_2 - P_1' + P_0''$，$q_3 = P_3 - P_2' + P_1'' - P_0'''$，…，
$q_{n-1} = P_{n-1} - P'_{n-2} + P''_{n-3} - \cdots + (-1)^{n-1} P_0^{(n-1)}$ である。）

（また，㋐の P_0，P_1，P_2，…，P_n，R と，㋑の q_0，q_1，q_2，…，q_{n-1} はすべて x の関数である。）

§2. 定数係数高階同次微分方程式

高階線形微分方程式：

$y^{(n)} + P_1(x) y^{(n-1)} + \cdots + P_{n-1}(x) y' + P_n(x) y = R(x)$ …①と同伴方程式：

$y^{(n)} + P_1(x) y^{(n-1)} + \cdots + P_{n-1}(x) y' + P_n(x) y = 0$ ……② について，①の一般解 y は，①の特殊解 y_0 と②の一般解 Y との和，すなわち

$y = y_0 + Y$ ……③　の形で表される。Y を①の**余関数**とも呼ぶ。

②の一般解 Y は，1次独立(線形独立)な n 個の解 $y_1,\ y_2,\ \cdots,\ y_n$ の1次結合：

$Y = C_1y_1 + C_2y_2 + \cdots + C_ny_n$ ……④　(C_k：任意定数，$k = 1,\ 2,\ \cdots,\ n$)

で表される。また，この $y_1,\ y_2,\ \cdots,\ y_n$ のそれぞれを**基本解**と呼ぶ。

n 個の関数 $y_1,\ y_2,\ \cdots,\ y_n$ の**ロンスキアン**

$$W(y_1,\ y_2,\ \cdots,\ y_n) = \begin{vmatrix} y_1 & y_2 & \cdots & y_n \\ y_1' & y_2' & \cdots & y_n' \\ \cdots & \cdots & \cdots & \cdots \\ y_1^{(n-1)} & y_2^{(n-1)} & \cdots & y_n^{(n-1)} \end{vmatrix}$$ について，

「$W(y_1,\ y_2,\ \cdots,\ y_n) \neq 0 \Rightarrow y_1,\ y_2,\ \cdots,\ y_n$ は1次独立である」が成り立つ。

定数係数 n 階同次微分方程式：

$y^{(n)} + a_1y^{(n-1)} + a_2y^{(n-2)} + \cdots + a_{n-1}y' + a_ny = 0$ …①　について，

$y = e^{\lambda x}$ とおいて導かれる**特性方程式**：

$\lambda^n + a_1\lambda^{n-1} + \cdots + a_{n-1}\lambda + a_n = 0$ ……②　が，

・相異なる実数解：$\lambda_1,\ \lambda_2,\ \cdots,\ \lambda_s$　(重複度 $l_1,\ l_2,\ \cdots,\ l_s$)

・相異なる虚数解：$\alpha_1 \pm i\beta_1,\ \alpha_2 \pm i\beta_2,\ \cdots,\ \alpha_t \pm i\beta_t$ (重複度 $m_1,\ m_2,\ \cdots,\ m_t$)

のとき，①は次の n 個の基本解をもつ。

$e^{\lambda_i x},\ xe^{\lambda_i x},\ x^2e^{\lambda_i x},\ \cdots,\ x^{l_i-1}e^{\lambda_i x}$　$(i = 1,\ 2,\ \cdots,\ s)$

$e^{\alpha_j x}\cos\beta_j x,\ xe^{\alpha_j x}\cos\beta_j x,\ \cdots,\ x^{m_j-1}e^{\alpha_j x}\cos\beta_j x$

$e^{\alpha_j x}\sin\beta_j x,\ xe^{\alpha_j x}\sin\beta_j x,\ \cdots,\ x^{m_j-1}e^{\alpha_j x}\sin\beta_j x$　$(j = 1,\ 2,\ \cdots,\ t)$

よって，①の一般解は，これらの基本解の1次結合として表される。

高階オイラーの方程式：

$x^ny^{(n)} + a_1x^{n-1}y^{(n-1)} + a_2x^{n-2}y^{(n-2)} + \cdots + a_{n-2}x^2y'' + a_{n-1}xy' + a_ny = 0$ ……㋐

は，$x = e^t$ とおくことによって，次の定数係数高階同次微分方程式に変換される。

$y^{[n]} + b_1y^{[n-1]} + b_2y^{[n-2]} + \cdots + b_{n-2}\ddot{y} + b_{n-1}\dot{y} + b_ny = 0$ ……㋑

(ただし，$\dot{y} = \dfrac{dy}{dt},\ \ddot{y} = \dfrac{d^2y}{dt^2},\ \cdots,\ y^{[n-1]} = \dfrac{d^{n-1}y}{dt^{n-1}},\ y^{[n]} = \dfrac{d^ny}{dt^n}$　とする。)

演習問題 41　● 高階微分方程式 ●

次の高階微分方程式の一般解を求めよ。

$$y''' - \frac{x}{x-1}y'' + \frac{1}{x-1}y' = 1 - x \quad \cdots ① \quad (x \neq 1)$$

ヒント！ $y' = p$ とおくと，①は p についての 2 階線形非同次微分方程式に帰着されるんだね。

$-\frac{x}{x-1} = P(x)$，$\frac{1}{x-1} = Q(x)$ とおくと，この同伴方程式の基本解 p_1，p_2 は，$P(x) + xQ(x) = 0$，$1 + P(x) + Q(x) = 0$ から容易に求まるんだね。(P52)

解答＆解説

$$\underbrace{y'''}_{p''} - \frac{x}{x-1}\underbrace{y''}_{p'} + \frac{1}{x-1}\underbrace{y'}_{p} = 1 - x \quad \cdots ①$$

について，$y' = p$ とおくと，①は

$$p'' \underbrace{- \frac{x}{x-1}}_{P(x)}p' + \underbrace{\frac{1}{x-1}}_{Q(x)}p = \underbrace{1 - x}_{R(x)} \quad \cdots ①'$$

となる。

この p についての 2 階線形微分方程式の同伴方程式は，

$$p'' - \frac{x}{x-1}p' + \frac{1}{x-1}p = 0 \quad \cdots\cdots ②$$

$P(x) = -\frac{x}{x-1}$，$Q(x) = \frac{1}{x-1}$ とおくと，②は

$p'' + P(x)p' + Q(x)p = 0$

ここで，$P(x)$，$Q(x)$ をそれぞれ

P，Q と表すと，

$$\begin{cases} P + xQ = -\frac{x}{x-1} + \frac{x}{x-1} = 0 \\ 1 + P + Q = 1 - \frac{x}{x-1} + \frac{1}{x-1} \\ \qquad = 1 - \frac{x-1}{x-1} = 0 \end{cases}$$

同伴方程式の基本解 (P52)

P, Q の条件	基本解
$P + xQ = 0$	$y_1 = x$
$1 + P + Q = 0$	$y_1 = e^x$

よって，②の基本解は，$p_1 = x$，$p_2 = e^x$

∴②の一般解 (①$'$ の余関数) は，$C_1''x + C_2e^x$ である。

ここで，p_1 と p_2 のロンスキアン $W(p_1,\ p_2)$ は，

$$W(y_1,\ y_2)=\begin{vmatrix} p_1 & p_2 \\ p_1' & p_2' \end{vmatrix}=\begin{vmatrix} x & e^x \\ 1 & e^x \end{vmatrix}=xe^x-e^x=(x-1)e^x \quad (\neq 0)$$

よって，①$'$の特殊解 p_0 は，

$$p_0=-x\int\underbrace{\frac{e^x(1-x)}{(x-1)e^x}}_{-1}dx+e^x\int\frac{x(1-x)}{(x-1)e^x}dx$$

①$'$の特殊解は
$p_0=-p_1\int\frac{p_2R(x)}{W}dx+p_2\int\frac{p_1R(x)}{W}dx$
だね。(P52)

$$=\underbrace{x\int dx}_{x}-\underbrace{e^x\int x\overbrace{e^{-x}}^{(-e^{-x})'}dx}_{x(-e^{-x})+\int e^{-x}dx}$$

$$=x^2-e^x(-xe^{-x}-e^{-x})=x^2+x+1$$

∴①$'$の一般解 p は，$p=\underbrace{x^2+x+1}_{\text{特殊解}}+\underbrace{C_1''x+C_2e^x}_{\text{余関数}}$

$$=x^2+C_1'x+1+C_2e^x\ [=y'] \quad (C_1'=1+C_1'')$$

∴ $y'=x^2+C_1'x+1+C_2e^x$ より，この両辺を x で積分して，

求める①の一般解 y は，

$$y=\int(x^2+C_1'x+1+C_2e^x)\,dx$$

$$=\frac{1}{3}x^3+C_1x^2+x+C_2e^x+C_3 \quad \left(C_1=\frac{C_1'}{2}\right)$$ である。……………………(答)

$p''-\frac{x}{x-1}p'+\frac{1}{x-1}p=1-x$ …①$'$
の両辺に $x-1$ をかけて，
$(x-1)p''-xp'+p=-(x-1)^2$ …①$''$
この右辺が x の2次関数だから，①$'$の特殊解を，
$p_0=Ax^2+Bx+C$ （A，B，C：定数，$A\neq 0$）とおいて，
$p_0'=2Ax+B$，$p_0''=2A$ 　これらを①$''$に代入して，
$2A(x-1)-(2Ax+\cancel{B})x+Ax^2+\cancel{B}x+C=-x^2+2x-1$
$-Ax^2+2Ax-2A+C=-x^2+2x-1$
この両辺の係数を比較して，$A=1$，$C=1$ となる。
∴①$'$の特殊解は，$p_0=x^2+Bx+1$ （B：任意定数）となるんだね。
（特殊解の公式を用いた本解答は，$B=1$ の場合）

演習問題 42 ● 高階完全微分方程式(Ⅰ)●

n 階線形微分方程式：

$$P_0y^{(n)}+P_1y^{(n-1)}+P_2y^{(n-2)}+\cdots+P_{n-1}y'+P_ny=R \quad \cdots\cdots ㋐$$

が完全微分方程式となるための条件は，

$$P_n-P'_{n-1}+P''_{n-2}-P'''_{n-3}+\cdots+(-1)^nP_0^{(n)}=0 \quad \cdots(*)$$

であることを示せ。

ヒント！ ㋐の両辺を x で積分する。この左辺の第 $n-k+1$ 番目の項 $\int P_{n-k}y^{(k)}dx$ に部分積分法を k 回繰り返した結果について，$k=n,\ n-1,\ \cdots,\ 2,\ 1$ と変化させて，辺々加え，最後に両辺に $\int P_ny\,dx$ を加えるといい。

解答＆解説

㋐の両辺を x で積分すると，

$$\underbrace{\int P_0y^{(n)}dx}_{k=n}+\underbrace{\int P_1y^{(n-1)}dx}_{k=n-1}+\underbrace{\int P_2y^{(n-2)}dx}_{k=n-2}+\cdots+\underbrace{\int P_{n-1}y'dx}_{k=1}+\underbrace{\int P_ny\,dx}_{k=0}=\int R\,dx \quad \cdots ①$$

この左辺の第 $n-k+1$ 項 $\int P_{n-k}y^{(k)}dx$ $(k=n,\ n-1,\ \cdots,\ 1)$ は，

$$\int P_{n-k}y^{(k)}dx=\int P_{n-k}\left(y^{(k-1)}\right)'dx$$

$$=P_{n-k}\cdot y^{(k-1)}\underset{(-1)^1}{-}\int P'_{n-k}y^{(k-1)}dx$$

$$=P_{n-k}\cdot y^{(k-1)}-P'_{n-k}y^{(k-2)}\underset{(-1)^2}{+}\int P''_{n-k}y^{(k-2)}dx$$

$$=P_{n-k}\cdot y^{(k-1)}-P'_{n-k}y^{(k-2)}+P''_{n-k}y^{(k-3)}\underset{(-1)^3}{-}\int P'''_{n-k}y^{(k-3)}dx$$

部分積分の公式：
$\int f\cdot g'dx=f\cdot g-\int f'\cdot g\,dx$

$$=\overbrace{P_{n-k}\cdot y^{(k-1)}-P'_{n-k}y^{(k-2)}+P''_{n-k}y^{(k-3)}-\cdots+(-1)^{k-1}P_{n-k}^{(k-1)}y}^{k\text{ 項}}+(-1)^k\int P_{n-k}^{(k)}y\,dx \quad \cdots\cdots ②$$

②より，$k=n$ のとき，

$$\int P_0 y^{(n)}\,dx = P_0 y^{(n-1)} - P_0{}' y^{(n-2)} + P_0{}'' y^{(n-3)} - \cdots + (-1)^{n-1} P_0{}^{(n-1)} y + (-1)^n \int P_0{}^{(n)} y\,dx$$

$k=n-1$ のとき，

$$\int P_1 y^{(n-1)}\,dx = P_1 y^{(n-2)} - P_1{}' y^{(n-3)} + P_1{}'' y^{(n-4)} - \cdots + (-1)^{n-2} P_1{}^{(n-2)} y + (-1)^{n-1} \int P_1{}^{(n-1)} y\,dx$$

$k=n-2$ のとき，

$$\int P_2 y^{(n-2)}\,dx = P_2 y^{(n-3)} - P_2{}' y^{(n-4)} + P_2{}'' y^{(n-5)} - \cdots + (-1)^{n-3} P_2{}^{(n-3)} y + (-1)^{n-2} \int P_2{}^{(n-2)} y\,dx$$

$k=2$ のとき，

$$\int P_{n-2} y''\,dx = P_{n-2} y' + (-1)^1 P_{n-2}' y + (-1)^2 \int P_{n-2}'' y\,dx$$

$k=1$ のとき，

$$\int P_{n-1} y'\,dx = P_{n-1} y + (-1)^1 \int P_{n-1}' y\,dx$$

これら n 個の等式を辺々加え，さらに $\int P_n y\,dx$ を加えると，

$$\int \{P_0 y^{(n)} + P_1 y^{(n-1)} + P_2 y^{(n-2)} + \cdots + P_{n-2} y'' + P_{n-1} y' + P_n y\}\,dx$$
$$= \underbrace{P_0}_{q_0} y^{(n-1)} + (\underbrace{P_1 - P_0{}'}_{q_1}) y^{(n-2)} + (\underbrace{P_2 - P_1{}' + P_0{}''}_{q_2}) y^{(n-3)} + \cdots$$
$$+ \{\underbrace{P_{n-1} - P_{n-2}' + \cdots + (-1)^{n-2} P_1{}^{(n-2)} + (-1)^{n-1} P_0{}^{(n-1)}}_{q_{n-1}}\} y$$
$$+ \int \{\underbrace{P_n - P_{n-1}' + P_{n-2}'' - \cdots + (-1)^{n-1} P_1{}^{(n-1)} + (-1)^n P_0{}^{(n)}}_{0}\} y\,dx \quad \cdots ③$$

0 ← ㋐が完全微分方程式であるための条件

この③より，㋐が完全微分方程式であるための条件は，

$P_n - P_{n-1}' + P_{n-2}'' - \cdots + (-1)^{n-1} P_1{}^{(n-1)} + (-1)^n P_0{}^{(n)} = 0 \quad \cdots (*)$ である。

……(終)

このとき，①は，q_0，q_1，q_2，…，q_{n-1} を③のようにおくことによって，
$q_0 y^{(n-1)} + q_1 y^{(n-2)} + q_2 y^{(n-3)} + \cdots + q_{n-1} y = \int R(x)dx$ と，第1積分になる。

演習問題 43　●高階完全微分方程式(Ⅱ)●

次の微分方程式を，完全微分方程式の解法に従って解け。

$(x^3+x^2+2x+1)y'''+(9x^2+6x+6)y''+(18x+6)y'+6y=24x$ …①

ヒント！ $P_0=x^3+x^2+2x+1$，$P_1=9x^2+6x+6$，$P_2=18x+6$，$P_3=6$ とおくと，$P_3-P_2'+P_1''-P_0'''=0$ となるので，①は完全微分方程式となる。よって，$q_0=P_0$，$q_1=P_1-P_0'$，$q_2=P_2-P_1'+P_0''$ とおいて，①の第1積分は，$(x^3+x^2+2x+1)y''+(6x^2+4x+4)y'+(6x+2)y=\int 24x\,dx$……②となる。以下同様にして，②も完全微分方程式であることが分かる。

解答＆解説

(ⅰ) $\underbrace{(x^3+x^2+2x+1)}_{P_0}y'''+\underbrace{(9x^2+6x+6)}_{P_1}y''+\underbrace{(18x+6)}_{P_2}y'+\underbrace{6}_{P_3}y=24x$…①

について，

$P_0=x^3+x^2+2x+1$, $P_1=9x^2+6x+6$, $P_2=18x+6$, $P_3=6$ とおくと，

$P_3-P_2'+P_1''-P_0'''$

$=6-\underbrace{(18x+6)'}_{18}+\underbrace{(9x^2+6x+6)''}_{(18x+6)'=18}-\underbrace{(x^3+x^2+2x+1)'''}_{(3x^2+2x+2)''=(6x+2)'=6}$

$=6-18+18-6=0$　となるので，

①は完全微分方程式である。

ここで，$q_0=P_0=x^3+x^2+2x+1$

$q_1=P_1-P_0'=9x^2+6x+6-(x^3+x^2+2x+1)'$

$=9x^2+6x+6-(3x^2+2x+2)=6x^2+4x+4$

$q_2=P_2-P_1'+P_0''=18x+6-\underbrace{(9x^2+6x+6)'}_{18x+6}+\underbrace{(x^3+x^2+2x+1)''}_{6x+2}$

$=18x+6-(18x+6)+6x+2=6x+2$　より，

①の第1積分は，

$\underbrace{(x^3+x^2+2x+1)}_{q_0}y''+\underbrace{(6x^2+4x+4)}_{q_1}y'+\underbrace{(6x+2)}_{q_2}y=\underbrace{\int 24x\,dx}_{12x^2+C_1'}$ ……②

(ⅱ) $\underbrace{(x^3+x^2+2x+1)}_{P_0}y''+\underbrace{(6x^2+4x+4)}_{P_1}y'+\underbrace{(6x+2)}_{P_2}y=12x^2+C_1'$ ……②

について，新たに

$P_0=x^3+x^2+2x+1$，$P_1=6x^2+4x+4$，$P_2=6x+2$ とおくと，

$P_2-P_1'+P_0''=6x+2-(6x^2+4x+4)'+(x^3+x^2+2x+1)''$

$=6x+2-(12x+4)+6x+2=0$　となるので，

②は完全微分方程式である。

ここで，

$q_0=P_0=x^3+x^2+2x+1$

$q_1=P_1-P_0'=6x^2+4x+4-(x^3+x^2+2x+1)'$

$=6x^2+4x+4-(3x^2+2x+2)=3x^2+2x+2$　より，

②の第 1 積分は，

$\underbrace{(x^3+x^2+2x+1)}_{q_0}y'+\underbrace{(3x^2+2x+2)}_{q_1}y=\underbrace{\int(12x^2+C_1')\,dx}_{4x^3+C_1'x+C_2}$ …③となる。

(ⅲ) $\underbrace{(x^3+x^2+2x+1)}_{P_0}y'+\underbrace{(3x^2+2x+2)}_{P_1}y=4x^3+C_1'x+C_2$ ……③

について，新たに，$P_0=x^3+x^2+2x+1$，$P_1=3x^2+2x+2$ とおくと，

$P_1-P_0'=3x^2+2x+2-(x^3+x^2+2x+1)'$

$=3x^2+2x+2-(3x^2+2x+2)=0$　となって，

③は完全微分方程式である。

ここで，$q_0=P_0=x^3+x^2+2x+1$ より，③の第 1 積分は，

$\underbrace{(x^3+x^2+2x+1)}_{q_0}y=\underbrace{\int(4x^3+C_1'x+C_2)\,dx}_{x^4+C_1x^2+C_2x+C_3}$

$(x^3+x^2+2x+1)y=x^4+C_1x^2+C_2x+C_3$　$\left(C_1=\dfrac{C_1'}{2}\right)$

以上 (ⅰ)(ⅱ)(ⅲ) より，完全微分方程式①の一般解は，

$(x^3+x^2+2x+1)y=x^4+C_1x^2+C_2x+C_3$　である。 ……………………(答)

(ⅲ) で，$P_1=P_0'$ より，③は，$\underbrace{P_0y'+P_0'y}_{(P_0y)'}=4x^3+C_1'x+C_2$ ← 積の微分：$(fg)'=f'g+fg'$

$\therefore\ (P_0y)'=4x^3+C_1'x+C_2$ より，両辺を x で積分して答えを導いてもいいね。

演習問題 44　●高階完全微分方程式(Ⅲ)●

次の微分方程式を，完全微分方程式の解法に従って解け。

$$\frac{1}{x}y''' - \frac{3}{x^2}y'' + \frac{6}{x^3}y' - \frac{6}{x^4}y = 0 \quad \cdots\cdots①$$

ヒント！ 前問と同様，$P_0 = \frac{1}{x}$, $P_1 = -\frac{3}{x^2}$, $P_2 = \frac{6}{x^3}$, $P_3 = -\frac{6}{x^4}$ とおくと，$P_3 - P_2' + P_1'' - P_0''' = 0$ となるので，①は完全微分方程式だね。これから，①の第 1 積分を求めよう。

解答＆解説

(i) $\underbrace{\frac{1}{x}}_{P_0}y''' \underbrace{- \frac{3}{x^2}}_{P_1}y'' + \underbrace{\frac{6}{x^3}}_{P_2}y' \underbrace{- \frac{6}{x^4}}_{P_3}y = 0 \quad \cdots①$　について，

$$P_0 = \frac{1}{x},\ P_1 = -\frac{3}{x^2},\ P_2 = \frac{6}{x^3},\ P_3 = -\frac{6}{x^4}$$

$$P_3 - P_2' + P_1'' - P_0'''$$

$$= -\frac{6}{x^4} - \left(\frac{6}{x^3}\right)' + \left(-\frac{3}{x^2}\right)'' - \left(\frac{1}{x}\right)''' = \boxed{(ア)}$$

$\left(\frac{6}{x^3}\right)' = -18x^{-4}$，$\left(-\frac{3}{x^2}\right)'' = (6x^{-3})' = -18x^{-4}$，$\left(\frac{1}{x}\right)''' = (-x^{-2})'' = (2x^{-3})' = -6x^{-4}$

となるので，①は $\boxed{(イ)\qquad\qquad}$ である。ここで，

$$q_0 = \boxed{(ウ)} = \frac{1}{x}$$

$$q_1 = \boxed{(エ)\qquad} = -\frac{3}{x^2} - \left(\frac{1}{x}\right)' = -\frac{3}{x^2} + \frac{1}{x^2} = -\frac{2}{x^2}$$

$$q_2 = \boxed{(オ)\qquad\qquad} = \frac{6}{x^3} - \left(-\frac{3}{x^2}\right)' + \left(\frac{1}{x}\right)'' = \frac{6}{x^3} - \frac{6}{x^3} + \frac{2}{x^3} = \frac{2}{x^3}$$　より，

①の第 1 積分は，

$$\underbrace{\frac{1}{x}}_{q_0}y'' \underbrace{- \frac{2}{x^2}}_{q_1}y' + \underbrace{\frac{2}{x^3}}_{q_2}y = \int 0\,dx = C_1' \quad \cdots②$$　となる。

(ii) $\frac{1}{x}y'' - \frac{2}{x^2}y' + \frac{2}{x^3}y = C'_1$ …② について，
（$\frac{1}{x}$ は P_0，$-\frac{2}{x^2}$ は P_1，$\frac{2}{x^3}$ は P_2）

新たに，$P_0 = \frac{1}{x}$，$P_1 = -\frac{2}{x^2}$，$P_2 = \frac{2}{x^3}$ とおくと，

$P_2 - P_1' + P_0'' = \frac{2}{x^3} - \left(-\frac{2}{x^2}\right)' + \left(\frac{1}{x}\right)'' = \frac{2}{x^3} - \frac{4}{x^3} + \frac{2}{x^3} = \boxed{(ア)}$ となるので，②は $\boxed{(イ)\qquad}$ である。ここで，

$q_0 = \boxed{(ウ)} = \frac{1}{x}$

$q_1 = \boxed{(エ)\qquad} = -\frac{2}{x^2} - \left(\frac{1}{x}\right)' = -\frac{2}{x^2} + \frac{1}{x^2} = -\frac{1}{x^2}$ より，

②の第 1 積分は，← ①の第 2 積分

$\frac{1}{x}y' - \frac{1}{x^2}y = \int C'_1\,dx = C'_1x + C_2$ …③ となる。

(iii) $\frac{1}{x}y' - \frac{1}{x^2}y = C'_1x + C_2$ …③ について，
（$\frac{1}{x}$ は P_0，$-\frac{1}{x^2}$ は P_1）

新たに，$P_0 = \frac{1}{x}$，$P_1 = -\frac{1}{x^2}$ とおくと，

$P_1 - P_0' = -\frac{1}{x^2} - \left(\frac{1}{x}\right)' = -\frac{1}{x^2} + \frac{1}{x^2} = \boxed{(ア)}$ となるので，

③は $\boxed{(イ)\qquad}$ である。

ここで，$q_0 = \boxed{(ウ)} = \frac{1}{x}$ より，

③の第 1 積分，すなわち①の一般解は，

$\frac{1}{x}y = \int (C'_1x + C_2)\,dx = C_1x^2 + C_2x + C_3 \quad \left(C_1 = \frac{C'_1}{2}\right)$ より，
（$\int (C'_1x + C_2)\,dx = \frac{C'_1}{2}x^2 + C_2x + C_3$）

$y = C_1x^3 + C_2x^2 + C_3x$ である。 ……………………………(答)

解答　(ア) 0　(イ) 完全微分方程式　(ウ) P_0　(エ) $P_1 - P_0'$
(オ) $P_2 - P_1' + P_0''$

演習問題　45	●1次独立の十分条件●

$y_1, y_2, \cdots, y_n$ を区間 $I=\{x|a \leqq x \leqq b\}$ で定義された n 個の関数とし，この区間 I で何回でも微分可能であるとする。区間 I で恒等的に

$C_1y_1+C_2y_2+\cdots+C_ny_n=0$ ……①

をみたす定数 $C_1, C_2, \cdots, C_n$ について，

(i) $C_1=C_2=\cdots=C_n=0$ のときのみ①が成り立つとき，$y_1, y_2, \cdots, y_n$ は1次独立(または線形独立)であるといい，そうでない，すなわち

(ii) $C_1, C_2, \cdots, C_n$ の中に0でないものが少なくとも1つ存在するとき，$y_1, y_2, \cdots, y_n$ は1次従属(または線形従属)であるという。

このとき，区間 I で $y_1, y_2, \cdots, y_n$ が1次独立であるための十分条件は，これらのロンスキアン $W(y_1, y_2, \cdots, y_n)$ が区間 I で恒等的に0ではないこと，すなわち

「$W(y_1, y_2, \cdots, y_n) \neq 0$ となる x が I に存在するならば，$y_1, y_2, \cdots, y_n$ は1次独立である。」…(*)　ことを示せ。

ヒント！ (*)の対偶：「$y_1, y_2, \cdots, y_n$ が1次従属ならば，$W(y_1, y_2, \cdots, y_n)$ は区間 I で恒等的に0である。」…(*)′ を示せばいいね。

解答&解説

(*)の対偶：

「$y_1, y_2, \cdots, y_n$ が1次従属⇒区間 I で $W(y_1, y_2, \cdots, y_n) \equiv 0$」……(*)′

を示せばよい。ここで，“$P \equiv 0$”は“P は恒等的に0”を意味するものとする。

$y_1, y_2, \cdots, y_n$ が1次従属ならば，区間 $I=\{x|a \leqq x \leqq b\}$ で

$C_1y_1+C_2y_2+\cdots+C_ny_n \equiv 0$ ……①　←“左辺は恒等的に0”

をみたす定数 $C_1, C_2, \cdots, C_n$ の中に0でないものが存在する。

①の両辺を順次 x で $n-1$ 回まで微分して，

$C_1y_1'+C_2y_2'+\cdots+C_ny_n' \equiv 0$ ………………②　←左辺は恒等的に0

$C_1y_1''+C_2y_2''+\cdots+C_ny_n'' \equiv 0$ ………………③　←左辺は恒等的に0

- - - - - - - - - - - - - - - - - - - -

$C_1y_1^{(n-1)}+C_2y_2^{(n-1)}+\cdots+C_ny_n^{(n-1)} \equiv 0$ ……ⓝ　←左辺は恒等的に0

よって，区間 $I=\{x|a \leqq x \leqq b\}$ の任意の x に対して，次式が成り立つ。

$$\begin{cases} C_1y_1+C_2y_2+\cdots+C_ny_n=0 & \cdots\cdots①' \\ C_1y_1'+C_2y_2'+\cdots+C_ny_n'=0 & \cdots\cdots②' \\ \\ C_1y_1^{(n-1)}+C_2y_2^{(n-1)}+\cdots+C_ny_n^{(n-1)}=0 & \cdots ⓝ' \end{cases}$$

区間 I の任意の $x=x_0$ に対して従属変数 $y_1, y_2, \cdots, y_n$ の値が定まり，この $y_1, y_2, \cdots, y_n$ に対して①´～ⓝ´が成り立つんだね。

この①´，②´，…，ⓝ´を $C_1, C_2, \cdots, C_n$ についての連立方程式とみて，行列の積の形に表すと，

$$\begin{bmatrix} y_1 & y_2 & \cdots & y_n \\ y_1' & y_2' & \cdots & y_n' \\ \vdots & \vdots & \cdots & \vdots \\ y_1^{(n-1)} & y_2^{(n-1)} & \cdots & y_n^{(n-1)} \end{bmatrix}\begin{bmatrix} C_1 \\ C_2 \\ \vdots \\ C_n \end{bmatrix}=\begin{bmatrix} 0 \\ 0 \\ \vdots \\ 0 \end{bmatrix} \cdots\cdots (n+1)$$ となる。

この係数行列の行列式がロンスキアン $W(y_1, y_2, \cdots, y_n)$ なんだね。

ここで，$[C_1, C_2, \cdots, C_n] \neq [0, 0, \cdots, 0]$ より，(n+1)の係数行列の行列式は，

$$W(y_1, y_2, \cdots, y_n)=\begin{vmatrix} y_1 & y_2 & \cdots & y_n \\ y_1' & y_2' & \cdots & y_n' \\ \cdots & \cdots & \cdots & \cdots \\ y_1^{(n-1)} & y_2^{(n-1)} & \cdots & y_n^{(n-1)} \end{vmatrix}=0 \cdots\cdots (n+2)$$ となる。

$W \neq 0$ と仮定すると，(n+1)の係数行列の逆行列が存在するので，この逆行列を(n+1)の両辺に左からかけると，$[C_1, C_2, \cdots, C_n]=[0, 0, \cdots, 0]$ となり，$[C_1, C_2, \cdots, C_n] \neq [0, 0, \cdots, 0]$ に反するからだね。

(n+2)は，区間 I の任意の x について成り立つから，
区間 I で $W(y_1, y_2, \cdots, y_n) \equiv 0$ である。 ← W は恒等的に 0
以上より，$(*)$ の対偶：
「$y_1, y_2, \cdots, y_n$ が1次従属⇒区間 I で $W(y_1, y_2, \cdots, y_n) \equiv 0$」$\cdots(*)'$
が成り立つ。よって，元の命題：
「区間 I で $W(y_1, y_2, \cdots, y_n) \not\equiv 0 \Rightarrow y_1, y_2, \cdots, y_n$ は1次独立」$\cdots(*)$

"区間 I で恒等的に $W=0$" ではないということ

は成り立つ。 ……………………………………(終)

n 次正方行列 A が正則，すなわち逆行列 A^{-1} をもつとき，行列式 $|A|(\neq 0)$ を用いて，$A^{-1}=\frac{1}{|A|}\widetilde{A}$ （$\widetilde{A}$：余因子行列）となる。そして，A^{-1} の定義は $AA^{-1}=A^{-1}A=E$（単位行列）なんだね。詳しくは，『**線形代数キャンパス・ゼミ**』を参照してください。

演習問題　46　　● 定数係数高階同次微分方程式 ●

次の微分方程式を解け。

(1) $y''' + y'' - 10y' + 8y = 0$ ………①

(2) $y^{(4)} - 3y''' + 3y'' - y' = 0$ ………②

(3) $y^{(4)} + 4y'' = 0$ ………………………③

ヒント！ (1)(2)(3) はすべて，定数係数の同次微分方程式より，解を $y = e^{\lambda x}$ とおいて，λ の特性方程式にもち込んで解くんだね。

解答＆解説

(1) ①の特性方程式：$\lambda^3 + \lambda^2 - 10\lambda + 8 = 0$ を解いて，

$(\lambda - 1)(\lambda - 2)(\lambda + 4) = 0$　$\therefore \lambda = 1,\ 2,\ -4$

組立て除法

	1	1	−10	8
1)	↓	1	2	−8
	1	2	−8	(0)

よって，①の基本解は，

$y_1 = e^x,\ y_2 = e^{2x},\ y_3 = e^{-4x}$

このロンスキアン $W(y_1,\ y_2,\ y_3)$ は，

$$W(y_1,\ y_2,\ y_3) = \begin{vmatrix} y_1 & y_2 & y_3 \\ y_1' & y_2' & y_3' \\ y_1'' & y_2'' & y_3'' \end{vmatrix} = \begin{vmatrix} e^x & e^{2x} & e^{-4x} \\ e^x & 2e^{2x} & -4e^{-4x} \\ e^x & 4e^{2x} & 16e^{-4x} \end{vmatrix}$$ ← サラスの公式

$$= 32e^{-x} - 4e^{-x} + 4e^{-x} - 2e^{-x} - (-16e^{-x}) - 16e^{-x} = 30e^{-x} \neq 0$$

よって，$y_1,\ y_2,\ y_3$ は 1 次独立 (線形独立) だね。

$\therefore$ ①の一般解は，$y = C_1e^x + C_2e^{2x} + C_3e^{-4x}$　である。 ………………(答)

(2) ②の特性方程式：$\lambda^4 - 3\lambda^3 + 3\lambda^2 - \lambda = 0$ を解いて，

$\lambda(\underbrace{\lambda^3 - 3\lambda^2 + 3\lambda - 1}_{(\lambda-1)^3}) = 0$　$\lambda(\lambda - 1)^3 = 0$　$\therefore \lambda = 0,\ 1\ (3\ 重解)$

よって，②の基本解は，

$y_1 = \underbrace{e^{0\cdot x}}_{1},\ y_2 = e^x,\ y_3 = xe^x,\ y_4 = x^2e^x$

このロンスキアン $W(y_1,\ y_2,\ y_3,\ y_4)$ は，

$$W(y_1,\ y_2,\ y_3,\ y_4) = \begin{vmatrix} 1 & e^x & xe^x & x^2e^x \\ 0 & e^x & (x+1)e^x & (x^2+2x)e^x \\ 0 & e^x & (x+2)e^x & (x^2+4x+2)e^x \\ 0 & e^x & (x+3)e^x & (x^2+6x+6)e^x \end{vmatrix}$$

$$= e^{3x}\begin{vmatrix} 1 & x+1 & x^2+2x \\ 1 & x+2 & x^2+4x+2 \\ 1 & x+3 & x^2+6x+6 \end{vmatrix} = e^{3x}\begin{vmatrix} 1 & x+1 & x^2+2x \\ 0 & 1 & 2x+2 \\ 0 & 2 & 4x+6 \end{vmatrix} = e^{3x}\begin{vmatrix} 1 & 2x+2 \\ 2 & 4x+6 \end{vmatrix}$$

$= e^{3x}\{4x+6-2(2x+2)\} = 2e^{3x} \neq 0$ となる。

よって，y_1，y_2，y_3，y_4 は 1 次独立である。

∴②の一般解は，

$$y = C_1 + C_2e^x + C_3xe^x + C_4x^2e^x$$

$$= C_1 + (C_2 + C_3x + C_4x^2)e^x$$ である。 ……………………………(答)

(3) ③の特性方程式：$\lambda^4 + 4\lambda^2 = 0$ を解いて，

$\lambda^2(\lambda^2+4) = 0$　∴ $\lambda = 0$ (重解)，$\pm 2i$

よって，③の基本解は，

$y_1 = \underset{1}{\underline{e^{0\cdot x}}}$，$y_2 = x\underset{1}{\underline{e^{0\cdot x}}}$，$y_3 = \underset{1}{\underline{e^{0\cdot x}}}\cos 2x$，$y_4 = \underset{1}{\underline{e^{0\cdot x}}}\sin 2x$

このロンスキアン $W(y_1, y_2, y_3, y_4)$ は，

$$W(y_1, y_2, y_3, y_4) = \begin{vmatrix} 1 & x & \cos 2x & \sin 2x \\ 0 & 1 & -2\sin 2x & 2\cos 2x \\ 0 & 0 & -4\cos 2x & -4\sin 2x \\ 0 & 0 & 8\sin 2x & -8\cos 2x \end{vmatrix} = \begin{vmatrix} 1 & -2\sin 2x & 2\cos 2x \\ 0 & -4\cos 2x & -4\sin 2x \\ 0 & 8\sin 2x & -8\cos 2x \end{vmatrix}$$

$$= \begin{vmatrix} -4\cos 2x & -4\sin 2x \\ 8\sin 2x & -8\cos 2x \end{vmatrix} = (-4)\cdot 8\begin{vmatrix} \cos 2x & \sin 2x \\ \sin 2x & -\cos 2x \end{vmatrix}$$

$$= -32(-\cos^2 2x - \sin^2 2x) = 32(\underset{1}{\underline{\cos^2 2x + \sin^2 2x}}) = 32 \neq 0$$

よって，y_1，y_2，y_3，y_4 は 1 次独立なんだね。

∴③の一般解は，

$y = C_1 + C_2x + C_3\cos 2x + C_4\sin 2x$　である。 ………………………(答)

(2)(3) のロンスキアン（行列式）の式変形の意味がよく分からない方は，『**線形代数キャンパス・ゼミ**』で学習されることを勧めます。

演習問題 47　● 高階オイラーの方程式 (I) ●

次の微分方程式を，$y = x^{\lambda}$ とおくことによって解け。

(1) $x^3y''' - 4x^2y'' + xy' + 15y = 0$ ……………………①　$(x > 0)$

(2) $x^4y^{(4)} + 2x^3y''' - 12x^2y'' + 24xy' - 24y = 0$ ……②　$(x > 0)$

ヒント！ $y = x^{\lambda}$ とおくと，①，②の左辺の項はすべて x^{λ} の項となるので，両辺を x^{λ} で割れば，それぞれ λ の 3 次，4 次の方程式が得られるんだね。

解答＆解説

(1) ①の解を $y = x^{\lambda}$　(λ：定数) とおくと，

$y' = \lambda x^{\lambda-1}$, $y'' = \lambda(\lambda-1)x^{\lambda-2}$, $y''' = \lambda(\lambda-1)(\lambda-2)x^{\lambda-3}$　となる。

これらを①に代入して，

$$x^3\lambda(\lambda-1)(\lambda-2)x^{\lambda-3} - 4x^2\lambda(\lambda-1)x^{\lambda-2} + x\lambda x^{\lambda-1} + 15x^{\lambda} = 0$$

$$(\lambda^3 - 3\lambda^2 + 2\lambda)x^{\lambda} - 4(\lambda^2 - \lambda)x^{\lambda} + \lambda x^{\lambda} + 15x^{\lambda} = 0$$

いずれも x^{λ} の項になる！

両辺を x^{λ}　$(\neq 0)$ で割ると，特性方程式 (3 次方程式)：

$$\lambda^3 - 3\lambda^2 + 2\lambda - 4(\lambda^2 - \lambda) + \lambda + 15 = 0$$

$$\lambda^3 - 7\lambda^2 + 7\lambda + 15 = 0$$

が導ける。これを解いて，

$$(\lambda+1)(\lambda-3)(\lambda-5) = 0$$

$$\therefore \lambda = -1,\ 3,\ 5$$

組立て除法

	1	−7	7	15
−1)	↓	−1	8	−15
	1	−8	15	(0)

よって，①の基本解は，

$y_1 = x^{-1}$，$y_2 = x^3$，$y_3 = x^5$

$\therefore$ ①の一般解は，$y = \dfrac{C_1}{x} + C_2x^3 + C_3x^5$　である。 …………………(答)

(2) ②の解を $y = x^{\lambda}$　(λ：定数) とおくと，

$y' = \lambda x^{\lambda-1}$，$y'' = \lambda(\lambda-1)x^{\lambda-2}$，$y''' = \lambda(\lambda-1)(\lambda-2)x^{\lambda-3}$，

$y^{(4)} = \lambda(\lambda-1)(\lambda-2)(\lambda-3)x^{\lambda-4}$　となる。

これらを②に代入して，

$$x^4\cdot\lambda(\lambda-1)(\lambda-2)(\lambda-3)x^{\lambda-4}+2x^3\cdot\lambda(\lambda-1)(\lambda-2)x^{\lambda-3}$$

$(\lambda-3)(\lambda^3-3\lambda^2+2\lambda)$
$=\lambda^4-6\lambda^3+11\lambda^2-6\lambda$

$\lambda^3-3\lambda^2+2\lambda$

$$-12x^2\cdot\lambda(\lambda-1)x^{\lambda-2}+24x\cdot\lambda x^{\lambda-1}-24x^\lambda=0$$

$$(\lambda^4-6\lambda^3+11\lambda^2-6\lambda)x^\lambda+2(\lambda^3-3\lambda^2+2\lambda)x^\lambda$$
$$-12(\lambda^2-\lambda)x^\lambda+24\lambda x^\lambda-24x^\lambda=0$$

いずれも x^λ の項になる！

両辺を x^λ $(\neq 0)$ で割ると，特性方程式 (4 次方程式)：

$$\lambda^4-6\lambda^3+11\lambda^2-6\lambda+2(\lambda^3-3\lambda^2+2\lambda)-12(\lambda^2-\lambda)+24\lambda-24=0$$

$$\lambda^4-4\lambda^3-7\lambda^2+34\lambda-24=0$$

が導ける。これを解いて，

$$(\lambda+3)(\lambda-1)(\lambda-2)(\lambda-4)=0$$

$\therefore \lambda=-3,\ 1,\ 2,\ 4$

組立て除法

	1	−4	−7	34	−24
1	↓	1	−3	−10	24
	1	−3	−10	24	(0)
2	↓	2	−2	−24	
	1	−1	−12	(0)	

よって，②の基本解は，

$y_1=x^{-3}$，$y_2=x^1$，$y_3=x^2$，$y_4=x^4$

∴②の一般解は，

$$y=\frac{C_1}{x^3}+C_2x+C_3x^2+C_4x^4$$ である。……………………………(答)

演習問題 48	● 高階オイラーの方程式 (Ⅱ) ●

高階オイラーの方程式：$x^4y^{(4)}+6x^3y'''+9x^2y''+3xy'+y=0$ …①
$(x>0)$ を，$x=e^t$ により，定数係数高階同次微分方程式に変換することによって，その一般解を x の関数として表せ。

ヒント！ $x=e^t$ とおくと，$xy'=\dot{y}$，$x^2y''=\ddot{y}-\dot{y}$，$x^3y'''=\dddot{y}-3\ddot{y}+2\dot{y}$，$x^4y^{(4)}=y^{[4]}-6\dddot{y}+11\ddot{y}-6\dot{y}$ となるので，これから y を t の関数とみて，定数係数高階同次微分方程式に変換してから解こう。

解答&解説

$x=e^t\ (>0)$ とおくと，$\dfrac{dx}{dt}=e^t=x$ より，$\dfrac{dt}{dx}=e^{-t}=\dfrac{1}{x}$ となる。

ここで，y の t による微分を，$\dfrac{dy}{dt}=\dot{y}$，$\dfrac{d^2y}{dt^2}=\ddot{y}$，$\dfrac{d^3y}{dt^3}=\dddot{y}$，$\dfrac{d^4y}{dt^4}=y^{[4]}$

などと表すことにすると，

$$\cdot\ y'=\frac{dy}{dx}=\frac{dt}{dx}\cdot\frac{dy}{dt}=e^{-t}\cdot\dot{y}\qquad[=x^{-1}\dot{y}]$$

$$\cdot\ y''=\frac{d}{dx}\cdot\left(\frac{dy}{dx}\right)=\frac{dt}{dx}\cdot\frac{d}{dt}(e^{-t}\cdot\dot{y})=e^{-t}(-e^{-t}\dot{y}+e^{-t}\ddot{y})$$

$$=e^{-2t}(\ddot{y}-\dot{y})\qquad\left[=x^{-2}(\ddot{y}-\dot{y})\right]$$

$$\cdot\ y'''=\frac{d}{dx}\cdot\left(\frac{d^2y}{dx^2}\right)=\frac{dt}{dx}\cdot\frac{d}{dt}\left\{e^{-2t}(\ddot{y}-\dot{y})\right\}$$

$$=e^{-t}\left\{-2e^{-2t}(\ddot{y}-\dot{y})+e^{-2t}(\dddot{y}-\ddot{y})\right\}$$

$$=e^{-3t}(\dddot{y}-3\ddot{y}+2\dot{y})\qquad\left[=x^{-3}(\dddot{y}-3\ddot{y}+2\dot{y})\right]$$

$$\cdot\ y^{(4)}=\frac{d}{dx}\cdot\left(\frac{d^3y}{dx^3}\right)=\frac{dt}{dx}\cdot\frac{d}{dt}\left\{e^{-3t}(\dddot{y}-3\ddot{y}+2\dot{y})\right\}$$

$$=e^{-t}\left\{-3e^{-3t}(\dddot{y}-3\ddot{y}+2\dot{y})+e^{-3t}(y^{[4]}-3\dddot{y}+2\ddot{y})\right\}$$

$$=e^{-4t}(y^{[4]}-6\dddot{y}+11\ddot{y}-6\dot{y})\qquad\left[=x^{-4}(y^{[4]}-6\dddot{y}+11\ddot{y}-6\dot{y})\right]$$

以上より，

$xy' = \dot{y}$ ……②　　$x^2y'' = \ddot{y} - \dot{y}$ ……③　　$x^3y''' = \dddot{y} - 3\ddot{y} + 2\dot{y}$ ……④

$x^4y^{(4)} = y^{[4]} - 6\dddot{y} + 11\ddot{y} - 6\dot{y}$ ……⑤　となる。

②，③，④，⑤を①に代入すると，

$$\underbrace{y^{[4]} - 6\dddot{y} + 11\ddot{y} - 6\dot{y}}_{x^4y^{(4)}} + 6(\underbrace{\dddot{y} - 3\ddot{y} + 2\dot{y}}_{x^3y'''}) + 9(\underbrace{\ddot{y} - \dot{y}}_{x^2y''}) + 3\underbrace{\dot{y}}_{xy'} + y = 0$$

$y^{[4]} + 2\ddot{y} + y = 0$ ……⑥ ←（y と t の定数係数高階同次微分方程式）

⑥は，定数係数高階同次微分方程式より，その解を $y = e^{\lambda t}$ とおくと，

特性方程式は，$\lambda^4 + 2\lambda^2 + 1 = 0$　となる。

これを解いて，

$$\underbrace{(\lambda^2 + 1)}_{(\lambda - i)(\lambda + i)}{}^2 = 0 \quad \therefore (\lambda - i)^2(\lambda + i)^2 = 0$$

$\lambda = 1 \cdot i$（重解），$-1 \cdot i$（重解）となる。

よって，⑥の基本解は，

$$y_1 = \underbrace{e^{0 \cdot t}}_{1}\cos 1 \cdot t, \quad y_2 = \underbrace{e^{0 \cdot t}}_{1}\sin 1 \cdot t$$

$$y_3 = t \cdot \underbrace{e^{0 \cdot t}}_{1}\cos 1 \cdot t, \quad y_4 = t \cdot \underbrace{e^{0 \cdot t}}_{1}\sin 1 \cdot t$$

以上より，⑥の一般解は，

$$y = C_1\cos \underbrace{t}_{\log x} + C_2\sin \underbrace{t}_{\log x} + C_3\underbrace{t}_{\log x}\cos \underbrace{t}_{\log x} + C_4\underbrace{t}_{\log x}\sin \underbrace{t}_{\log x}$$　である。

これに $t = \log x$ を代入して，求める①の方程式の一般解は，

$$y = C_1\cos(\log x) + C_2\sin(\log x) + C_3 \cdot \log x \cdot \cos(\log x) + C_4 \cdot \log x \cdot \sin(\log x)$$

である。 ……………………………………………………………………(答)

演習問題 48 の別解

演習問題 **48** では，高階オイラーの方程式：

$x^4y^{(4)}+6x^3y'''+9x^2y''+3xy'+y=0$ ……① $(x>0)$ を $x=e^t$ とおいて，変数 t の定数係数高階同次微分方程式にもち込んで解いたが，ここでは①の基本解を $y=x^\lambda$ (λ：定数) とおくことにより求めてみよう。

$y=x^\lambda$ より，$y'=\lambda x^{\lambda-1}$，$y''=\lambda(\lambda-1)x^{\lambda-2}$，$y'''=\lambda(\lambda-1)(\lambda-2)x^{\lambda-3}$，$y^{(4)}=\lambda(\lambda-1)(\lambda-2)(\lambda-3)x^{\lambda-4}$ となる。

これらを①に代入して，

$$x^4\cdot\lambda(\lambda-1)(\lambda-2)(\lambda-3)x^{\lambda-4}+6x^3\cdot\lambda(\lambda-1)(\lambda-2)x^{\lambda-3}+9x^2\cdot\lambda(\lambda-1)x^{\lambda-2}+3x\cdot\lambda x^{\lambda-1}+x^\lambda=0$$ より，

$$x^\lambda\{\lambda(\lambda-3)(\lambda-1)(\lambda-2)+6\lambda(\lambda-1)(\lambda-2)+9\lambda(\lambda-1)+3\lambda+1\}=0$$

$(\lambda^2-3\lambda)(\lambda^2-3\lambda+2)$
$=(\lambda^2-3\lambda)^2+2(\lambda^2-3\lambda)$
$=\lambda^4-6\lambda^3+9\lambda^2+2\lambda^2-6\lambda$
$=\lambda^4-6\lambda^3+11\lambda^2-6\lambda$

$\lambda(\lambda^2-3\lambda+2)$
$=\lambda^3-3\lambda^2+2\lambda$

$9\lambda^2-9\lambda$

この両辺を $x^\lambda(\neq0)$ で割ると，λ の特性方程式が，

$$\lambda^4-6\lambda^3+11\lambda^2-6\lambda+6\lambda^3-18\lambda^2+12\lambda+9\lambda^2-9\lambda+3\lambda+1=0$$ より，

$\lambda^4+2\lambda^2+1=0$ ……② と導かれる。これを解いて，

$(\lambda^2+1)^2=0$ $(\lambda-i)^2\cdot(\lambda+i)^2=0$ より，

$(\lambda-i)(\lambda+i)$

$\lambda_1=i$ (2 重解)，$\lambda_2=-i$ (2 重解) となる。よって，①の基本解は，

$y_1=x^i$，$y_2=x^i\cdot\log x$，$y_3=x^{-i}$，$y_4=x^{-i}\cdot\log x$ となる。

以上より，求める①の一般解 y は，

$$y=A_1y_1+A_2y_2+A_3y_3+A_4y_4$$
$$=A_1x^i+A_2x^i\log x+A_3x^{-i}+A_4x^{-i}\log x \quad \cdots\cdots③$$

(A_1，A_2，A_3，A_4：定数) となる。

ここで，a^{bi} (a，b：実数，i：虚数単位，$i^2=-1$) の変形のやり方について解説しよう。これは，$a^{bi}=e^{bi\log a}$……(＊) と変形する。
この意味は，対数関数と指数関数は逆関数の関係があるので，a^{bi} の自然対数をとって，指数関数をとれば，元に戻る。つまり，
$a^{bi}=e^{\log a^{bi}}=e^{bi\log a}$……(＊) となると覚えておくといい。そして，この後オイラーの公式：$e^{i\theta}=\cos\theta+i\sin\theta$……(＊＊) を使おう。

ここで，$b\log a=\theta$ とおくと，(＊) と (＊＊) より，
$a^{bi}=e^{i\cdot b\log a}=\cos(b\log a)+i\sin(b\log a)$ と変形できるんだね。大丈夫？
以上の式変形を，今回の一般解に適用してみよう。

よって，①の一般解 y は，③より，

$$y=A_1x^i+A_3x^{-i}+(\log x)\cdot(A_2x^i+A_4x^{-i})$$

$x^i = e^{i\log x}=\cos(\log x)+i\sin(\log x)$

$x^{-i} = e^{-i\log x}=e^{i(-\log x)}=\cos(-\log x)+i\sin(-\log x)=\cos(\log x)-i\sin(\log x)$

$$=A_1\{\cos(\log x)+i\sin(\log x)\}+A_3\{\cos(\log x)-i\sin(\log x)\}$$

$$+(\log x)\cdot[A_2\{\cos(\log x)+i\sin(\log x)\}+A_4\{\cos(\log x)-i\sin(\log x)\}]$$

$$=\underbrace{(A_1+A_3)}_{C_1}\cos(\log x)+\underbrace{i(A_1-A_3)}_{C_2}\sin(\log x)$$

$$+(\log x)\cdot\{\underbrace{(A_2+A_4)}_{C_3}\cos(\log x)+\underbrace{i(A_2-A_4)}_{C_4}\sin(\log x)\}$$

$$=C_1\cos(\log x)+C_2\sin(\log x)+(\log x)\cdot\{C_3\cos(\log x)+C_4\sin(\log x)\}$$

(ただし，$C_1=A_1+A_3$，$C_2=i(A_1-A_3)$，$C_3=A_2+A_4$，$C_4=i(A_2-A_4)$)

となって，P99 と同じ結果が導けるんだね。大丈夫だった？

講 義 Lecture 5 演算子 methods & formulae

§1. 微分演算子と逆演算子

x の関数 y の導関数は，**微分演算子** D により，次のように表される。

$$\frac{dy}{dx}=Dy,\ \frac{d^2y}{dx^2}=D^2y,\ \frac{d^3y}{dx^3}=D^3y,\ \cdots\cdots,\ \frac{d^ny}{dx^n}=D^ny$$

ここで，定数係数非同次微分方程式：

$$y^{(n)}+a_1y^{(n-1)}+a_2y^{(n-2)}+\cdots+a_{n-1}y'+a_ny=R(x)\ \cdots ①\ (a_1,\ a_2,\ \cdots,\ a_n：定数)$$

の同伴方程式：

$$y^{(n)}+a_1y^{(n-1)}+a_2y^{(n-2)}+\cdots+a_{n-1}y'+a_ny=0\ \cdots\cdots ②$$

の解を $y=e^{\lambda x}$ とおいたとき，②の特性方程式：

$$\lambda^n+a_1\lambda^{n-1}+a_2\lambda^{n-2}+\cdots+a_{n-1}\lambda+a_n=0\ \cdots\cdots ③$$

が導かれる。③の左辺の λ の多項式を $\Phi(\lambda)$ とおくと，

③式左辺の λ に D を代入した式だね

$$\Phi(D)=D^n+a_1D^{n-1}+a_2D^{n-2}+\cdots+a_{n-1}D+a_n$$ となる。

この**微分演算子** $\Phi(D)$ を用いると，微分方程式①は形式的に次のように表せる。

$\Phi(D)y=R(x)\ \cdots①'$ 　この①'，すなわち①の解 y を，

$y=\dfrac{1}{\Phi(D)}R(x)$ と表現する。この $\dfrac{1}{\Phi(D)}$ を，微分演算子 $\Phi(D)$ の**逆演算子**と呼ぶ。①'を具体的に書くと，

$$(D^n+a_1D^{n-1}+a_2D^{n-2}+\cdots+a_{n-1}D+a_n)y=R(x)$$

この左辺の各微分演算子がそれぞれ y に個別に作用して，

$$\underbrace{D^ny}_{\frac{d^ny}{dx^n}}+a_1\underbrace{D^{n-1}y}_{\frac{d^{n-1}y}{dx^{n-1}}}+a_2\underbrace{D^{n-2}y}_{\frac{d^{n-2}y}{dx^{n-2}}}+\cdots+a_{n-1}\underbrace{Dy}_{\frac{dy}{dx}}+a_ny=R(x)$$ となって，

$$y^{(n)}+a_1y^{(n-1)}+a_2y^{(n-2)}+\cdots+a_{n-1}y'+a_ny=R(x)\ \cdots①$$ が導かれる。

ここで，定数係数非同次微分方程式①の同伴方程式②の一般解，すなわち①の余関数 Y は，②の特性方程式③を解くことによって，

$$Y=C_1y_1+C_2y_2+\cdots+C_ny_n$$ と求めることができる。

よって，後は①'を使って，①の特殊解 y_0 を，$y_0=\dfrac{1}{\Phi(D)}R(x)$ によって計算すれば，①の一般解 y が

$$y=y_0+Y=y_0+C_1y_1+C_2y_2+\cdots+C_ny_n$$ と求められる。

微分演算子 D の基本性質を次に示す。

(1) $D^0 = 1, \quad D^0 f(x) = f(x)$

(2) $D^n = \underbrace{D \cdot D \cdot \cdots \cdot D}_{n\text{個}} = \underbrace{\dfrac{d}{dx} \cdot \dfrac{d}{dx} \cdot \cdots \cdot \dfrac{d}{dx}}_{n\text{個}} = \dfrac{d^n}{dx^n}$

(3) $(D^m \pm D^n)f(x) = D^m f(x) \pm D^n f(x)$ （複号同順）

(4) $D^m\{\alpha f(x)\} = \alpha D^m f(x)$

(5) $D^m\{D^n f(x)\} = D^n\{D^m f(x)\} = D^{m+n} f(x)$

（ただし，m, n：自然数，α：定数）

微分方程式：$Dy = f(x)$ …④をみたす解 y は，逆演算子 $\dfrac{1}{D}$ を用いて，

$y = \dfrac{1}{D}f(x)$ …⑤　と表される。④は，$\dfrac{dy}{dx} = f(x)$ の直接積分形より，

両辺を x で積分して，

$y = \int f(x)dx$ …⑥　である。よって，⑤と⑥を比較して，

$\dfrac{1}{D}f(x) = \int f(x)dx$　となる。つまり，$\dfrac{1}{D}f(x)$ は，"$f(x)$ を積分する" 操作を表す。同様に，$D^n y = f(x)$ のとき，$y = \dfrac{1}{D^n}f(x)$ と表すので，

$\dfrac{1}{D^n}f(x) = \int\int \cdots \int f(x)(dx)^n$　（n：自然数）　が成り立つ。さらに，

$(D - \alpha)y = f(x)$ …⑦　（α：定数）について，⑦を変形して，

$\underbrace{Dy}_{y'} - \alpha y = f(x)$　　$y' - \underbrace{\alpha}_{P(x)} y = \underbrace{f(x)}_{Q(x)}$

$y' + P(x)y = Q(x)$ のとき，
$y = e^{-\int P dx}\left(\int Q e^{\int P dx} dx + C\right)$

これは1階線形微分方程式より，

$y = e^{\int \alpha dx}\int f(x)e^{-\int \alpha dx}dx$

今回は，特殊解を問題にしているので，任意定数 C は略する。

$\therefore\ y = e^{\alpha x}\int e^{-\alpha x}f(x)dx$ …⑧

⑦より，$y = \dfrac{1}{D - \alpha}f(x)$　だから，これと⑧を比較して，公式

$\dfrac{1}{D - \alpha}f(x) = e^{\alpha x}\int e^{-\alpha x}f(x)dx$　が導かれる。

また，$(D-\alpha_1)(D-\alpha_2)y=f(x)$ …⑨　のとき，

$$D^2-(\alpha_1+\alpha_2)D+\alpha_1\alpha_2=(D-\alpha_2)(D-\alpha_1)$$

$y=\dfrac{1}{(D-\alpha_1)(D-\alpha_2)}f(x)$ …⑩　となる。ここで，⑨は

$(D-\alpha_2)(D-\alpha_1)y=f(x)$ とも表せるので，これより，

$(D-\alpha_1)y=\dfrac{1}{D-\alpha_2}f(x)$　よって，

$y=\dfrac{1}{D-\alpha_1}\left(\dfrac{1}{D-\alpha_2}f(x)\right)$ …⑪　となる。⑩と⑪を比較して，

$\dfrac{1}{(D-\alpha_1)(D-\alpha_2)}f(x)=\dfrac{1}{D-\alpha_1}\left(\dfrac{1}{D-\alpha_2}f(x)\right)$ が導かれる。同様にして，

$$\frac{1}{(D-\alpha_1)(D-\alpha_2)\cdots(D-\alpha_n)}f(x)=\frac{1}{D-\alpha_1}\left(\frac{1}{D-\alpha_2}\left(\cdots\left(\frac{1}{D-\alpha_n}f(x)\right)\right)\right)$$

となる。(n：自然数)

次に，指数関数に関する逆演算子の基本公式を示す。(演習問題 **51** (**P108**))

(1) $\dfrac{1}{\Phi(D)}e^{\alpha x}=\dfrac{e^{\alpha x}}{\Phi(\alpha)}$　(ただし，$\Phi(\alpha)\neq 0$)

(2) $\dfrac{1}{(D-\alpha)^n}e^{\alpha x}=\dfrac{x^n}{n!}e^{\alpha x}$

(3) $\dfrac{1}{\Phi(D)}\{e^{\alpha x}f(x)\}=e^{\alpha x}\dfrac{1}{\Phi(D+\alpha)}f(x)$

(ただし，$\Phi(D)$：D の多項式，α：定数，n：自然数)

三角関数に関する逆演算子の基本公式も下に示す。

(演習問題 **56**, **57** (**P114**, **P115**))

(4) $\begin{cases}\dfrac{1}{\Phi(D^2)}\cos\alpha x=\dfrac{\cos\alpha x}{\Phi(-\alpha^2)}\\[2mm]\dfrac{1}{D^2+\alpha^2}\cos\alpha x=\dfrac{x\sin\alpha x}{2\alpha}\end{cases}$　(ただし，$\Phi(-\alpha^2)\neq 0$，$\alpha\neq 0$)

(5) $\begin{cases}\dfrac{1}{\Phi(D^2)}\sin\alpha x=\dfrac{\sin\alpha x}{\Phi(-\alpha^2)}\\[2mm]\dfrac{1}{D^2+\alpha^2}\sin\alpha x=-\dfrac{x\cos\alpha x}{2\alpha}\end{cases}$　(ただし，$\Phi(-\alpha^2)\neq 0$，$\alpha\neq 0$)

§2. 定数係数非同次微分方程式

前節で定数係数非同次微分方程式の解法について学んだ。この応用として非同次のオイラーの方程式：

$x^n y^{(n)} + a_1 x^{n-1} y^{(n-1)} + \cdots + a_{n-2} x^2 y^{(2)} + a_{n-1} x y' + a_n y = R(x)$ …① $(x > 0)$

の解法を以下に示す。

①について，$x = e^t$ $[t = \log x]$ の変数変換を行い，また，微分演算子

$D = \dfrac{d}{dx}$，$\delta = \dfrac{d}{dt}$ を用いると，公式：

$x^n D^n y = \delta(\delta-1)(\delta-2)\cdots\cdots\{\delta-(n-1)\}y \quad (n = 1, 2, 3, \cdots)$ より，

$x^n D^n y + a_1 x^{n-1} D^{n-1} y + \cdots + a_{n-2} x^2 D^2 y + a_{n-1} x D y + a_n y = R(x)$ …①

$x^n D^n y = \delta(\delta-1)\cdots\cdots\{\delta-(n-1)\}y$，$x^{n-1}D^{n-1}y = \delta(\delta-1)\cdots\cdots\{\delta-(n-2)\}y$，$x^2D^2y = \delta(\delta-1)y$，$xDy = \delta y$，$x = e^t$

は，次の定数係数非同次微分方程式に変換される。

$R(e^t)$ のこと

$\delta^n y + b_1 \delta^{n-1} y + b_2 \delta^{n-2} y + \cdots + b_{n-2} \delta^2 y + b_{n-1} \delta y + b_n y = \underline{S(t)}$ ……②

ここで，$\Phi(\delta) = \delta^n + b_1 \delta^{n-1} + \cdots + b_{n-2}\delta^2 + b_{n-1}\delta + b_n$ とおくと，

②は，$\Phi(\delta)y = S(t)$ ……②′ と表せる。

(ⅰ)まず，②の余関数 Y を，②の同伴方程式 $\Phi(\delta)y = 0$ の特性方程式：

$\Phi(\lambda) = 0$ を解いて，$Y = C_1 y_1 + C_2 y_2 + \cdots + C_n y_n$ の形で求め，

(ⅱ)次に，②の特殊解 y_0 を，②′ より，$y_0 = \dfrac{1}{\Phi(\delta)} S(t)$ から求める。

以上(ⅰ)(ⅱ)より，②′，すなわち②の一般解 y は，

$y = y_0 + C_1 y_1 + C_2 y_2 + \cdots + C_n y_n$ ……③ となる。（これはまだ t の関数）

最後に，$t = \log x$ を③の右辺に代入して，非同次のオイラーの方程式①の一般解 y が x の関数として求められる。（演習問題 **63** (P124)）

次に，定数係数連立微分方程式は，複数の x の関数，例えば，$y = y(x)$，$z = z(x)$，$w = w(x)$ を連立した微分方程式で，これをみたす関数 y，z，w を求めればよい。この解法として，連立 1 次方程式を解く要領で未知関数の数を減らしながら，それぞれの未知関数の微分方程式を導き，それを解いていけばよい。

演習問題 49　● 微分演算子の計算 ●

次の各式を計算せよ。

(1) $(D^2+D)(x^3+2x)$　　(2) $(D^4-D^2+2)\cos 3x$

(3) $(D^3+D^2-1)e^{2x}$　　(4) $(D^2+2D+1)\log x$

ヒント！ 微分演算子の性質：

$D^n f(x) = \dfrac{d^n f(x)}{dx^n}$，$(D^m+D^n)f(x) = D^m f(x) + D^n f(x)$ を使う。

解答＆解説

(1) $(D^2+D)(x^3+2x) = \underline{D^2(x^3+2x)} + \underline{D(x^3+2x)}$

$D(x^3+2x)$：$(x^3+2x)' = 3x^2+2$

$D^2(x^3+2x)$：$(x^3+2x)'' = (3x^2+2)' = 6x$

$= 6x + (3x^2+2) = 3x^2+6x+2$ ……………………(答)

(2) $(D^4-D^2+2)\cos 3x = \underline{D^4\cos 3x} - \underline{D^2\cos 3x} + 2\cdot\cos 3x$

$D^2\cos 3x$：$(\cos 3x)'' = (-3\sin 3x)' = -9\cos 3x$

$D^4\cos 3x$：$(\cos 3x)^{(4)} = \{(\cos 3x)''\}'' = (-9\cos 3x)'' = (-9)^2\cos 3x$

$= 81\cos 3x + 9\cos 3x + 2\cos 3x$

$= 92\cos 3x$ ……………………………………(答)

(3) $(D^3+D^2-1)e^{2x} = \underline{D^3 e^{2x}} + \underline{D^2 e^{2x}} - e^{2x}$

$D^2 e^{2x}$：$(e^{2x})'' = (2e^{2x})' = 4e^{2x}$

$D^3 e^{2x}$：$(e^{2x})''' = \{(e^{2x})''\}' = (4e^{2x})' = 8e^{2x}$

$= 8e^{2x} + 4e^{2x} - e^{2x} = 11e^{2x}$ ……………………………(答)

(4) $(D^2+2D+1)\log x = \underline{D^2\log x} + 2\underline{D\log x} + \log x$

$D\log x$：$(\log x)' = \dfrac{1}{x}$

$D^2\log x$：$(\log x)'' = (x^{-1})' = -x^{-2}$

$= -\dfrac{1}{x^2} + \dfrac{2}{x} + \log x$ ……………………………(答)

演習問題 50　● 微分演算子の性質 ●

次の各式が成り立つことを，数学的帰納法を用いて示せ。

(1) $D^n e^{\alpha x} = \alpha^n e^{\alpha x}$ ……………………………①　$(n = 1,\ 2,\ \cdots)$

(2) $D^n\{e^{\alpha x} g(x)\} = e^{\alpha x}(D+\alpha)^n g(x)$ ……②　$(n = 1,\ 2,\ \cdots)$

ヒント！ まず，(ⅰ)$n=1$ のとき成り立つことを示す。次に，(ⅱ)$n=k$ のとき成り立つと仮定すると，$n=k+1$ のときも成り立つことを示せばいいんだね。

解答＆解説

(1) $D^n e^{\alpha x} = \alpha^n e^{\alpha x}$ ……①　$(n = 1,\ 2,\ \cdots)$

が成り立つことを，数学的帰納法により示す。

(ⅰ) $n=1$ のとき，

$De^{\alpha x} = (e^{\alpha x})' = \alpha e^{\alpha x}$　よって，成り立つ。

(ⅱ) $n=k$ のとき成り立つと仮定すると，

$D^k e^{\alpha x} = \alpha^k e^{\alpha x}$　このとき，

$D^{k+1} e^{\alpha x} = DD^k e^{\alpha x} = D(\underbrace{\alpha^k}_{定数} e^{\alpha x}) = \alpha^k \cdot \underbrace{\alpha e^{\alpha k}}_{De^{\alpha x}} = \alpha^{k+1} e^{\alpha k}$

よって，$n=k+1$ のときも成り立つ。

以上(ⅰ)(ⅱ)より，すべての自然数 n に対して，①は成り立つ。……(終)

(2) $D^n\{e^{\alpha x} g(x)\} = e^{\alpha x}(D+\alpha)^n g(x)$ ……②　$(n = 1,\ 2,\ \cdots)$

が成り立つことを，数学的帰納法により示す。

(ⅰ) $n=1$ のとき，

$D\{e^{\alpha x} g(x)\} = e^{\alpha x} \cdot Dg(x) + \alpha e^{\alpha x} \cdot g(x) = e^{\alpha x}(D+\alpha) g(x)$　← $(fg)' = fg' + f'g$ より

よって，成り立つ。

(ⅱ) $n=k$ のとき成り立つと仮定すると，

$D^k\{e^{\alpha x} g(x)\} = e^{\alpha x}(D+\alpha)^k g(x)$　このとき，

$D^{k+1}\{e^{\alpha x} g(x)\} = DD^k\{e^{\alpha x} g(x)\} = De^{\alpha x}(D+\alpha)^k g(x)$

$= e^{\alpha x} D\{(D+\alpha)^k g(x)\} + \alpha e^{\alpha x}(D+\alpha)^k g(x)$　← $(fg)' = fg' + f'g$

$= e^{\alpha x}\{D(D+\alpha)^k g(x) + \alpha(D+\alpha)^k g(x)\}$

$= e^{\alpha x}(D+\alpha)(D+\alpha)^k g(x) = e^{\alpha x}(D+\alpha)^{k+1} g(x)$

よって，$n=n+1$ のときも成り立つ。

以上(ⅰ)(ⅱ)より，すべての自然数 n に対して，②は成り立つ。……(終)

演習問題 51　●逆演算子の性質(Ⅰ)●

演習問題 **50(1)(2)** の結果を用いて，次の各式が成り立つことを示せ。
ただし，$\Phi(\lambda)$ は λ の多項式：

$\Phi(\lambda)=\lambda^n+a_1\lambda^{n-1}+a_2\lambda^{n-2}+\cdots+a_{n-1}\lambda+a_n$　とする。

(1) $\dfrac{1}{\Phi(D)}e^{\alpha x}=\dfrac{e^{\alpha x}}{\Phi(\alpha)}$ ……………………………(＊1)　$(\Phi(\alpha)\neq 0)$

(2) $\dfrac{1}{\Phi(D)}\{e^{\alpha x}f(x)\}=e^{\alpha x}\dfrac{1}{\Phi(D+\alpha)}f(x)$ …(＊2)

(3) $\dfrac{1}{D-\alpha}f(x)=e^{\alpha x}\displaystyle\int e^{-\alpha x}f(x)\,dx$ …………(＊3)

(4) $\dfrac{1}{(D-\alpha)^n}e^{\alpha x}=\dfrac{x^n}{n!}e^{\alpha x}$ …………………………(＊4)　$(n=1,\ 2,\ \cdots)$

ヒント！ 演習問題 **50(1)** の結果 $D^ne^{\alpha x}=\alpha^ne^{\alpha x}$ を使う。**(2)** 演習問題 **50(2)** の結果 $D^n\{e^{\alpha x}g(x)\}=e^{\alpha x}(D+\alpha)^ng(x)$ を用いる。**(3)** (＊2) で，$\Phi(D)=D-\alpha$，$f(x)$ を $e^{-\alpha x}f(x)$ とおく。**(4)** (＊2) で，$\Phi(D)=(D-\alpha)^n$，$f(x)=1$ とおこう。

解答＆解説

(1) $D^ne^{\alpha x}=\alpha^ne^{\alpha x}$　より，← 演習問題 **50(1)**

$\Phi(D)=D^n+a_1D^{n-1}+a_2D^{n-2}+\cdots+a_{n-1}D+a_n$ を $e^{\alpha x}$ に作用させて，

$$\Phi(D)e^{\alpha x}=D^ne^{\alpha x}+a_1D^{n-1}e^{\alpha x}+a_2D^{n-2}e^{\alpha x}+\cdots+a_{n-1}De^{\alpha x}+a_ne^{\alpha x}$$
$$=\underbrace{(\alpha^n+a_1\alpha^{n-1}+a_2\alpha^{n-2}+\cdots+a_{n-1}\alpha+a_n)}_{\Phi(\alpha)}e^{\alpha x}=\Phi(\alpha)e^{\alpha x}$$

$\therefore\ \Phi(D)e^{\alpha x}=\Phi(\alpha)e^{\alpha x}$　より，

$$e^{\alpha x}=\frac{1}{\Phi(D)}\{\underbrace{\Phi(\alpha)}_{定数}e^{\alpha x}\}=\underbrace{\Phi(\alpha)}_{\neq 0}\cdot\frac{1}{\Phi(D)}e^{\alpha x}$$

$\Phi(D)e^{\alpha x}=\Phi(\alpha)e^{\alpha x}$ より，
$\Phi(D)\dfrac{e^{\alpha x}}{\Phi(\alpha)}=e^{\alpha x}$
$\therefore\ \dfrac{e^{\alpha x}}{\Phi(\alpha)}=\dfrac{1}{\Phi(D)}e^{\alpha x}$ だね。

この両辺を $\Phi(\alpha)$ で割って，　$\dfrac{1}{\Phi(D)}e^{\alpha x}=\dfrac{e^{\alpha x}}{\Phi(\alpha)}$　……(＊1)となる。……(終)

(2) $D^n\{e^{\alpha x}g(x)\}=e^{\alpha x}(D+\alpha)^ng(x)$　より，← 演習問題 **50(2)**

$\Phi(D)=D^n+a_1D^{n-1}+a_2D^{n-2}+\cdots+a_{n-1}D+a_n$ を $e^{\alpha x}g(x)$ に作用させて，

$$\Phi(D)\{e^{\alpha x}g(x)\}=(D^n+a_1D^{n-1}+\cdots+a_{n-1}D+a_n)\{e^{\alpha x}g(x)\}$$

$$=\underbrace{D^n\{e^{\alpha x}g(x)\}}_{e^{\alpha x}(D+\alpha)^n g(x)}+a_1\underbrace{D^{n-1}\{e^{\alpha x}g(x)\}}_{e^{\alpha x}(D+\alpha)^{n-1}g(x)}+\cdots+a_{n-1}\underbrace{D\{e^{\alpha x}g(x)\}}_{e^{\alpha x}(D+\alpha)g(x)}+a_ne^{\alpha x}g(x)$$

$$=e^{\alpha x}\underbrace{\{(D+\alpha)^n+a_1(D+\alpha)^{n-1}+\cdots+a_{n-1}(D+\alpha)+a_n\}}_{\Phi(D+\alpha)}g(x)$$

$=e^{\alpha x}\Phi(D+\alpha)g(x)$　となる。

$\therefore\ \Phi(D)\{e^{\alpha x}g(x)\}=e^{\alpha x}\Phi(D+\alpha)g(x)$　より，

$$e^{\alpha x}g(x)=\frac{1}{\Phi(D)}\{e^{\alpha x}\underbrace{\Phi(D+\alpha)g(x)}_{f(x)\text{とおく}}\}\ \cdots\cdots②$$　となる。

ここで，$\Phi(D+\alpha)g(x)=f(x)$ とおくと，$g(x)=\dfrac{1}{\Phi(D+\alpha)}f(x)$

これを②に代入して，

$$\frac{1}{\Phi(D)}\{e^{\alpha x}f(x)\}=e^{\alpha x}\frac{1}{\Phi(D+\alpha)}f(x)\ \cdots\cdots(*2)$$ が成り立つ。……(終)

(3) $(*2)$ で $\Phi(D)=D-\alpha$ のとき，

$$\frac{1}{D-\alpha}\{e^{\alpha x}f(x)\}=e^{\alpha x}\frac{1}{D+\cancel{\alpha}-\cancel{\alpha}}f(x)=e^{\alpha x}\frac{1}{D}f(x)\ \cdots\cdots③$$

ここで，$f(x)$ を $e^{-\alpha x}f(x)$ で置き換えると，③は

$$\frac{1}{D-\alpha}\{\underbrace{e^{\alpha x}\cdot e^{-\alpha x}}_{e^0=1}f(x)\}=e^{\alpha x}\underbrace{\frac{1}{D}\{e^{-\alpha x}f(x)\}}_{\int e^{-\alpha x}f(x)dx}$$

P103 で導いた式だね

$$\therefore\ \frac{1}{D-\alpha}f(x)=e^{\alpha x}\int e^{-\alpha x}f(x)dx\ \cdots\cdots(*3)$$ が成り立つ。………(終)

(4) $(*2)$ で $\Phi(D)=(D-\alpha)^n$，$f(x)=1$ のとき，

$$\frac{1}{(D-\alpha)^n}(e^{\alpha x}\cdot 1)=e^{\alpha x}\frac{1}{(D+\cancel{\alpha}-\cancel{\alpha})^n}1=e^{\alpha x}\underbrace{\frac{1}{D^n}1}_{\iint\cdots\int 1(dx)^n=\frac{x^n}{n!}}$$

$\int 1dx=x$，$\int xdx=\frac{1}{2}x^2$，$\int\frac{1}{2}x^2dx=\frac{x^3}{3!}$，……

$$=e^{\alpha x}\iint\cdots\int 1(dx)^n=e^{\alpha x}\cdot\frac{x^n}{n!}$$

$$\therefore\ \frac{1}{(D-\alpha)^n}e^{\alpha x}=\frac{x^n}{n!}e^{\alpha x}\ \cdots\cdots(*4)$$　$(n=1,\ 2,\ \cdots)$ が成り立つ。……(終)

演習問題 52　●逆演算子の計算(I)●

次の各式を計算せよ。(ただし，任意定数は省略して答えよ。)

(1) $\frac{1}{D}\sin 3x$　　(2) $\frac{1}{D^2}x^{-3}$

(3) $\frac{1}{D-4}e^{4x}$　　(4) $\frac{1}{(D-2)(D+1)}x$

ヒント！ (1)(2) $\frac{1}{D^n}f(x)=\iint\cdots\int f(x)(dx)^n$, (3) $\frac{1}{(D-\alpha)^n}e^{\alpha x}=\frac{x^n}{n!}e^{\alpha x}$, (4) $\frac{1}{D-\alpha}f(x)=e^{\alpha x}\int e^{-\alpha x}f(x)dx$ の公式を使おう。

解答＆解説

(1) $\frac{1}{D}\sin 3x=\int\sin 3x dx=-\frac{1}{3}\cos 3x$ ……(答)

$\frac{1}{D}f=\int f dx$ ← P103

(2) $\frac{1}{D^2}x^{-3}=\int\left(\int x^{-3}dx\right)dx=\int\left(-\frac{1}{2}x^{-2}\right)dx=\frac{1}{2x}$ ……(答)

$\int x^{-3}dx=-\frac{1}{2}x^{-2}$　$\frac{1}{D^2}f=\iint f(\mathrm{d}x)^2$ より

(3) $\frac{1}{D-4}e^{4x}=\frac{x^1}{1!}e^{4x}=xe^{4x}$ ……(答)

$\frac{1}{(D-\alpha)^n}e^{\alpha x}=\frac{x^n}{n!}e^{\alpha x}$

(4) $\frac{1}{(D-2)(D+1)}x=\frac{1}{D-2}\left(\frac{1}{D-(-1)}x\right)$ 　$\frac{1}{D-\alpha}f=e^{\alpha x}\int e^{-\alpha x}fdx$ ← P104

$=\frac{1}{D-2}e^{-1\cdot x}\int e^{1\cdot x}xdx=\frac{1}{D-2}\cancel{e^{-x}}(x-1)\cancel{e^{x}}=\frac{1}{D-2}(x-1)$

$\int x(e^x)'dx=xe^x-\int e^xdx=(x-1)e^x$

$=e^{2x}\int e^{-2x}(x-1)dx=\cancel{e^{2x}}\left\{-\frac{1}{2}(x-1)-\frac{1}{4}\right\}\cancel{e^{-2x}}$

$\int(x-1)\left(-\frac{1}{2}e^{-2x}\right)'dx=-\frac{1}{2}(x-1)e^{-2x}+\frac{1}{2}\int e^{-2x}dx$

$=-\frac{1}{2}x+\frac{1}{4}$ ……(答)

演習問題 53　● 逆演算子の計算（Ⅱ）●

次の各式を計算せよ。（ただし，任意定数は省略して答えよ。）

(1) $\dfrac{1}{(D-1)(D+2)}e^{2x}$　(2) $\dfrac{1}{(D-3)(D-2)}e^{3x}$

(3) $\dfrac{1}{(D+4)^5}e^{-4x}$　(4) $\dfrac{1}{D-2}xe^{x}$

ヒント！ (1) 公式 $\dfrac{1}{\Phi(D)}e^{\alpha x}=\dfrac{e^{\alpha x}}{\Phi(\alpha)}$ ……（ア）$(\Phi(\alpha)\neq 0)$ を使う。(2)（ア）と，公式 $\dfrac{1}{(D-\alpha)^n}e^{\alpha x}=\dfrac{x^n}{n!}e^{\alpha x}$ ……（イ）を併用する。(3) 公式（イ）を用いる。
(4) 公式 $\dfrac{1}{\Phi(D)}(e^{\alpha x}f)=e^{\alpha x}\dfrac{1}{\Phi(D+\alpha)}f$ と $\dfrac{1}{D-\alpha}f=e^{\alpha x}\int e^{-\alpha x}f dx$ を使おう。

解答＆解説

(1) $\dfrac{1}{(D-1)(D+2)}e^{2x}=\dfrac{e^{2x}}{(\boxed{(ア)}-1)(\boxed{(ア)}+2)}=\dfrac{e^{2x}}{4}$ …（答）

公式 $\dfrac{1}{\Phi(D)}e^{\alpha x}=\dfrac{e^{\alpha x}}{\Phi(\alpha)}$

(2) $\dfrac{1}{(D-3)(D-2)}e^{3x}=\dfrac{1}{(D-3)}\left(\dfrac{1}{D-2}e^{3x}\right)=\dfrac{1}{D-3}\dfrac{e^{3x}}{\boxed{(イ)}-2}$

$=\dfrac{1}{D-3}e^{3x}=\dfrac{\boxed{(ウ)}}{\boxed{(エ)}}e^{3x}=xe^{3x}$　となる。……（答）

公式 $\dfrac{1}{(D-\alpha)^n}e^{\alpha x}=\dfrac{x^n}{n!}e^{\alpha x}$

(3) $\dfrac{1}{\{D-(-4)\}^5}e^{-4x}=\dfrac{\boxed{(オ)}}{\boxed{(カ)}}e^{-4x}=\dfrac{1}{120}x^5e^{-4x}$ ……………………（答）

公式 $\dfrac{1}{(D-\alpha)^n}e^{\alpha x}=\dfrac{x^n}{n!}e^{\alpha x}$

公式 $\dfrac{1}{D-\alpha}f=e^{\alpha x}\int e^{-\alpha x}f dx$

(4) $\dfrac{1}{D-2}e^{1\cdot x}\cdot x=e^{1\cdot x}\dfrac{1}{D+1-2}x=e^{x}\dfrac{1}{D-1}x=e^{x}\cdot e^{1\cdot x}\int e^{-1\cdot x}x dx$

公式 $\dfrac{1}{\Phi(D)}(e^{\alpha x}f)=e^{\alpha x}\dfrac{1}{\Phi(D+\alpha)}f$

$\int(-e^{-x})'x dx=-e^{-x}x+\int e^{-x}dx$
$=-e^{-x}x-e^{-x}=-(x+1)e^{-x}$

$=-(x+1)e^{x}$　となる。……………………（答）

解答　（ア）2　（イ）3　（ウ）x　（エ）$1!$　（オ）x^5　（カ）$5!$

演習問題 54　●逆演算子の性質(Ⅱ)●

$f(x)$ が n 次の多項式のとき，次式が成り立つことを示せ。

$$\frac{1}{1-D}f(x) = (1+D+D^2+\cdots+D^n)f(x) \quad \cdots\cdots(*) \quad (n=1,\ 2,\ 3,\ \cdots)$$

ヒント！ $y = \frac{1}{1-D}f(x)$ とおくと，$(1-D)y = f(x)$ だから，$y - Dy = f(x)$
よって，$y = f(x) + Dy$ ……(ア) だね。この右辺の y に (ア) を代入して，
$y = f(x) + D\big(f(x) + Dy\big) = f(x) + Df(x) + D^2y$　同様の操作を n 回繰り返す。

解答&解説

$y = \frac{1}{1-D}f(x)$ ……①　とおくと，$(1-D)y = f(x)$

$y - Dy = f(x)$ ……②　　∴ $y = f(x) + Dy$ ……②´

(y：n 次)(Dy：$n-1$ 次)($f(x)$：n 次の多項式)

②´の右辺の y に②´を代入して，

$y = f(x) + D\big(f(x) + Dy\big) = f(x) + Df(x) + D^2y$　←(1 回目代入)

この右辺の y に②´を代入して，以下同様にすると，

$y = f(x) + Df(x) + D^2\big(f(x) + Dy\big)$

$= f(x) + Df(x) + D^2f(x) + D^3y$　←(2 回目代入)

……………………………………

$= f(x) + Df(x) + D^2f(x) + \cdots + D^nf(x) + \cancel{D^{n+1}y}$ ……③　←(n 回目代入)
（$D^{n+1}y = 0$）

ここで，②の右辺の $f(x)$ は n 次の多項式より，左辺の y も n 次の多項式である。　∴ $D^{n+1}y = 0$ ……④

（y が n 次より，
Dy は $n-1$ 次，
D^2y は $n-2$ 次，
……………………
D^ny は $n-n=0$ 次（定数）
よって，$D^{n+1}y = 0$ だね。）

④を③に代入して，

$y = (1+D+D^2+\cdots+D^n)f(x)$ ……③´

①と③´を比較して，$f(x)$ が n 次の多項式のとき，

$$\frac{1}{1-D}f(x) = (1+D+D^2+\cdots+D^n)f(x) \quad \cdots\cdots(*)$$ が成り立つ。……(終)

演習問題 55 ● 逆演算子の計算(Ⅲ)●

演習問題 **54** の ($*$) を利用して，次の各式を計算せよ。
(任意定数は省略してよい。)

(1) $\dfrac{1}{D-3}(x^2+x)$　　　(2) $\dfrac{1}{D^2-D-2}x$

ヒント！ (1) $\dfrac{1}{D-3}(x^2+x)=-\dfrac{1}{3}\cdot\dfrac{1}{1-\dfrac{D}{3}}(x^2+x)$ と変形できるんだね。
(2) も同様に変形して，P112 の ($*$) を用いればよい。

解答＆解説

(1) x^2+x は 2 次の多項式より，

（x^2+x が 2 次式より，ここで止める）

$$\frac{1}{D-3}(x^2+x)=-\frac{1}{3}\cdot\frac{1}{1-\frac{D}{3}}(x^2+x)=-\frac{1}{3}\left\{1+\frac{D}{3}+\left(\frac{D}{3}\right)^2\right\}\underbrace{(x^2+x)}_{2\text{次式}}$$

$$=-\frac{1}{3}\left\{x^2+x+\frac{1}{3}\underbrace{D(x^2+x)}_{2x+1}+\frac{1}{9}\underbrace{D^2(x^2+x)}_{(2x+1)'=2}\right\}$$

$$=-\frac{1}{3}\left\{x^2+x+\frac{1}{3}(2x+1)+\frac{2}{9}\right\}=-\frac{1}{3}\left(x^2+\frac{5}{3}x+\frac{5}{9}\right)$$

$$=-\frac{1}{3}x^2-\frac{5}{9}x-\frac{5}{27}$$ となる。…………………………(答)

(2) x は 1 次の多項式より，

（x^1 が 1 次式より，ここで止める）

$$\frac{1}{D^2-D-2}x=-\frac{1}{2}\cdot\frac{1}{1-\frac{D^2-D}{2}}x=-\frac{1}{2}\left\{1+\left(\frac{D^2-D}{2}\right)^1\right\}\underbrace{x^1}_{1\text{次式}}$$

$$=-\frac{1}{2}\cdot\left\{x+\frac{1}{2}(\cancel{D^2}-D)x\right\}=-\frac{1}{2}\left(x-\frac{1}{2}\underbrace{Dx}_{1}\right)$$

（x に作用するので，これは不要）

$$=-\frac{1}{2}x+\frac{1}{4}$$ となる。……………………………………………(答)

（これは演習問題 52(4) と同問で，同じ結果が導かれた。）

演習問題 56　● 逆演算子の性質(Ⅲ) ●

次の各式が成り立つことを示せ。ただし，$\Phi(\lambda)$ は λ の多項式：

$\Phi(\lambda)=\lambda^n+a_1\lambda^{n-1}+a_2\lambda^{n-2}+\cdots+a_{n-1}\lambda+a_n$ とする。

(1) $\dfrac{1}{\Phi(D^2)}\cos\alpha x=\dfrac{\cos\alpha x}{\Phi(-\alpha^2)}$ ……(a) （ただし，$\Phi(-\alpha^2)\neq 0$）

(2) $\dfrac{1}{D^2+\alpha^2}\cos\alpha x=\dfrac{x\sin\alpha x}{2\alpha}$ ……(b) （ただし，$\alpha\neq 0$）

ヒント！ (1) $D^2\cos\alpha x=-\alpha^2\cos\alpha x$ より，$D^{2k}\cos\alpha x=(-\alpha^2)^k\cos\alpha x$ $(k=1,2,\cdots,n)$ だね。これを用いて，$\Phi(D^2)\cos\alpha x=\Phi(-\alpha^2)\cos\alpha x$ を導く。(2) $(D^2+\alpha^2)x\sin\alpha x=2\alpha\cos\alpha x$ を導けばいいね。

解答＆解説

(1) $D^2\cos\alpha x=-\alpha^2\cos\alpha x$ より，同様に

（$(\cos\alpha x)''=(-\alpha\sin\alpha x)'=-\alpha^2\cos\alpha x$）

$D^4\cos\alpha x=(-\alpha^2)^2\cos\alpha x,\ \cdots,\ D^{2n}\cos\alpha x=(-\alpha^2)^n\cos\alpha x$ となる。

ここで，$\Phi(D^2)=D^{2n}+a_1D^{2(n-1)}+a_2D^{2(n-2)}+\cdots+a_{n-1}D^2+a_n$ とおくと，

$$\Phi(D^2)\cos\alpha x=(D^{2n}+a_1D^{2(n-1)}+\cdots+a_{n-1}D^2+a_n)\cos\alpha x$$

$$=\underbrace{D^{2n}\cos\alpha x}_{(-\alpha^2)^n\cos\alpha x}+a_1\underbrace{D^{2(n-1)}\cos\alpha x}_{(-\alpha^2)^{n-1}\cos\alpha x}+\cdots+a_{n-1}\underbrace{D^2\cos\alpha x}_{-\alpha^2\cos\alpha x}+a_n\cos\alpha x$$

$$=\{\underbrace{(-\alpha^2)^n+a_1(-\alpha^2)^{n-1}+\cdots+a_{n-1}(-\alpha^2)+a_n}_{\Phi(-\alpha^2)}\}\cos\alpha x=\Phi(-\alpha^2)\cos\alpha x$$

$\therefore\ \Phi(D^2)\cos\alpha x=\Phi(-\alpha^2)\cos\alpha x$ 　この両辺を $\Phi(-\alpha^2)(\neq 0)$ で割って

$\Phi(D^2)\cdot\dfrac{\cos\alpha x}{\Phi(-\alpha^2)}=\cos\alpha x$ 　$\therefore\ \dfrac{1}{\Phi(D^2)}\cos\alpha x=\dfrac{\cos\alpha x}{\Phi(-\alpha^2)}$ …(a)となる。…(終)

(2) $(D^2+\alpha^2)x\sin\alpha x=\underline{D^2x\sin\alpha x}+\cancel{\alpha^2x\sin\alpha x}=2\alpha\cos\alpha x$

（$(x\sin\alpha x)''=(\sin\alpha x+\alpha x\cos\alpha x)'=\alpha\cos\alpha x+(\alpha\cos\alpha x-\cancel{\alpha^2x\sin\alpha x})$）

両辺を $2\alpha(\neq 0)$ で割って，

$(D^2+\alpha^2)\cdot\dfrac{x\sin\alpha x}{2\alpha}=\cos\alpha x$

D^2 に $-\alpha^2$ を代入すると，左辺の分母が 0 となるので，(a)の公式が使えないパターンだね。

$\therefore\ \dfrac{1}{D^2+\alpha^2}\cos\alpha x=\dfrac{x\sin\alpha x}{2\alpha}$ ………(b) となる。……………………(終)

演習問題 57　● 逆演算子の性質 (Ⅳ) ●

次の各式が成り立つことを示せ。ただし，$\Phi(\lambda)$ は λ の多項式：

$\Phi(\lambda)=\lambda^n+a_1\lambda^{n-1}+a_2\lambda^{n-2}+\cdots+a_{n-1}\lambda+a_n$　とする。

(1) $\dfrac{1}{\Phi(D^2)}\sin\alpha x=\dfrac{\sin\alpha x}{\Phi(-\alpha^2)}$　……(c)　(ただし，$\Phi(-\alpha^2)\neq 0$)

(2) $\dfrac{1}{D^2+\alpha^2}\sin\alpha x=-\dfrac{x\cos\alpha x}{2\alpha}$　……(d)　(ただし，$\alpha\neq 0$)

ヒント！ 前問同様，(1) $\Phi(D^2)\sin\alpha x=\Phi(-\alpha^2)\sin\alpha x$，(2) $(D^2+\alpha^2)x\cos\alpha x=-2\alpha\sin\alpha x$ を導くんだね。

解答＆解説

(1) $D^2\sin\alpha x=$ (ア) $\sin\alpha x$ より，同様に

$D^4\sin\alpha x=$ (イ) $\sin\alpha x$，…，$D^{2n}\sin\alpha x=$ (ウ) $\sin\alpha x$

ここで，$\Phi(D^2)=D^{2n}+a_1D^{2(n-1)}+\cdots+a_{n-1}D^2+a_n$ とおくと，

$\Phi(D^2)\sin\alpha x=(D^{2n}+a_1D^{2(n-1)}+\cdots+a_{n-1}D^2+a_n)\sin\alpha x$

$=D^{2n}\sin\alpha x+a_1D^{2(n-1)}\sin\alpha x+\cdots+a_{n-1}D^2\sin\alpha x+a_n\sin\alpha x$

$=\{$ (エ) $\}\sin\alpha x=$ (オ) $\sin\alpha x$

$\therefore\ \Phi(D^2)\sin\alpha x=$ (オ) $\sin\alpha x$　この両辺を (オ) で割って，

$\Phi(D^2)\dfrac{\sin\alpha x}{(オ)}=\sin\alpha x$　$\therefore\ \dfrac{1}{\Phi(D^2)}\sin\alpha x=\dfrac{\sin\alpha x}{(オ)}$ ……(c) ………(終)

(2) $(D^2+\alpha^2)x\cos\alpha x=D^2x\cos\alpha x+\alpha^2x\cos\alpha x=$ (カ)

$\therefore\ (D^2+\alpha^2)x\cos\alpha x=-2\alpha\sin\alpha x$　この両辺を (キ) で割って，

$(D^2+\alpha^2)\cdot\left(-\dfrac{x\cos\alpha x}{(ク)}\right)=\sin\alpha x$

D^2 に $-\alpha^2$ を代入すると，左辺の分母が 0 となるので，(c)の公式が使えないパターン

$\therefore$ (ケ) $\sin\alpha x=-\dfrac{x\cos\alpha x}{(ク)}$ ……(d)となる。……………(終)

解答　(ア) $-\alpha^2$　(イ) $(-\alpha^2)^2$　(ウ) $(-\alpha^2)^n$
(エ) $(-\alpha^2)^n+a_1(-\alpha^2)^{n-1}+\cdots+a_{n-1}(-\alpha^2)+a_n$　(オ) $\Phi(-\alpha^2)$
(カ) $-2\alpha\sin\alpha x$　(キ) -2α　(ク) 2α　(ケ) $\dfrac{1}{D^2+\alpha^2}$

演習問題 58　●逆演算子の計算(Ⅳ)●

次の各式を計算せよ。(ただし，任意定数は省略してよい。)

(1) $\frac{1}{D^2-4D+5}e^{2x}\sin x$　　(2) $\frac{1}{D^2-2D+2}e^{x}\cos 3x$

ヒント！ 公式 $\frac{1}{\Phi(D)}\{e^{\alpha x}f(x)\}=e^{\alpha x}\cdot\frac{1}{\Phi(D+\alpha)}f(x)$,

$\frac{1}{D^2+\alpha^2}\sin\alpha x=-\frac{x\cos\alpha x}{2\alpha}$, $\frac{1}{\Phi(D^2)}\cos\alpha x=\frac{\cos\alpha x}{\Phi(-\alpha^2)}$ を順次使おう。

解答＆解説

(1) $\frac{1}{D^2-4D+5}e^{2x}\sin x$

$=e^{2x}\cdot\frac{1}{(D+2)^2-4(D+2)+5}\sin x$

$(D+2)^2-4(D+2)+5 = D^2+4D+4-4D-8+5=D^2+1$

公式 $\frac{1}{\Phi(D)}\{e^{\alpha x}f(x)\}=e^{\alpha x}\cdot\frac{1}{\Phi(D+\alpha)}f(x)$ より

$=e^{2x}\cdot\frac{1}{D^2+1}\sin 1\cdot x$

$=e^{2x}\cdot\left(-\frac{x\cos 1\cdot x}{2\cdot 1}\right)$

公式 $\frac{1}{D^2+\alpha^2}\sin\alpha x=-\frac{x\cos\alpha x}{2\alpha}$ より

$=-\frac{1}{2}xe^{2x}\cdot\cos x$　となる。……………………………(答)

(2) $\frac{1}{D^2-2D+2}e^{1\cdot x}\cos 3x$

$=e^{x}\cdot\frac{1}{(D+1)^2-2(D+1)+2}\cos 3x$

$(D+1)^2-2(D+1)+2 = D^2+2D+1-2D-2+2=D^2+1$

公式 $\frac{1}{\Phi(D)}\{e^{\alpha x}f(x)\}=e^{\alpha x}\cdot\frac{1}{\Phi(D+\alpha)}f(x)$ より

$=e^{x}\cdot\frac{1}{D^2+1}\cos 3x$

$=e^{x}\cdot\frac{\cos 3x}{-3^2+1}$

公式 $\frac{1}{\Phi(D^2)}\cos\alpha x=\frac{\cos\alpha x}{\Phi(-\alpha^2)}$ より

$=-\frac{1}{8}e^{x}\cdot\cos 3x$　となる。…………(答)

演習問題 59　● 逆演算子の計算 (V) ●

次の各式を計算せよ。(ただし，任意定数は省略してよい。)

(1) $\frac{1}{D^4+D^2}\cos 2x$　(2) $\frac{1}{D^4-D^2+3}\sin x$

(3) $\frac{1}{D^2+9}\cos 3x$　(4) $\frac{1}{(D^2+9)(D^2+2)}\sin 3x$

ヒント！ (1) は $\frac{1}{\Phi(D^2)}\cos\alpha x=\frac{\cos\alpha x}{\Phi(-\alpha^2)}\cdots$(a)，

(2) は $\frac{1}{\Phi(D^2)}\sin\alpha x=\frac{\sin\alpha x}{\Phi(-\alpha^2)}\cdots$(c)，(3) は $\frac{1}{D^2+\alpha^2}\cos\alpha x=\frac{x\sin\alpha x}{2\alpha}\cdots$(b)

の公式を用いる。(4) は $\frac{1}{D^2+9}\left(\frac{1}{D^2+2}\sin 3x\right)$ と計算しよう。

解答＆解説

(1) $\frac{1}{D^4+D^2}\cos 2x=\frac{\cos 2x}{\boxed{(ア)}}=\frac{1}{12}\cos 2x$ ……(答)

← $\frac{1}{\Phi(D^2)}\cos\alpha x=\frac{\cos\alpha x}{\Phi(-\alpha^2)}\cdots$(a)

(2) $\frac{1}{D^4-D^2+3}\sin 1\cdot x=\frac{\sin x}{\boxed{(イ)}}=\frac{1}{5}\sin x$ ……(答)

← $\frac{1}{\Phi(D^2)}\sin\alpha x=\frac{\sin\alpha x}{\Phi(-\alpha^2)}\cdots$(c)

(3) $\frac{1}{D^2+9}\cos 3x=\frac{x\sin 3x}{\boxed{(ウ)}}=\frac{1}{6}x\sin 3x$ ……(答)

← $\frac{1}{D^2+\alpha^2}\cos\alpha x=\frac{x\sin\alpha x}{2\alpha}\cdots$(b)

D^2 に -3^2 を代入すると，左辺の分母が 0 となるので，公式(b)を使うパターンだね。

(4) $\frac{1}{D^2+9}\left(\frac{1}{D^2+2}\sin 3x\right)$

← $\frac{1}{\Phi(D^2)}\sin\alpha x=\frac{\sin\alpha x}{\Phi(-\alpha^2)}\cdots$(c)

$=\frac{1}{D^2+9}\cdot\frac{\sin 3x}{\boxed{(エ)}}$

$=-\frac{1}{7}\cdot\frac{1}{D^2+9}\sin 3x$

← $\frac{1}{D^2+\alpha^2}\sin\alpha x=-\frac{x\cos\alpha x}{2\alpha}\cdots$(d)

$=-\frac{1}{7}\cdot\left(-\frac{x\cos 3x}{\boxed{(オ)}}\right)=\frac{1}{42}x\cos 3x$ ……(答)

解答　(ア) $(-2^2)^2+(-2^2)$　(イ) $(-1^2)^2-(-1^2)+3$　(ウ) $2\cdot 3$

(エ) -3^2+2　(オ) $2\cdot 3$

演習問題 60　●定数係数非同次微分方程式(Ⅰ)●

次の微分方程式の一般解を求めよ。

(1) $y'' + 8y' + 16y = 4e^{-2x}$ ……①

(2) $y'' + y = \sin 2x$ …………………②

(3) $y'' - 3y' + 2y = xe^{x}$ …………③

(4) $y'' + 2y' + y = e^{-x}\cos x$ ……④

ヒント！ (1) ①は $(D^2 + 8D + 16)y = 4e^{-2x}$ と表せるので，(ⅰ)特性方程式：$\lambda^2 + 8\lambda + 16 = 0$ から余関数を求め，(ⅱ) $y_0 = \dfrac{1}{(D+4)^2}4e^{-2x}$ から特殊解 y_0 を求めるんだね。(2)(3)(4) も同様だ。

解答＆解説

(1) $y'' + 8y' + 16 = 4e^{-2x}$ …①は，微分演算子

$\Phi_1(D) = D^2 + 8D + 16$ を用いて，$\Phi_1(D)y = 4e^{-2x}$ …①′ と表せる。

(ⅰ) ①の余関数 Y は，

①の同伴方程式：$\Phi_1(D)y = 0$ の特性方程式：$\Phi_1(\lambda) = 0$ を解いて，

$\lambda^2 + 8\lambda + 16 = 0$　　$(\lambda + 4)^2 = 0$　　$\therefore \lambda = -4$ (重解)

よって，$Y = (C_1 + C_2x)e^{-4x}$

(ⅱ) ①の特殊解 y_0 は，①′ より，

$\dfrac{1}{\Phi(D)}e^{\alpha x} = \dfrac{e^{\alpha x}}{\Phi(\alpha)}$

$$y_0 = \frac{1}{\Phi_1(D)}4e^{-2x} = 4\frac{1}{(D+4)^2}e^{-2x} = 4\frac{e^{-2x}}{(-2+4)^2} = e^{-2x}$$

(ⅰ)(ⅱ)より，①の一般解は，$y = e^{-2x} + (C_1 + C_2x)e^{-4x}$ となる。…(答)

演習問題 30(3) の答えと同じ

(2) $y'' + y = \sin 2x$ …②は，微分演算子

$\Phi_2(D) = D^2 + 1$ を用いて，$\Phi_2(D)y = \sin 2x$ …②′ と表せる。

(ⅰ) ②の余関数 Y は，

②の同伴方程式：$\Phi_2(D)y = 0$ の特性方程式：$\Phi_2(\lambda) = 0$ を解いて，

$\lambda^2 + 1 = 0$　　$\therefore \lambda = \pm i$　$[= 0 \pm 1 \cdot i]$

よって，$Y = C_1\cos 1\cdot x + C_2\sin 1\cdot x$

(ⅱ) ②の特殊解 y_0 は，②′ より，

$\dfrac{1}{\Phi(D^2)}\sin\alpha x = \dfrac{\sin\alpha x}{\Phi(-\alpha^2)}$

$$y_0 = \frac{1}{\Phi_2(D)}\sin 2x = \frac{1}{D^2+1}\sin 2x = \frac{\sin 2x}{-2^2+1} = -\frac{1}{3}\sin 2x$$

(ⅰ)(ⅱ)より，②の一般解は，$y = -\dfrac{1}{3}\sin 2x + C_1\cos x + C_2\sin x$ である。…(答)

(3) $y'' - 3y' + 2y = xe^x$ …③は，微分演算子

$\Phi_3(D) = D^2 - 3D + 2$ を用いて，$\Phi_3(D)y = xe^x$ …③′ と表せる。

(ⅰ) ③の余関数 Y は，

③の同伴方程式：$\Phi_3(D)y = 0$ の特性方程式：$\Phi_3(\lambda) = 0$ を解いて，

$\lambda^2 - 3\lambda + 2 = 0$　　$(\lambda - 1)(\lambda - 2) = 0$　　$\therefore \lambda = 1, 2$

よって，$Y = C_1e^x + C_2e^{2x}$

(ⅱ) ③の特殊解 y_0 は，③′ より，

$$y_0 = \frac{1}{\Phi_3(D)}xe^x = \frac{1}{(D-2)(D-1)}xe^x$$

$$= \frac{1}{D-2}\left(\frac{1}{D-1}xe^x\right) = \frac{1}{D-2}e^{1\cdot x}\int e^{-1x}xe^x dx$$

$$\frac{1}{D-\alpha}f(x) = e^{\alpha x}\int e^{-\alpha x}f(x)dx$$

$$= \frac{1}{D-2}e^x\int xdx = \frac{1}{2}\frac{1}{D-2}x^2e^x = \frac{1}{2}e^{2x}\int e^{-2x}x^2e^x dx$$

$$= -\frac{1}{2}(x^2 + 2x + 2)e^x$$

$$\int x^2(-e^{-x})'dx = -x^2e^{-x} + \int 2xe^{-x}dx$$
$$= -x^2e^{-x} + \int 2x(-e^{-x})'dx$$
$$= -x^2e^{-x} - 2xe^{-x} + \int 2e^{-x}dx$$
$$= -(x^2 + 2x + 2)e^{-x}$$

(ⅰ)(ⅱ) より，③の一般解は，

$$y = -\frac{1}{2}(x^2 + 2x + 2)e^x + C_1e^x + C_2e^{2x}$$

となる。……………………………………………………………………(答)

(4) $y'' + 2y' + y = e^{-x}\cos x$ …④は，微分演算子

$\Phi_4(D) = D^2 + 2D + 1$ を用いて，$\Phi_4(D)y = e^{-x}\cos x$ …④′ と表せる。

(ⅰ) ④の余関数 Y は，

④の同伴方程式：$\Phi_4(D)y = 0$ の特性方程式：$\Phi_4(\lambda) = 0$ を解いて，

$\lambda^2 + 2\lambda + 1 = 0$　　$(\lambda + 1)^2 = 0$　　$\therefore \lambda = -1$ (重解)

よって，$Y = (C_1 + C_2x)e^{-x}$

(ⅱ) ④の特殊解 y_0 は，④′ より，

$$\frac{1}{\Phi(D)}\{e^{\alpha x}f(x)\} = e^{\alpha x}\frac{1}{\Phi(D+\alpha)}f(x)$$

$$y_0 = \frac{1}{\Phi_4(D)}e^{-x}\cos x = \frac{1}{(D+1)^2}e^{-x}\cos x = e^{-x}\frac{1}{(D-1+1)^2}\cos x$$

$$= e^{-x}\cdot\frac{1}{D^2}\cos x = e^{-x}\iint \cos x(dx)^2 = e^{-x}\int \sin x dx = -e^{-x}\cos x$$

(ⅰ)(ⅱ) より，④の一般解は，$y = (-\cos x + C_1 + C_2x)e^{-x}$ となる。…(答)

演習問題 61　●定数係数非同次微分方程式(Ⅱ)●

次の微分方程式の一般解を求めよ。

(1) $y''' + 4y'' - y' - 4y = e^{3x}$ …………①

(2) $y''' + 6y'' + 12y' + 8y = 7e^{-2x}$ ……②

(3) $y''' - 2y'' + y' = e^{x}$ ………………③

ヒント！(1) 前問同様 $(D^3 + 4D^2 - D - 4)y = e^{3x}$ とおいて，(i) 特性方程式：$\lambda^3 + 4\lambda^2 - \lambda - 4 = 0$ から余関数を求め，(ii) $y_0 = \dfrac{1}{(D-1)(D+1)(D+4)}e^{3x}$ から特殊解 y_0 を求めるんだね。(2)(3) も同様に解けばいい。

解答＆解説

(1) $y''' + 4y'' - y' - 4y = e^{3x}$ …①は，微分演算子

$\Phi_1(D) = D^3 + 4D^2 - D - 4$ を用いて，$\Phi_1(D)y = e^{3x}$ …①′ と表せる。

(i) ①の余関数 Y は，

①の同伴方程式：$\Phi_1(D)y = 0$ の特性方程式：$\Phi_1(\lambda) = 0$ を解いて，

$\lambda^3 + 4\lambda^2 - \lambda - 4 = 0$　$(\lambda - 1)(\lambda + 1)(\lambda + 4) = 0$　$\therefore \lambda = \pm 1,\ -4$

$\lambda^2(\lambda + 4) - (\lambda + 4) = (\lambda^2 - 1)(\lambda + 4)$

よって，$Y = C_1e^{-x} + C_2e^{x} + C_3e^{-4x}$

$\dfrac{1}{\Phi(D)}e^{\alpha x} = \dfrac{e^{\alpha x}}{\Phi(\alpha)}$

(ii) ①の特殊解 y_0 は，①′ より，

$$y_0 = \frac{1}{\Phi_1(D)}e^{3x} = \frac{1}{(D-1)(D+1)(D+4)}e^{3x} = \frac{e^{3x}}{(3-1)(3+1)(3+4)}$$

$$= \frac{1}{56}e^{3x}$$

(i)(ii) より，①の一般解は，

$y = \dfrac{1}{56}e^{3x} + C_1e^{-x} + C_2e^{x} + C_3e^{-4x}$ となる。…………………………(答)

(2) $y''' + 6y'' + 12y' + 8y = 7e^{-2x}$ …②は，微分演算子

$\Phi_2(D) = D^3 + 6D^2 + 12D + 8$ を用いて，$\Phi_2(D)y = 7e^{-2x}$ …②´ と表せる。

(i) ②の余関数 Y は，

②の同伴方程式：$\Phi_2(D)y = 0$ の特性方程式：$\Phi_2(\lambda) = 0$ を解いて，

$\lambda^3 + 6\lambda^2 + 12\lambda + 8 = 0$　　$(\lambda + 2)^3 = 0$　　$\therefore \lambda = -2$ (3 重解)

$\lambda^3 + 3\cdot\lambda^2\cdot 2 + 3\cdot\lambda\cdot 2^2 + 2^3 = (\lambda + 2)^3$

よって，$Y = (C_1 + C_2x + C_3x^2)e^{-2x}$

(ii) ②の特殊解 y_0 は，②´ より，

$\frac{1}{(D-\alpha)^n}e^{\alpha x} = \frac{x^n}{n!}e^{\alpha x}$

$$y_0 = \frac{1}{\Phi_2(D)}7e^{-2x} = 7\frac{1}{(D+2)^3}e^{-2x} = 7\cdot\frac{x^3}{3!}e^{-2x} = \frac{7}{6}x^3e^{-2x}$$

(i)(ii) より，②の一般解は，

$y = \frac{7}{6}x^3e^{-2x} + (C_1 + C_2x + C_3x^2)e^{-2x}$ となる。……………………(答)

(3) $y''' - 2y'' + y' = e^x$ …③は，微分演算子

$\Phi_3(D) = D^3 - 2D^2 + D$ を用いて，$\Phi_3(D)y = e^x$ …③´ と表せる。

(i) ③の余関数 Y は，

③の同伴方程式：$\Phi_3(D)y = 0$ の特性方程式：$\Phi_3(\lambda) = 0$ を解いて，

$\lambda^3 - 2\lambda^2 + \lambda = 0$　　$\lambda(\lambda - 1)^2 = 0$　　$\therefore \lambda = 0,\ 1$ (重解)

よって，$Y = C_1 + (C_2 + C_3x)e^x$

(ii) ③の特殊解 y_0 は，③´ より，

$$y_0 = \frac{1}{\Phi_3(D)}e^x = \frac{1}{(D-1)^2D}e^x = \frac{1}{(D-1)^2}\left(\frac{1}{D}e^x\right)$$

$\frac{1}{(D-\alpha)^n}e^{\alpha x} = \frac{x^n}{n!}e^{\alpha x}$　　$\int e^x dx = e^x$

$$= \frac{1}{(D-1)^2}e^x = \frac{x^2}{2!}e^x = \frac{1}{2}x^2e^x$$

(i)(ii) より，③の一般解は，

$y = \frac{1}{2}x^2e^x + C_1 + (C_2 + C_3x)e^x$ となる。……………………(答)

演習問題 62　● 定数係数非同次微分方程式 (Ⅲ) ●

次の微分方程式の一般解を求めよ。

(1) $y^{(4)} - 4y''' + y'' = x + e^{3x}$ ……(a)

(2) $y^{(4)} - 2y'' = x^3 + \cos 2x$ ……(b)

ヒント！ (1) $(D^4 - 4D^3 + D^2)y = x + e^{3x}$, (2) $(D^4 - 2D^2)y = x^3 + \cos 2x$ と表して，解いていくんだね。

解答＆解説

(1) $y^{(4)} - 4y''' + y'' = x + e^{3x}$ …(a) は，微分演算子

$\Phi_1(D) = D^4 - 4D^3 + D^2$ を用いて，$\Phi_1(D)y = x + e^{3x}$ …(a)′ と表せる。

(i) (a)の余関数 Y は，

(a)の同伴方程式：$\Phi_1(D)y = 0$ の特性方程式：$\Phi_1(\lambda) = 0$ を解いて，

$\lambda^4 - 4\lambda^3 + \lambda^2 = 0 \qquad \lambda^2(\lambda^2 - 4\lambda + 1) = 0$

$\therefore \lambda =$ (ア) (重解), (イ)

よって，$Y =$ (ウ)

(ii) (a)の特殊解 y_0 は，(a)′ より，

$$y_0 = \frac{1}{\Phi_1(D)}(x + e^{3x}) = \text{(エ)}\ x + \text{(エ)}\ e^{3x}$$

$$= \frac{1}{D^2(D^2 - 4D + 1)}x + \frac{1}{D^2(D^2 - 4D + 1)}e^{3x} \quad \cdots\cdots ①$$

$$\frac{1}{D^2}\left(\frac{1}{1-(4D-D^2)}x\right) = \frac{1}{D^2}(1 + 4D - D^2)x = \frac{1}{D^2}(x + 4Dx - D^2x)$$

Dx：$x' = 1$，D^2x：$(x)'' = 1' = 0$

$$\frac{e^{3x}}{3^2(3^2 - 4\cdot 3 + 1)} = \frac{e^{3x}}{9(9-12+1)} = -\frac{1}{18}e^{3x}$$

$$\frac{1}{\Phi(D)}e^{\alpha x} = \frac{e^{\alpha x}}{\Phi(\alpha)}$$

$$= \frac{1}{D^2}(x + 4) - \frac{1}{18}e^{3x} = \frac{1}{6}x^3 + 2x^2 - \frac{1}{18}e^{3x}$$

$$\iint (x+4)(dx)^2 = \int\left(\frac{1}{2}x^2 + 4x\right)dx = \frac{1}{6}x^3 + 2x^2$$

以上 (i)(ii) より，(a)の一般解 y は，

$y =$ (オ)

となる。 ……………………………………………………………………(答)

(2) $y^{(4)}-2y''=x^3+\cos 2x$ …(b) は，微分演算子

$\Phi_2(D)=D^4-2D^2$ を用いて，$\Phi_2(D)y=x^3+\cos 2x$ …(b)′ と表せる。

(i) (b)の余関数 Y は，

(b)の同伴方程式：$\Phi_2(D)y=0$ の特性方程式：$\Phi_2(\lambda)=0$ を解いて，

$\lambda^4-2\lambda^2=0$ 　　$\lambda^2(\lambda^2-2)=0$ 　　$\lambda^2(\lambda+\sqrt{2})(\lambda-\sqrt{2})=0$

$\therefore \lambda=$ (カ) (重解)，(キ)

よって，$Y=$ (ク)

(ii) (b)の特殊解 y_0 は，(b)′ より，

$$y_0=\frac{1}{\Phi_2(D)}(x^3+\cos 2x)=\text{(ケ)}\,x^3+\text{(ケ)}\,\cos 2x$$

$$=\frac{1}{D^2(D^2-2)}x^3+\frac{1}{D^2(D^2-2)}\cos 2x$$

$$\frac{1}{D^2}\left(-\frac{1}{2}\frac{1}{1-\frac{D^2}{2}}x^3\right)=-\frac{1}{2}\frac{1}{D^2}\left\{\left(1+\frac{D^2}{2}\right)x^3\right\}=-\frac{1}{2}\frac{1}{D^2}\left(x^3+\frac{1}{2}D^2x^3\right)$$

$(x^3)''=(3x^2)'=6x$

$$\frac{\cos 2x}{-2^2(-2^2-2)}=\frac{\cos 2x}{(-4)\cdot(-6)}=\frac{1}{24}\cos 2x$$

$$\frac{1}{\Phi(D^2)}\cos\alpha x=\frac{\cos\alpha x}{\Phi(-\alpha^2)}$$

$$=-\frac{1}{2}\frac{1}{D^2}(x^3+3x)+\frac{1}{24}\cos 2x=-\frac{1}{2}\left(\frac{1}{20}x^5+\frac{1}{2}x^3\right)+\frac{1}{24}\cos 2x$$

$$\iint(x^3+3x)(dx)^2=\int\left(\frac{1}{4}x^4+\frac{3}{2}x^2\right)dx=\frac{1}{20}x^5+\frac{1}{2}x^3$$

$$=-\frac{1}{40}x^5-\frac{1}{4}x^3+\frac{1}{24}\cos 2x$$

以上 (i)(ii) より，(b)の一般解 y は，

$y=$ (コ)

となる。……………………………………………………………(答)

解答

(ア) 0 　(イ) $2\pm\sqrt{3}$ 　(ウ) $C_1+C_2x+C_3e^{(2+\sqrt{3})x}+C_4e^{(2-\sqrt{3})x}$

(エ) $\frac{1}{\Phi_1(D)}$ 　(オ) $\frac{1}{6}x^3+2x^2-\frac{1}{18}e^{3x}+C_1+C_2x+C_3e^{(2+\sqrt{3})x}+C_4e^{(2-\sqrt{3})x}$

(カ) 0 　(キ) $\pm\sqrt{2}$ 　(ク) $C_1+C_2x+C_3e^{\sqrt{2}x}+C_4e^{-\sqrt{2}x}$

(ケ) $\frac{1}{\Phi_2(D)}$ 　(コ) $-\frac{1}{40}x^5-\frac{1}{4}x^3+\frac{1}{24}\cos 2x+C_1+C_2x+C_3e^{\sqrt{2}x}+C_4e^{-\sqrt{2}x}$

演習問題 63 ●非同次のオイラーの方程式●

次の微分方程式の一般解を求めよ。

(1) $x^3y''' - 3x^2y'' + 7xy' - 8y = x^2$ ……………………… ㋐ $(x > 0)$

(2) $x^4y^{(4)} + 6x^3y''' + 7x^2y'' + xy' - y = \sin(\log x)$ …… ㋑ $(x > 0)$

ヒント！ (1)(2) 共にオイラーの微分方程式より，$x = e^t$ とおいて，定数係数非同次微分方程式にもち込めばいいんだね。

解答＆解説

(1) $x = e^t\ [t = \log x]$ とおき，$\frac{d}{dx} = D$，$\frac{d}{dt} = \delta$ とおくと，

$xy' = xDy = \delta y$，　$x^2y'' = x^2D^2y = \delta(\delta - 1)y$，

$x^3y''' = x^3D^3y = \delta(\delta - 1)(\delta - 2)y$ となるので，

公式 $x^nD^ny = \delta(\delta - 1)(\delta - 2)\cdots\cdots\{\delta - (n - 1)\}y\ (n = 1,\ 2,\ 3,\ \cdots)$ より

これらを，$\underbrace{x^3y'''}_{\delta(\delta-1)(\delta-2)y} - 3\underbrace{x^2y''}_{\delta(\delta-1)y} + 7\underbrace{xy'}_{\delta y} - 8y = \underbrace{x^2}_{e^{2t}}$ …㋐に代入してまとめると，

$\delta(\delta - 1)(\delta - 2)y - 3\delta(\delta - 1)y + 7\delta y - 8y = e^{2t}$

$(\delta^3 - 3\delta^2 + 2\delta)y - 3(\delta^2 - \delta)y + 7\delta y - 8y$
$= (\delta^3 - 6\delta^2 + 12\delta - 8)y$

$(\delta^3 - 6\delta^2 + 12\delta - 8)y = e^{2t}$ ……㋐′ となる。

$\dddot{y} - 6\ddot{y} + 12\dot{y} - 8y = e^{2t}$ のこと

ここで，$\Phi_1(\delta) = \delta^3 - 6\delta^2 + 12\delta - 8 = (\delta - 2)^3$ とおく。

(ⅰ) ㋐′ の余関数 Y は，

㋐′ の同伴方程式：$\Phi_1(\delta)y = 0$ の特性方程式：$\Phi_1(\lambda) = 0$ を解いて，

$(\lambda - 2)^3 = 0$　　$\therefore \lambda = 2$ (3 重解)

よって，$Y = (C_1 + C_2t + C_3t^2)e^{2t}$

(ⅱ) ㋐′ の特殊解 y_0 は，

$\frac{1}{(\delta - \alpha)^n}e^{\alpha t} = \frac{t^n}{n!}e^{\alpha t}$

$$y_0 = \frac{1}{\Phi_1(\delta)}e^{2t} = \frac{1}{(\delta - 2)^3}e^{2t} = \frac{t^3}{3!}e^{2t} = \frac{1}{6}t^3e^{2t}$$

以上 (ⅰ)(ⅱ) より，㋐′，すなわち㋐の一般解 y は，

$$y = \frac{1}{6}\underbrace{t^3}_{(\log x)^3}\underbrace{e^{2t}}_{x^2} + (C_1 + C_2\underbrace{t}_{\log x} + C_3\underbrace{t^2}_{(\log x)^2})\underbrace{e^{2t}}_{x^2} = \frac{1}{6}(\log x)^3x^2 + \{C_1 + C_2\log x + C_3(\log x)^2\}x^2$$

である。 ……………………………………………………………………(答)

(2) $x^4y^{(4)}+6x^3y'''+7x^2y''+xy'-y=\sin(\log x)$ … ㋑について，

（$x^4y^{(4)}=\delta(\delta-1)(\delta-2)(\delta-3)y$，$x^3y'''=\delta(\delta-1)(\delta-2)y$，$x^2y''=\delta(\delta-1)y$，$xy'=\delta y$，$\log x=t$）

$x=e^t$ $[t=\log x]$ とおき，$\dfrac{d}{dx}=D$，$\dfrac{d}{dt}=\delta$ とおくと，

$xy'=xDy=\delta y$，　$x^2y''=x^2D^2y=\delta(\delta-1)y$，

$x^3y'''=x^3D^3y=\delta(\delta-1)(\delta-2)y$，

$x^4y^{(4)}=x^4D^4y=\delta(\delta-1)(\delta-2)(\delta-3)y$ となるので，これらを㋑に代入してまとめると，

$$\delta(\delta-1)(\delta-2)(\delta-3)y+6\delta(\delta-1)(\delta-2)y+7\delta(\delta-1)y+\delta y-y=\sin t$$

$$(\delta^2-\delta)(\delta^2-5\delta+6)y+6(\delta^3-3\delta^2+2\delta)y+7(\delta^2-\delta)y+\delta y-y$$
$$=(\delta^4-6\delta^3+11\delta^2-6\delta)y+(6\delta^3-18\delta^2+12\delta)y+(7\delta^2-7\delta)y+\delta y-y$$
$$=(\delta^4-1)y$$

$(\delta^4-1)y=\sin t$ ……㋑′ となる。

ここで，$\Phi_2(\delta)=\delta^4-1=(\delta^2-1)(\delta^2+1)=(\delta+1)(\delta-1)(\delta^2+1)$ とおく。

(ⅰ) ㋑′の余関数 Y は，

㋑′の同伴方程式：$\Phi_2(\delta)y=0$ の特性方程式：$\Phi_2(\lambda)=0$ を解いて，

$(\lambda+1)(\lambda-1)(\lambda^2+1)=0$　　　$\therefore\ \lambda=\pm1$，$\pm i$ より，

$Y=C_1e^t+C_2e^{-t}+C_3\cos t+C_4\sin t$　である。

(ⅱ) ㋑′の特殊解 y_0 は，

$$y_0=\frac{1}{\Phi_2(\delta)}\sin t=\frac{1}{(\delta^2+1)(\delta^2-1)}\sin t$$
$$=\frac{1}{\delta^2+1}\left(\frac{1}{\delta^2-1}\sin t\right)=\frac{1}{\delta^2+1}\,\frac{\sin t}{-1^2-1}$$
$$=-\frac{1}{2}\,\frac{1}{\delta^2+1}\sin t=-\frac{1}{2}\left(-\frac{t\cos t}{2\cdot1}\right)=\frac{1}{4}t\cos t$$

$\dfrac{1}{\Phi(\delta^2)}\sin\alpha t=\dfrac{\sin\alpha t}{\Phi(-\alpha^2)}$

$\dfrac{1}{\delta^2+\alpha^2}\sin\alpha t=-\dfrac{t\cos\alpha t}{2\alpha}$

以上(ⅰ)(ⅱ)より，㋑′，すなわち㋑の一般解 y は，

$$y=\frac{1}{4}t\cos t+C_1e^t+C_2e^{-t}+C_3\cos t+C_4\sin t$$

（$t=\log x$，$e^t=x$，$e^{-t}=x^{-1}$）

$$=\frac{1}{4}(\log x)\cdot\cos(\log x)+C_1x+C_2x^{-1}+C_3\cos(\log x)+C_4\sin(\log x)$$

である。……………………………………………………………………(答)

演習問題 64　● 定数係数連立微分方程式 (Ⅰ) ●

未知関数 $y = y(x)$，$z = z(x)$ に関する次の連立微分方程式を解け。

(1) $\begin{cases} (D-1)y - z = 0 & \cdots\cdots㋐ \\ y + (D-3)z = 0 & \cdots\cdots㋑ \end{cases}$

(2) $\begin{cases} (D-1)y - z = x^2 & \cdots\cdots㋒ \\ y + (D-3)z = 3x^2 & \cdots\cdots㋓ \end{cases}$

$\left(\text{ただし，} D = \dfrac{d}{dx} \text{ である。}\right)$

ヒント！ (1) まず，㋐の両辺に $D-3$ を作用させたものと㋑を辺々加えて z を消去し，$y = y(x)$ を求めよう。(2) も同様だ。

解答＆解説

(1)(ⅰ)まず，未知関数 z を消去するために，㋐の両辺に $D-3$ を作用させたものを㋐′とおき，これと㋑を併記して，

$$\begin{cases} (D-3)(D-1)y - (D-3)z = 0 & \cdots\cdots㋐' \\ y + (D-3)z = 0 & \cdots\cdots㋑ \end{cases}$$

㋐′＋㋑より，

$\{\underline{(D-3)(D-1)+1}\}y = 0$　$\therefore (D-2)^2 y = 0$ ……①　となる。

$D^2 - 4D + 3 + 1 = D^2 - 4D + 4$

①の特性方程式：$(\lambda - 2)^2 = 0$ を解いて，$\lambda = 2$（重解）

よって，一般解 y は，$y = (C_1 + C_2 x)e^{2x}$　……②

(ⅱ)次に，②を㋐に代入すると，

$z = (D-1)y = \underline{(D-1)(C_1 + C_2 x)e^{2x}}$

$D(C_1 + C_2 x)e^{2x} - (C_1 + C_2 x)e^{2x}$

積の微分：$(fg)' = f'g + fg'$

$= C_2 e^{2x} + (C_1 + C_2 x)2e^{2x} - (C_1 + C_2 x)e^{2x}$

$= \{C_2 + (C_1 + C_2 x)\}e^{2x}$

$= (C_1 + C_2 + C_2 x)e^{2x}$

よって，一般解 z は，$z = (C_1 + C_2 + C_2 x)e^{2x}$ となる。

以上（ⅰ）（ⅱ）より，求める一般解は，

$\begin{cases} y = (C_1 + C_2 x)e^{2x} \\ z = (C_1 + C_2 + C_2 x)e^{2x} \end{cases}$ である。 ……………………（答）

(2)(ⅰ)まず，未知関数 z を消去するために，㋒の両辺に $D-3$ を作用させたものを㋒´とおき，これと㋓を併記して，

$(D-3)x^2 = Dx^2 - 3x^2$

$$\begin{cases} (D-3)(D-1)y-(D-3)z = 2x-3x^2 & \cdots\cdots ㋒' \\ y+(D-3)z = 3x^2 & \cdots\cdots ㋓ \end{cases}$$

㋒´＋㋓より，

$\{(D-3)(D-1)+1\}y = 2x$

$\therefore (D-2)^2 y = 2x$ ……③　となる。

この同伴方程式：$(D-2)^2 y = 0$ の特性方程式：$(\lambda-2)^2 = 0$ を解いて，

$\lambda = 2$（重解）

$\therefore$ ③の余関数 $Y = (C_1 + C_2 x)e^{2x}$

また，この特殊解 y_0 は，③より，

$x' = 1$　　$x'' = 1' = 0$

$$y_0 = \frac{1}{D^2-4D+4}2x = \frac{1}{2}\left(x + Dx - \frac{1}{4}D^2x\right)$$

$$\frac{1}{4}\cdot\frac{1}{1-\frac{4D-D^2}{4}}2x = \frac{1}{2}\cdot\left(1+\frac{4D-D^2}{4}\right)x$$

$$= \frac{1}{2}(x+1) = \frac{1}{2}x + \frac{1}{2}$$

よって，一般解 y は，$y = \frac{1}{2}x + \frac{1}{2} + (C_1 + C_2 x)e^{2x}$　……④

(ⅱ)次に④を㋒に代入して，

$$z = (D-1)y - x^2 = (D-1)\left\{\frac{1}{2}x + \frac{1}{2} + (C_1 + C_2 x)e^{2x}\right\} - x^2$$

$$D\left\{\frac{1}{2}x + \frac{1}{2} + (C_1 + C_2 x)e^{2x}\right\} - \left\{\frac{1}{2}x + \frac{1}{2} + (C_1 + C_2 x)e^{2x}\right\}$$
$$= \frac{1}{2} + C_2 e^{2x} + (C_1 + C_2 x)\cdot 2e^{2x} - \frac{1}{2}x - \frac{1}{2} - (C_1 + C_2 x)e^{2x}$$
$$= -\frac{1}{2}x + C_2 e^{2x} + (C_1 + C_2 x)e^{2x}$$

$$= -x^2 - \frac{1}{2}x + (C_1 + C_2 + C_2 x)e^{2x}$$

よって，一般解 z は，$z = -x^2 - \frac{1}{2}x + (C_1 + C_2 + C_2 x)e^{2x}$ となる。

以上(ⅰ)(ⅱ)より，求める一般解は，

$$\begin{cases} y = \frac{1}{2}x + \frac{1}{2} + (C_1 + C_2 x)e^{2x} \\ z = -x^2 - \frac{1}{2}x + (C_1 + C_2 + C_2 x)e^{2x} \end{cases}$$ である。 ……………………(答)

演習問題 65　●定数係数連立微分方程式(Ⅱ)●

未知関数 $y=y(x)$，$z=z(x)$，$w=w(x)$ に関する次の連立微分方程式を解け。

$$\begin{cases} y+3z-(D^2+1)w=0 & \cdots\cdots ㋐ \\ y-(D^2-1)z=0 & \cdots\cdots ㋑ \\ (D^2+2)y=\cos x & \cdots\cdots ㋒ \end{cases}$$

$\left(\text{ただし，} D=\dfrac{d}{dx} \text{ である。}\right)$

ヒント！ 未知関数が y だけの㋒から解いていこう。後は順次㋑から z を求め，最後に㋐より w を求めればいいんだね。

解答＆解説

(ⅰ) まず，$(D^2+2)y=\cos x$ ……㋒は，定数係数非同次微分方程式より，

・㋒の同伴方程式：$(D^2+2)y=0$ の特性方程式：$\lambda^2+2=0$ を解いて，

$\lambda=\pm\sqrt{2}i$

∴㋒の余関数 $Y=$ (ア)

・また，この特殊解 y_0 は，㋒より，

$$y_0=\frac{1}{D^2+2}\cos x=\frac{\cos x}{(イ)}=\cos x$$

$\dfrac{1}{\Phi(D^2)}\cos\alpha x=\dfrac{\cos\alpha x}{\Phi(-\alpha^2)}$

よって，一般解 y は，

$y=\cos x+$ (ア) ……① である。……………(答)

(ⅱ) 次に，①を㋑に代入して，

$(D^2-1)z=y=\cos x+C_1\cos\sqrt{2}x+C_2\sin\sqrt{2}x$ ……㋑´

・㋑´の同伴方程式：$(D^2-1)z=0$ の特性方程式：$\lambda^2-1=0$ を解いて，

$\lambda=\pm 1$

∴㋑´の余関数 $Z=$ (ウ)

・$\dfrac{1}{\Phi(D^2)}\cos\alpha x=\dfrac{\cos\alpha x}{\Phi(-\alpha^2)}$

・$\dfrac{1}{\Phi(D^2)}\sin\alpha x=\dfrac{\sin\alpha x}{\Phi(-\alpha^2)}$

・また，この特殊解 z_0 は，㋑´より，

$$z_0=\frac{1}{D^2-1}(\cos x+C_1\cos\sqrt{2}x+C_2\sin\sqrt{2}x)$$

$$=\underbrace{\frac{1}{D^2-1}\cos 1\cdot x}_{\frac{\cos 1\cdot x}{-1^2-1}}+C_1\underbrace{\frac{1}{D^2-1}\cos\sqrt{2}x}_{\frac{\cos\sqrt{2}x}{-(\sqrt{2})^2-1}}+C_2\underbrace{\frac{1}{D^2-1}\sin\sqrt{2}x}_{\frac{\sin\sqrt{2}x}{-(\sqrt{2})^2-1}}$$

$$z_0 = -\frac{1}{2}\cos x - \frac{C_1}{3}\cos\sqrt{2}x - \frac{C_2}{3}\sin\sqrt{2}x$$

以上より，一般解 z は，

$$z = -\frac{1}{2}\cos x - \frac{C_1}{3}\cos\sqrt{2}x - \frac{C_2}{3}\sin\sqrt{2}x + \boxed{(ウ)\qquad}$$ ……②である。

………(答)

(ⅲ) ①，②を㋐に代入して，

$$(D^2+1)w = y + 3z$$
$$= \cos x + C_1\cos\sqrt{2}x + C_2\sin\sqrt{2}x$$
$$+ 3\left(-\frac{1}{2}\cos x - \frac{C_1}{3}\cos\sqrt{2}x - \frac{C_2}{3}\sin\sqrt{2}x + C_3e^{-x} + C_4e^x\right)$$

$\therefore\ (D^2+1)w = -\frac{1}{2}\cos x + 3C_3e^{-x} + 3C_4e^x$ ……㋐′

・㋐′の同伴方程式：$(D^2+1)w = 0$ の特性方程式：$\lambda^2+1=0$ を解いて，

$\lambda = \pm i$

$\therefore$ ㋐′の余関数 $W = \boxed{(エ)\qquad}$

・㋐′の特殊解 w_0 は，

$$w_0 = \frac{1}{D^2+1}\left(-\frac{1}{2}\cos x + 3C_3e^{-x} + 3C_4e^x\right)$$
$$= -\frac{1}{2}\underbrace{\frac{1}{D^2+1}\cos x}_{=\frac{x\sin x}{2\cdot 1}} + 3C_3\underbrace{\frac{1}{D^2+1}e^{-x}}_{=\frac{e^{-x}}{(-1)^2+1}} + 3C_4\underbrace{\frac{1}{D^2+1}e^x}_{=\frac{e^x}{1^2+1}}$$

$$\frac{1}{D^2+\alpha^2}\cos\alpha x = \frac{x\sin\alpha x}{2\alpha}$$

$$\frac{1}{\Phi(D)}e^{\alpha x} = \frac{e^{\alpha x}}{\Phi(\alpha)}$$

$$= -\frac{1}{4}x\sin x + \frac{3C_3}{2}e^{-x} + \frac{3C_4}{2}e^x$$

以上より，一般解 w は，

$$w = -\frac{1}{4}x\sin x + \frac{3C_3}{2}e^{-x} + \frac{3C_4}{2}e^x + \boxed{(エ)\qquad}$$ である。…(答)

解答　(ア) $C_1\cos\sqrt{2}x + C_2\sin\sqrt{2}x$　(イ) -1^2+2　(ウ) $C_3e^{-x}+C_4e^x$
(エ) $C_5\cos x + C_6\sin x$

講 義 Lecture 6 級数解法 methods & formulae

§1. 微分方程式の級数解法

微分方程式において,その解を,

$y = a_0 + a_1x + a_2x^2 + a_3x^3 + \cdots$ ……①

のような無限級数で表されるものと仮定して,これを元の微分方程式に代入し,係数 a_k $(k = 0, 1, 2, \cdots)$ の関係式(漸化式)を導き,これを解いて,a_k を決定する手法を**級数解法**という。

①のように,関数 $f(x)$ が $x = \alpha$ (または $x = 0$) でテーラー展開(またはマクローリン展開)できるとき,$f(x)$ は $x = \alpha$ (または $x = 0$) で**解析的である**という。そうでないときは,**特異である**といい,点 $x = \alpha$ (または点 $x = 0$) を**特異点**と呼ぶ。①で $a_k = \dfrac{f^{(k)}(0)}{k!}$ $(k = 0, 1, 2, \cdots)$ とおいて,関数 $f(x)$ を無限級数 $f(x) = \sum_{k=0}^{\infty} a_kx^k = a_0 + a_1x + a_2x^2 + \cdots + a_nx^n + \cdots$ …①′の形で表したものをマクローリン展開という。①′が成り立つ,すなわち無限級数 $\sum_{k=0}^{\infty} a_kx^k$ が元の関数 $f(x)$ に収束するための x のとり得る値の範囲を $-R < x < R$ で表すとき,R を**ダランベールの収束半径**と呼び,$R = \lim_{n\to\infty} \left| \dfrac{a_n}{a_{n+1}} \right|$ で計算できる。

次に典型的なマクローリン展開の例を示す。

(1) $e^x = \sum_{k=0}^{\infty} \dfrac{x^k}{k!} = 1 + \dfrac{x}{1!} + \dfrac{x^2}{2!} + \dfrac{x^3}{3!} + \cdots$ $(-\infty < x < \infty)$

(2) $\cos x = \sum_{k=0}^{\infty} \dfrac{(-1)^k}{(2k)!} x^{2k} = 1 - \dfrac{x^2}{2!} + \dfrac{x^4}{4!} - \dfrac{x^6}{6!} + \cdots$ $(-\infty < x < \infty)$

(3) $\sin x = \sum_{k=0}^{\infty} \dfrac{(-1)^k}{(2k+1)!} x^{2k+1} = \dfrac{x}{1!} - \dfrac{x^3}{3!} + \dfrac{x^5}{5!} - \dfrac{x^7}{7!} + \cdots$ $(-\infty < x < \infty)$

応用上重要な 2 階同次線形微分方程式の級数解法を下に示す。

2 階同次線形微分方程式 $y'' + P(x)y' + Q(x)y = 0$ …(a) について

(Ⅰ) $P(x)$, $Q(x)$ が共に $x = \alpha$ で解析的であるとき,(a) の解 y も $x = \alpha$ で解析的であり,(a) は,

$y = \sum_{k=0}^{\infty} a_k(x-\alpha)^k = a_0 + a_1(x-\alpha) + a_2(x-\alpha)^2 + \cdots$

の形の級数解をもつ。このとき,点 $x = \alpha$ を**通常点**または**正則点**と呼ぶ。

(Ⅱ)$P(x)$, $Q(x)$ の少なくとも一方が$x=\alpha$ で解析的でない，すなわち，点 $x=\alpha$ が特異点のとき，$(x-\alpha)P(x)$ と $(x-\alpha)^2Q(x)$ が $x=\alpha$ で解析的ならば，点 $x=\alpha$ を (a) の**確定特異点**と呼ぶ。このとき，(a) は，

$$y=(x-\alpha)^{\lambda}\sum_{k=0}^{\infty}a_k(x-\alpha)^k=\sum_{k=0}^{\infty}a_k(x-\alpha)^{k+\lambda}$$
$$=a_0(x-\alpha)^{\lambda}+a_1(x-\alpha)^{\lambda+1}+a_2(x-\alpha)^{\lambda+2}+\cdots \quad \cdots(\mathrm{b}) \ (a_0\neq 0)$$

の形の**フロベニウス級数解**をもつ。

点 $x=0$ が (a) の確定特異点のとき，$xP(x)$と$x^2Q(x)$ はそれぞれ

$$xP(x)=p(x)=\sum_{k=0}^{\infty}p_kx^k=p_0+p_1x+p_2x^2+p_3x^3+\cdots$$
$$x^2Q(x)=q(x)=\sum_{k=0}^{\infty}q_kx^k=q_0+q_1x+q_2x^2+q_3x^3+\cdots \qquad (p_k,\ q_k:\text{定数})$$

のように級数展開できる。このとき，(a) は，両辺に x^2 をかけて

$x^2y''+xp(x)y'+q(x)y = 0$ …(a)′ と書ける。

フロベニウス級数解 (b) の指数λの**決定方程式**は，

$\lambda^2+(p_0-1)\lambda+q_0=0$ …(c)となり，この2つの解をλ_1, λ_2とおくと，$x>0$ に対して，

(ⅰ)$\lambda_1-\lambda_2\neq$(整数)のとき，(a) は 1 次独立な 2 つの基本解

$y_1=x^{\lambda_1}\sum_{k=0}^{\infty}a_kx^k$ と，$y_2=x^{\lambda_2}\sum_{k=0}^{\infty}b_kx^k$ $(a_0\neq 0,\ b_0\neq 0)$ をもつ。

(ⅱ)$\lambda_1=\lambda_2$，すなわち (c) が重解λ_1をもつとき，(a) は 1 次独立な 2 つの基本解

$y_1=x^{\lambda_1}\sum_{k=0}^{\infty}a_kx^k$ $(a_0\neq 0)$ と，$y_2=x^{\lambda_1+1}\sum_{k=0}^{\infty}b_kx^k+y_1\log x$ をもつ。

(ⅲ)$\lambda_1-\lambda_2=n$ (n: 正の整数) のとき，(a) は1 次独立な2 つの基本解

$y_1=x^{\lambda_1}\sum_{k=0}^{\infty}a_kx^k$ $(a_0\neq 0)$ と，

$y_2=x^{\lambda_2}\sum_{k=0}^{\infty}b_kx^k+Cy_1\log x$ $(b_0\neq 0,\ C:\text{定数})$ をもつ。

§ 2. 超幾何級数とガウスの微分方程式

α, β, γ を定数，x を変数とする次の無限級数を考える。

$$F(\alpha,\beta,\gamma,x)=1+\frac{\alpha\beta}{1!\gamma}x+\frac{\alpha(\alpha+1)\beta(\beta+1)}{2!\gamma(\gamma+1)}x^2+\frac{\alpha(\alpha+1)(\alpha+2)\beta(\beta+1)(\beta+2)}{3!\gamma(\gamma+1)(\gamma+2)}x^3$$
$$+\cdots+\frac{\alpha(\alpha+1)\cdots(\alpha+k-1)\beta(\beta+1)\cdots(\beta+k-1)}{k!\gamma(\gamma+1)\cdots(\gamma+k-1)}x^k+\cdots \quad \cdots①$$

この $F(\alpha,\beta,\gamma,x)$ を**超幾何級数**と呼び，$(1-x)^{-\alpha}$ や $\dfrac{\sin^{-1}x}{x}$ などの初等関数は，超幾何級数を用いて表すことができる。

ここで，①の右辺の各項に現れるα, β, γの各式が同じ形をしていることに着目して，$(\alpha)_n = \alpha(\alpha+1)(\alpha+2)\cdots(\alpha+n-1)$ $(n=1, 2, \cdots)$で定義される記号$(\alpha)_n$を用いると，①は次のようにシンプルに表すことができる。

$$F(\alpha, \beta, \gamma, x) = 1 + \frac{(\alpha)_1(\beta)_1}{1!(\gamma)_1}x + \frac{(\alpha)_2(\beta)_2}{2!(\gamma)_2}x^2 + \cdots + \frac{(\alpha)_k(\beta)_k}{k!(\gamma)_k}x^k + \cdots$$

$$= 1 + \sum_{k=1}^{\infty}\frac{(\alpha)_k(\beta)_k}{k!(\gamma)_k}x^k \quad \cdots\cdots①'$$

ポッホハマーの記号という。

この超幾何級数は，次の微分方程式の解である。

$$x(x-1)y'' + \{(\alpha+\beta+1)x-\gamma\}y' + \alpha\beta y = 0 \quad \cdots\cdots②$$

②を**ガウスの微分方程式**，または**超幾何微分方程式**という。

②は$x=0$を確定特異点にもつので，

$y = x^\lambda\sum_{k=0}^{\infty}a_kx^k = \sum_{k=0}^{\infty}a_kx^{k+\lambda}$ …③　$(a_0 \neq 0)$の形のフロベニウス級数解をもつ。

③を②に代入することにより，これがxの恒等式となるための条件から，

$$\begin{cases} \lambda\text{の決定方程式：}\lambda^2+(\gamma-1)\lambda=0 \cdots ④ \\ a_{k+1} = \dfrac{(k+\lambda+\alpha)(k+\lambda+\beta)}{(k+\lambda+1)(k+\lambda+\gamma)}a_k \cdots ⑤ \end{cases}$$

(④←これより，$\lambda = 0, 1-\gamma$となる。)

$(k=1, 2, \cdots)$が導かれる。

⑤から③の各係数a_kが定まり，②の一般解yは次のようになる。

(Ⅰ)$\gamma \neq$(整数)のとき，②は1次独立な2つの基本解$y_1 = F(\alpha, \beta, \gamma, x)$，
$y_2 = x^{1-\gamma}F(\alpha-\gamma+1, \beta-\gamma+1, 2-\gamma, x)$をもつので，一般解$y$は
$y = C_1y_1 + C_2y_2 = C_1F(\alpha, \beta, \gamma, x) + C_2x^{1-\gamma}F(\alpha-\gamma+1, \beta-\gamma+1, 2-\gamma, x)$
となる。

(Ⅱ)(ⅰ)$\gamma =$(正の整数)のとき，②は基本解$y_1 = F(\alpha, \beta, \gamma, x)$をもち，一般解を$y = u(x)y_1$とおき，これを②に代入して$u(x)$を定めればよい。同様に，
(ⅱ)$\gamma =$(0以下の整数)のとき，②は基本解$y_2 = x^{1-\gamma}F(\alpha-\gamma+1, \beta-\gamma+1, 2-\gamma, x)$をもち，一般解を$y = u(x)y_2$とおいて，これを②に代入して$u(x)$を求めればよい。(演習問題70(P147))

①′の$(\alpha)_k = \alpha(\alpha+1)\cdots(\alpha+k-1)$で，$\alpha = -k$ (k：正の整数)のとき，
$(\alpha)_{k+1} = \alpha(\alpha+1)\cdots(\alpha+k-1)(\alpha+k) = 0$ となるから，$F(\alpha, \beta, \gamma, x)$は$k$次の多項式となる。

($\alpha+k$ は 0 $(\because \alpha = -k)$)

$\beta = -k$のときも同様に$F(\alpha, \beta, \gamma, x)$は$k$次の多項式となる。
また，$\alpha = 0$または$\beta = 0$のとき，①′から$F(\alpha, \beta, \gamma, x) = 1$ (0次の多項式)となる。α, βが共に0以下の整数でない場合は，$F(\alpha, \beta, \gamma, x)$は無限級数

になり，その収束半径を R とおくと，数列 $\{a_k\}$ の漸化式⑤より，

$$R=\lim_{k\to\infty}\left|\frac{a_k}{a_{k+1}}\right|=\lim_{k\to\infty}\left|\frac{(k+\lambda+1)(k+\lambda+\gamma)}{(k+\lambda+\alpha)(k+\lambda+\beta)}\right|=\lim_{k\to\infty}\left|\frac{\left(1+\frac{\lambda+1}{k}\right)\left(1+\frac{\lambda+\gamma}{k}\right)}{\left(1+\frac{\lambda+\alpha}{k}\right)\left(1+\frac{\lambda+\beta}{k}\right)}\right|=1$$

（各 $\frac{\lambda+1}{k}$, $\frac{\lambda+\gamma}{k}$, $\frac{\lambda+\alpha}{k}$, $\frac{\lambda+\beta}{k}$ → 0）

よって $R=1$ より，無限級数 $F(\alpha,\beta,\gamma,x)$ は $-1<x<1$ の範囲で収束する。

§3. ルジャンドルの微分方程式とベッセルの微分方程式

応用上重要な微分方程式に**ルジャンドルの微分方程式**と**ベッセルの微分方程式**がある。

ルジャンドルの微分方程式は，

$(1-x^2)y''-2xy'+\alpha(\alpha+1)y=0$ ……①（α：定数）

で表される。①は $x=0$ を通常点にもつので，

$y=\sum_{k=0}^{\infty}a_kx^k$ …②の形の級数解をもつ。②を①に代入して，これが x の恒等式になるための条件から，数列 $\{a_k\}$ の漸化式：

$a_{k+2}=-\dfrac{(\alpha-k)(\alpha+k+1)}{(k+2)(k+1)}a_k$ …③（$k=0,1,2,\cdots$）を得る。

③から，①は，k の偶・奇に対応した1次独立な2つの基本解

$$\begin{cases}u_\alpha(x)=1-\dfrac{\alpha(\alpha+1)}{2!}x^2+\dfrac{\alpha(\alpha-2)(\alpha+1)(\alpha+3)}{4!}x^4\\ \qquad-\dfrac{\alpha(\alpha-2)(\alpha-4)(\alpha+1)(\alpha+3)(\alpha+5)}{6!}x^6+\cdots\\ v_\alpha(x)=x-\dfrac{(\alpha-1)(\alpha+2)}{3!}x^3+\dfrac{(\alpha-1)(\alpha-3)(\alpha+2)(\alpha+4)}{5!}x^5\\ \qquad-\dfrac{(\alpha-1)(\alpha-3)(\alpha-5)(\alpha+2)(\alpha+4)(\alpha+6)}{7!}x^7+\cdots\end{cases}$$

$u_\alpha(x)\neq Cv_\alpha(x)$（$C$: 定数）だから，$u_\alpha(x)$ と $v_\alpha(x)$ は1次独立だね。

をもつ。よって，①の一般解 y は，

$y_1=C_1u_\alpha(x)+C_2v_\alpha(x)$ となる。（演習問題 73(P155)）

特に，定数 α が $\alpha=n$（0 以上の整数）のときのルジャンドルの微分方程式

$(1-x^2)y''-2xy'+n(n+1)y=0$ …④（n：0 以上の整数）

の一般解 y は，

$y=C_1u_n(x)+C_2v_n(x)$ となる。ただし，

$$\begin{cases} u_n(x) = 1 - \dfrac{n(n+1)}{2!}x^2 + \dfrac{n(n-2)(n+1)(n+3)}{4!}x^4 \\ \qquad - \dfrac{n(n-2)(n-4)(n+1)(n+3)(n+5)}{6!}x^6 + \cdots \\ v_n(x) = x - \dfrac{(n-1)(n+2)}{3!}x^3 + \dfrac{(n-1)(n-3)(n+2)(n+4)}{5!}x^5 \\ \qquad - \dfrac{(n-1)(n-3)(n-5)(n+2)(n+4)(n+6)}{7!}x^7 + \cdots \end{cases}$$ である。

ここで，

(ⅰ) $n = 2m$（偶数）のとき，

$u_{2m}(x)$の各係数の赤字の部分に着目すると，$2m$, $2m(2m-2)$, $2m(2m-2)(2m-4)$, …と変化し，第$m+2$項目は，$2m(2m-2)(2m-4)\cdots(2m-2m) = 0$となり，それ以降の項も$(2m-2m)$を含むので$0$となる。よって，$u_{2m}(x)$は$2m$次の多項式になる。これに対して，$v_{2m}(x)$は無限級数である。

（注記：$n \to 2m$，$n(n-2) \to 2m(2m-2)$，$n(n-2)(n-4) \to 2m(2m-2)(2m-4)$）

(ⅱ) $n = 2m+1$（奇数）のとき，

$u_{2m+1}(x)$ の係数の分子に 0 になる要素がないので，無限級数になる。

これに対して，$v_{2m+1}(x)$ の各係数の分子の赤字の部分を見ると，

$2m+1-1$, $(2m+1-1)(2m+1-3)$, $(2m+1-1)(2m+1-3)(2m+1-5)$, …

（注記：$n-1$，$(n-1)(n-3)(n-1)$，$(n-3)(n-5)$）

と変化し，第 $m+2$ 項目は，

$(2m+1-1)(2m+1-3)(2m+1-5)\cdots\{(2m+1)-(2m+1)\} = 0$

となって，それ以降の項も $\{(2m+1)-(2m+1)\}$ を含むので 0 となる。

よって，$v_{2m+1}(x)$ は $2m+1$ 次の多項式である。

無限級数となる $v_0(x)$, $u_1(x)$, $v_2(x)$, $u_3(x)$, …の収束半径を R とおくと，

a_k と a_{k+2} の漸化式 :$a_{k+2} = -\dfrac{(n-k)(n+k+1)}{(k+2)(k+1)}a_k$…③′$(k = 0, 1, 2, \cdots)$

より，

$$R^2 = \lim_{k\to\infty}\left|\frac{a_k}{a_{k+2}}\right| = \lim_{k\to\infty}\left|\frac{(k+2)(k+1)}{(k-n)(k+n+1)}\right| = \lim_{k\to\infty}\left|\frac{\left(1+\frac{2}{k}\right)\left(1+\frac{1}{k}\right)}{\left(1-\frac{n}{k}\right)\left(1+\frac{n+1}{k}\right)}\right| = 1$$

（注記：$\frac{2}{k}$, $\frac{1}{k}$, $\frac{n}{k}$, $\frac{n+1}{k}$ はそれぞれ $\to 0$）

よって $R = 1$ より，これらの無限級数 $v_0(x)$, $u_1(x)$, $v_2(x)$, $u_3(x)$, …は，

$-1 < x < 1$ の範囲で収束する。

ここで，**ルジャンドルの多項式** $P_n(x)$ を次のように定義する。

$m=0,\ 1,\ 2,\ \cdots$ として，

(i) $n=2m$ のとき，$P_{2m}(x)=\dfrac{u_{2m}(x)}{u_{2m}(1)}$

(ii) $n=2m+1$ のとき，$P_{2m+1}(x)=\dfrac{v_{2m+1}(x)}{v_{2m+1}(1)}$

この定義式より，$P_n(x)$ は，$P_n(1)=1$ をみたす n 次の多項式だね。

ルジャンドルの多項式 $P_n(x)$ は，次の**ロドリグの公式**で求めることができる。

$$P_n(x)=\frac{1}{2^n\cdot n!}\cdot\frac{d^n}{dx^n}(x^2-1)^n\quad(n=0,\ 1,\ 2,\ \cdots)$$
(演習問題 75(P159))

ベッセルの微分方程式は，

$x^2y''+xy'+(x^2-\alpha^2)y=0$ ……⑤ （α：0以上の定数）

で表される。点 $x=0$ は⑤の確定特異点である。$x>0$ に対して⑤の一般解 y は次のようになる。

(i) $\alpha\neq$ (整数) のとき，

$y=C_1J_\alpha(x)+C_2J_{-\alpha}(x)$

この $J_\alpha(x)$ は **α 次の第1種ベッセル関数**と呼ばれ，次式で与えられる。

$$J_\alpha(x)=\sum_{k=0}^{\infty}\frac{(-1)^k}{k!\Gamma(\alpha+k+1)}\left(\frac{x}{2}\right)^{2k+\alpha}$$
(演習問題 76(P161))

(ii) $\alpha=0$ のとき，

$y=C_1J_0(x)+C_2Y_0(x)$

$J_0(x)$ は **0 次の第1種ベッセル関数**で，
$J_0(x)=\sum_{k=0}^{\infty}\frac{(-1)^k}{k!\Gamma(k+1)}\cdot\left(\frac{x}{2}\right)^{2k}=\sum_{k=0}^{\infty}\frac{(-1)^k}{(k!)^2}\left(\frac{x}{2}\right)^{2k}$

この $Y_0(x)$ は **0 次の第2種ベッセル関数**と呼ばれ，次式で与えられる。

$$Y_0(x)=-\sum_{k=1}^{\infty}\frac{(-1)^k}{(k!)^2}\cdot\left(1+\frac{1}{2}+\frac{1}{3}+\cdots+\frac{1}{k}\right)\left(\frac{x}{2}\right)^{2k}+J_0(x)\log x$$

(演習問題79(P166))

(iii) $\alpha=n$ (正の整数) のとき，

$y=C_1J_n(x)+C_2Y_n(x)$

$J_n(x)$ は **n 次の第1種ベッセル関数**で，
$J_n(x)=\sum_{k=0}^{\infty}\frac{(-1)^k}{k!\Gamma(n+k+1)}\left(\frac{x}{2}\right)^{2k+n}$

この $Y_n(x)$ は **n 次の第2種ベッセル関数**と呼ばれ，次式で与えられる。

$$Y_n(x)=-\frac{1}{2}\left(\frac{x}{2}\right)^{-n}\cdot\sum_{j=0}^{n-1}\frac{(n-j-1)!}{j!}\cdot\left(\frac{x}{2}\right)^{2j}-\frac{1}{2}\frac{1}{n!}\left(1+\frac{1}{2}+\cdots+\frac{1}{n}\right)\left(\frac{x}{2}\right)^n$$
$$-\frac{1}{2}\left(\frac{x}{2}\right)^n\cdot\sum_{m=1}^{\infty}\frac{(-1)^m}{m!(n+m)!}\cdot\left\{\left(1+\frac{1}{2}+\cdots+\frac{1}{m}\right)+\left(1+\frac{1}{2}+\cdots+\frac{1}{n+m}\right)\right\}\left(\frac{x}{2}\right)^{2m}$$
$$+J_n(x)\log x$$

演習問題 66　●級数解法（I）●

微分方程式 $y' - 2xy - 2x = 0$ …①を，その解が
$y = \sum_{k=0}^{\infty} a_k x^k = a_0 + a_1 x + a_2 x^2 + \cdots$ …②の形で表されるものとして解け。

ヒント！ ②と，②をxで微分したy'を①に代入して，xの恒等式に持ち込む。その後，係数a_k $(k = 0, 1, 2, \cdots)$の漸化式を解いて，a_kを決定するんだね。

解答＆解説

①の微分方程式の解が，

$$y = \sum_{k=0}^{\infty} a_k x^k = a_0 + a_1 x + a_2 x^2 + a_3 x^3 + a_4 x^4 + a_5 x^5 + \cdots \quad \cdots\cdots②$$

の形で表されるものとする。②の両辺を x で微分して，

$$y' = \sum_{k=0}^{\infty} (a_k x^k)' = \sum_{k=1}^{\infty} k a_k x^{k-1} = a_1 + 2a_2 x + 3a_3 x^2 + 4a_4 x^3 + 5a_5 x^4 + \cdots \quad \cdots\cdots③$$

（$k=1$ スタートになる）

③と②を①に代入して，

$$y' - 2xy - 2x = \sum_{k=1}^{\infty} k a_k x^{k-1} - 2x \sum_{k=0}^{\infty} a_k x^k - 2x$$

（$2x\sum_{k=0}^{\infty} a_k x^k = \sum_{k=0}^{\infty} 2a_k x^{k+1}$）

$$= \sum_{k=1}^{\infty} k a_k x^{k-1} - \sum_{k=0}^{\infty} 2a_k x^{k+1} - 2x$$

$$= (a_1 + 2a_2 x + 3a_3 x^2 + 4a_4 x^3 + 5a_5 x^4 + \cdots)$$

（$3a_3 x^2 + 4a_4 x^3 + 5a_5 x^4 + \cdots = \sum_{k=2}^{\infty} (k+1) a_{k+1} x^k$）

$$- (2a_0 x + 2a_1 x^2 + 2a_2 x^3 + 2a_3 x^4 + 2a_4 x^5 + \cdots) - 2x$$

（$2a_1 x^2 + 2a_2 x^3 + 2a_3 x^4 + 2a_4 x^5 + \cdots = \sum_{k=2}^{\infty} 2a_{k-1} x^k$）

$$= a_1 + 2(a_2 - a_0 - 1)x + \sum_{k=2}^{\infty} (k+1) a_{k+1} x^k - \sum_{k=2}^{\infty} 2a_{k-1} x^k = 0$$

$$\therefore\ a_1 + 2(a_2 - a_0 - 1)x + \sum_{k=2}^{\infty} \{(k+1) a_{k+1} - 2a_{k-1}\} x^k = 0 \quad \cdots\cdots④$$

（$a_1 = 0$，$a_2 - a_0 - 1 = 0$，$(k+1)a_{k+1} - 2a_{k-1} = 0$）

④がすべての実数 x に対して恒等的に成り立つための条件は，

$a_1 = 0$ ……⑤，$a_2 - a_0 - 1 = 0$ ……⑥，$(k+1) a_{k+1} - 2a_{k-1} = 0$ ……⑦
$(k = 2, 3, 4, \cdots)$

⑥より，$a_2 = a_0 + 1$ ……⑥′

⑦より，$a_{k+1} = \dfrac{2}{k+1} a_{k-1}$ ……⑦′ $(k = 2, 3, 4, \cdots)$

⑦′を変形して，

$a_{k+2} = \dfrac{2}{k+2} a_k$ ……⑦″ $(k = 1, 2, 3, \cdots)$

これは，a_k と a_{k+2} の関係式より，(i)a_1, a_3, a_5, …と (ii)a_2, a_4, a_6, … の2つの系列の係数列が現れる。

(ⅰ)$k = 1, 3, 5, 7, \cdots$のとき，$a_1 = 0$…⑤より，⑦″から，

$$a_3 = \frac{2}{3} a_1 = 0,\quad a_5 = \frac{2}{5} a_3 = 0,\quad a_7 = \frac{2}{7} a_5 = 0,\quad \cdots$$

($k=1$)　($k=3$)　($k=5$のとき)

これより，$a_{2n-1} = 0\ (n = 1, 2, 3, \cdots)$となる。

(ⅱ)$k = 2, 4, 6, 8, \cdots$のとき，⑦″から，

$$a_4 = \frac{2}{4} a_2 = \frac{1}{2!} a_2,\quad a_6 = \frac{2}{6} a_4 = \frac{1}{3} \cdot \frac{1}{2!} a_2 = \frac{1}{3!} a_2,$$

($k=2$)　($k=4$)

$$a_8 = \frac{2}{8} a_6 = \frac{1}{4} a_6 = \frac{1}{4} \cdot \frac{1}{3!} a_2 = \frac{1}{4!} a_2,\quad a_{10} = \frac{2}{10} a_8 = \frac{1}{5} \cdot \frac{1}{4!} a_2 = \frac{1}{5!} a_2,\quad \cdots$$

($k=6$)　($k=8$のとき)

これより，$a_{2n} = \dfrac{1}{n!} \underbrace{a_2}_{a_0+1} = \dfrac{a_0+1}{n!}\ (n = 1, 2, 3, \cdots)$となる。(∵⑥′)

$a_0 + 1$（⑥′より）

以上(ⅰ)(ⅱ)の結果を②に代入すると，

$$y = \sum_{k=0}^{\infty} a_k x^k$$

$$= (a_0 + \underbrace{a_2}_{a_0+1} x^2 + \underbrace{a_4}_{\frac{a_0+1}{2!}} x^4 + \underbrace{a_6}_{\frac{a_0+1}{3!}} x^6 + \cdots) + (\underbrace{a_1}_{0} x + \underbrace{a_3}_{0} x^3 + \underbrace{a_5}_{0} x^5 + \underbrace{a_7}_{0} x^7 + \cdots)$$

$$= a_0 + \frac{a_0+1}{1!} x^2 + \frac{a_0+1}{2!} x^4 + \frac{a_0+1}{3!} x^6 + \frac{a_0+1}{4!} x^8 + \frac{a_0+1}{5!} x^{10} + \cdots$$

$$= a_0 \underbrace{\left(1 + \frac{x^2}{1!} + \frac{(x^2)^2}{2!} + \frac{(x^2)^3}{3!} + \frac{(x^2)^4}{4!} + \frac{(x^2)^5}{5!} + \cdots\right)}_{e^{x^2}}$$

$\because e^{\theta} = 1 + \dfrac{\theta}{1!} + \dfrac{\theta^2}{2!} + \dfrac{\theta^3}{3!} + \cdots$

$$+ \underbrace{\left(\frac{x^2}{1!} + \frac{(x^2)^2}{2!} + \frac{(x^2)^3}{3!} + \frac{(x^2)^4}{4!} + \frac{(x^2)^5}{5!} + \cdots\right)}_{e^{x^2}-1}$$

$$= a_0 e^{x^2} + (e^{x^2} - 1) = (a_0 + 1) e^{x^2} - 1$$

よって，求める①の一般解 y は，C を任意定数として，

$y = Ce^{x^2} - 1\ (-\infty < x < \infty)$である。……………………………………(答)

演習問題 67　●級数解法(Ⅱ)●

微分方程式 $y'' - py = 0$ ……① (p：正の定数) を，その解が
$y = \sum_{k=0}^{\infty} a_k x^k$ ……②の形で表されるものとして解け。

ヒント！ 前問同様，②より y'' を求め，これと②を①に代入し，これが x の恒等式となる条件より，各係数 a_k を求める。$P(x) = 0$，$Q(x) = -p$ とおくと，$P(x)$ と $Q(x)$ は $x = 0$ で解析的なので，$x = 0$ は通常点だね。

解答＆解説

①の微分方程式が，

$$y = \sum_{k=0}^{\infty} a_k x^k = a_0 + a_1 x + a_2 x^2 + a_3 x^3 + a_4 x^4 + \cdots \quad \cdots\cdots\cdots②$$

の形で表されるものとする。②の両辺を順次 x で微分して，

$$y' = \sum_{k=1}^{\infty} k a_k x^{k-1} \ (= a_1 + 2a_2 x + 3a_3 x^2 + 4a_4 x^3 + \cdots)$$

$$y'' = \underbrace{\sum_{k=2}^{\infty} k(k-1) a_k x^{k-2}}_{2a_2 + 6a_3 x + 12a_4 x^2 + \cdots} = \sum_{k=0}^{\infty} (k+2)(k+1) a_{k+2} x^k \ \cdots\cdots③$$

← $k = 0$ スタート。x^k にそろえた。

③，②を①に代入して，

$$y'' - py = \sum_{k=0}^{\infty} (k+2)(k+1) a_{k+2} x^k - p \sum_{k=0}^{\infty} a_k x^k = 0$$

$$\therefore \sum_{k=0}^{\infty} \underbrace{\{(k+2)(k+1) a_{k+2} - p a_k\}}_{0} x^k = 0$$

すべての実数 x に対して，これが成り立つための条件は，

$$(k+2)(k+1) a_{k+2} - p a_k = 0$$

$$\therefore a_{k+2} = \frac{p}{(k+2)(k+1)} a_k \ \cdots\cdots④ \quad (k = 0, 1, 2, \cdots)$$

(ⅰ) $k = 0, 2, 4, 6, \cdots$ のとき，④より，

$$a_2 = \frac{p}{2 \cdot 1} a_0 = \frac{p}{2!} a_0, \quad a_4 = \frac{p}{4 \cdot 3} \underbrace{a_2}_{\frac{p}{2!}a_0} = \frac{p^2}{4!} a_0,$$

(a_2 は $k = 0$，a_4 は $k = 2$)

$$a_6 = \frac{p}{6 \cdot 5} \underbrace{a_4}_{\frac{p^2}{4!}a_0} = \frac{p^3}{6!} a_0, \quad a_8 = \frac{p}{8 \cdot 7} \underbrace{a_6}_{\frac{p^3}{6!}a_0} = \frac{p^4}{8!} a_0, \quad \cdots$$

(a_6 は $k = 4$，a_8 は $k = 6$)

これより，$a_{2n} = \dfrac{p^n}{(2n)!} a_0 \ (n = 0, 1, 2, \cdots)$ となる。

(ii) $k=1,\ 3,\ 5,\ 7,\ \cdots$ のとき，④より，

$$a_3=\frac{p}{3\cdot 2}a_1=\frac{p}{3!}a_1,\quad a_5=\frac{p}{5\cdot 4}a_3=\frac{p^2}{5!}a_1,$$

$k=1$　$k=3$　$\frac{p}{3!}a_1$

$$a_7=\frac{p}{7\cdot 6}a_5=\frac{p^3}{7!}a_1,\quad a_9=\frac{p}{9\cdot 8}a_7=\frac{p^4}{9!}a_1,\quad \cdots$$

$k=5$　$\frac{p^2}{5!}a_1$　$k=7$　$\frac{p}{3!}a_1$

これより，$a_{2n+1}=\frac{p^n}{(2n+1)!}a_1\ (n=0,\ 1,\ 2,\ \cdots)$ となる。

以上 (i)(ii) の結果を②に代入すると，

$$y=\sum_{k=0}^{\infty}a_kx^k$$

$$=(a_0+a_2x^2+a_4x^4+a_6x^6+\cdots)+(a_1x+a_3x^3+a_5x^5+a_7x^7+\cdots)$$

$\frac{p}{2!}a_0$　$\frac{p^2}{4!}a_0$　$\frac{p^3}{6!}a_0$　$\frac{p}{3!}a_1$　$\frac{p^2}{5!}a_1$　$\frac{p^3}{7!}a_1$

$$=a_0\left(1+\frac{p^1}{2!}x^2+\frac{p^2}{4!}x^4+\frac{p^3}{6!}x^6+\cdots\right)+a_1\left(1\cdot x+\frac{p^1}{3!}x^3+\frac{p^2}{5!}x^5+\frac{p^3}{7!}x^7+\cdots\right)$$

$\frac{p^0}{0!}x^0$　$\sum_{n=0}^{\infty}\frac{p^n}{(2n)!}x^{2n}$　$\frac{p^0}{1!}x^1$　$\sum_{n=0}^{\infty}\frac{p^n}{(2n+1)!}x^{2n+1}$

$$=a_0\cdot\sum_{n=0}^{\infty}\frac{p^n}{(2n)!}x^{2n}+a_1\cdot\sum_{n=0}^{\infty}\frac{p^n}{(2n+1)!}x^{2n+1}$$

よって，求める微分方程式①の一般解 y は，C_1，C_2 を任意定数として，

$$y=C_1\sum_{n=0}^{\infty}\frac{p^n}{(2n)!}x^{2n}+C_2\sum_{n=0}^{\infty}\frac{p^n}{(2n+1)!}x^{2n+1}\ (-\infty<x<\infty)$$ である。………(答)

特に $p=1$ のとき，①は，$y''-y=0$…①′ となる。この解 y は，この結果より

$$y=C_1\sum_{n=0}^{\infty}\frac{x^{2n}}{(2n)!}+C_2\sum_{n=0}^{\infty}\frac{x^{2n+1}}{(2n+1)!}\quad\cdots(\mathrm{a})$$ となる。ここで，

$$e^x=1+\frac{x}{1!}+\frac{x^2}{2!}+\frac{x^3}{3!}+\frac{x^4}{4!}+\frac{x^5}{5!}+\cdots\quad\cdots(\mathrm{b})$$

$$e^{-x}=1-\frac{x}{1!}+\frac{x^2}{2!}-\frac{x^3}{3!}+\frac{x^4}{4!}-\frac{x^5}{5!}+\cdots\quad\cdots(\mathrm{c})$$

e^{θ} のマクローリン展開：
$e^{\theta}=1+\frac{\theta}{1!}+\frac{\theta^2}{2!}+\frac{\theta^3}{3!}+\cdots$

よって，双曲線関数 $\cosh x=\frac{e^x+e^{-x}}{2}$ と $\sinh x=\frac{e^x-e^{-x}}{2}$ のマクローリン展開は

$$\cosh x=1+\frac{x^2}{2!}+\frac{x^4}{4!}+\frac{x^6}{6!}+\cdots=\sum_{n=0}^{\infty}\frac{x^{2n}}{(2n)!}\quad\cdots(\mathrm{d})\ (-\infty<x<\infty)$$

$\cosh x=\frac{(\mathrm{b})+(\mathrm{c})}{2}$
$\sinh x=\frac{(\mathrm{b})-(\mathrm{c})}{2}$

$$\sinh x=\frac{x}{1!}+\frac{x^3}{3!}+\frac{x^5}{5!}+\frac{x^7}{7!}+\cdots=\sum_{n=0}^{\infty}\frac{x^{2n+1}}{(2n+1)!}\quad\cdots(\mathrm{e})\ (-\infty<x<\infty)$$ となる。

(d)，(e)を(a)に代入して，$y''-y=0$…①′ の一般解 y は，

$y=C_1\cosh x+C_2\sinh x\ (-\infty<x<\infty)$ となるんだね。

演習問題 68　●フロベニウスの方法（Ⅰ）●

微分方程式 $y'' + \left(\frac{1}{2x} - 1\right)y' - \frac{1}{2x}y = 0$ …①において，$x = 0$ が確定特異点であることを確認して，その解を $y = x^\lambda \sum_{k=0}^{\infty} a_k x^k$ $(a_0 \neq 0)$ とおくことにより求めよ。

ヒント！ $P(x) = \frac{1}{2x} - 1$，$Q(x) = -\frac{1}{2x}$ とおくと，$xP(x) = \frac{1}{2} - x$，$x^2Q(x) = -\frac{1}{2}x$ は解析的なんだね。まず，解の指数 λ を決定方程式 $\lambda^2 + \left(\frac{1}{2} - 1\right)\lambda = 0$ を解いて求めよう。この 2 解 λ_1，λ_2 $(\lambda_1 > \lambda_2)$ は，$\lambda_1 = \frac{1}{2}$，$\lambda_2 = 0$ より，この差 $\lambda_1 - \lambda_2 = \frac{1}{2}$ が整数でない場合なんだね。

解答＆解説

①より，$P(x) = \frac{1}{2x} - 1$，$Q(x) = -\frac{1}{2x}$ とおくと，$xP(x) = \frac{1}{2} - x$，$x^2Q(x) = -\frac{1}{2}x$ は共に $x = 0$ において解析的である。

ゆえに，$x = 0$ は①の確定特異点である。

$\frac{1}{2} - x + 0 \cdot x^2 + \cdots$（$\frac{1}{2} = p_0$）

$0 - \frac{1}{2}x + 0 \cdot x^2 + \cdots$（$0 = q_0$）

よって，①の解を

$$y = x^\lambda \sum_{k=0}^{\infty} a_k x^k = \sum_{k=0}^{\infty} a_k x^{k+\lambda} \quad \cdots\cdots ② \quad (a_0 \neq 0)$$

とおくと，

$$y' = \sum_{k=0}^{\infty} (k+\lambda) a_k x^{k+\lambda-1} \quad \cdots\cdots ③$$

$$y'' = \sum_{k=0}^{\infty} (k+\lambda)(k+\lambda-1) a_k x^{k+\lambda-2} \quad \cdots\cdots ④$$ となる。

ここで，②の指数 λ の決定方程式：$\lambda^2 + \left(\frac{1}{2} - 1\right)\lambda + 0 = 0$ を解いて，（$\frac{1}{2} = p_0$，$0 = q_0$）

$$\lambda^2 - \frac{1}{2}\lambda = 0 \qquad \lambda\left(\lambda - \frac{1}{2}\right) = 0$$

$$\therefore \lambda = \frac{1}{2},\ 0$$

（$\frac{1}{2} = \lambda_1$，$0 = \lambda_2$）

決定方程式：
$\lambda^2 + (p_0 - 1)\lambda + q_0 = 0$
の 2 解 λ_1，λ_2 の差が
$\lambda_1 - \lambda_2 = \frac{1}{2}$ と，整数でない場合だね。

ここで，①の両辺に $2x$ をかけて，

$$y'' + \left(\frac{1}{2x} - 1\right)y' - \frac{1}{2x}y = 0 \quad \cdots ①$$

$$2xy'' + (1-2x)y' - y = 0 \quad \cdots\cdots ①'$$

(ⅰ) $\lambda = \dfrac{1}{2}$ のとき，これを②，③，④に代入して，

$$y = \sum_{k=0}^{\infty} a_k x^{k+\frac{1}{2}} \quad \cdots\cdots ②' \quad (a_0 \neq 0)$$

$$y' = \sum_{k=0}^{\infty}\left(k+\frac{1}{2}\right)a_k x^{k-\frac{1}{2}} \quad \cdots\cdots ③'$$

$$y'' = \sum_{k=0}^{\infty}\left(k+\frac{1}{2}\right)\left(k-\frac{1}{2}\right)a_k x^{k-\frac{3}{2}} \quad \cdots ④'$$

④′，③′，②′を①′に代入して，

$$2x\sum_{k=0}^{\infty}\left(k+\frac{1}{2}\right)\left(k-\frac{1}{2}\right)a_k x^{k-\frac{3}{2}} + (1-2x)\sum_{k=0}^{\infty}\left(k+\frac{1}{2}\right)a_k x^{k-\frac{1}{2}} - \sum_{k=0}^{\infty}a_k x^{k+\frac{1}{2}} = 0$$

$$\sum_{k=0}^{\infty}2\left(k+\frac{1}{2}\right)\left(k-\frac{1}{2}\right)a_k x^{k-\frac{1}{2}} + \sum_{k=0}^{\infty}\left(k+\frac{1}{2}\right)a_k x^{k-\frac{1}{2}}$$

$$- \sum_{k=0}^{\infty}2\left(k+\frac{1}{2}\right)a_k x^{k+\frac{1}{2}} - \sum_{k=0}^{\infty}a_k x^{k+\frac{1}{2}} = 0$$

$$\sum_{k=0}^{\infty}\left(k+\frac{1}{2}\right)(2k-1+1)a_k x^{k-\frac{1}{2}} - \sum_{k=0}^{\infty}(2k+1+1)a_k x^{k+\frac{1}{2}} = 0$$

$$\underbrace{\sum_{k=0}^{\infty}(2k+1)ka_k x^{k-\frac{1}{2}}}_{\sum_{k=1}^{\infty}(2k+1)ka_k x^{k-\frac{1}{2}}} - \underbrace{\sum_{k=0}^{\infty}2(k+1)a_k x^{k+\frac{1}{2}}}_{\sum_{k=1}^{\infty}2ka_{k-1}x^{k-\frac{1}{2}}} = 0$$

$$\sum_{k=1}^{\infty}(2k+1)ka_k x^{k-\frac{1}{2}} - \sum_{k=1}^{\infty}2ka_{k-1}x^{k-\frac{1}{2}} = 0$$

$$\sum_{k=1}^{\infty}\{\underbrace{(2k+1)ka_k - 2ka_{k-1}}_{0}\}x^{k-\frac{1}{2}} = 0$$

これは x の恒等式より，これが成り立つためには次式が成り立たなければならない。

$$(2k+1)ka_k - 2ka_{k-1} = 0 \quad (k = 1, 2, 3, \cdots)$$

$$\therefore\ a_k = \frac{2}{2k+1}a_{k-1} \quad \cdots\cdots ⑤ \quad (k = 1, 2, 3, \cdots)$$

ここで，1つおきの自然数の積

$n\cdot(n-2)\cdot(n-4)\cdot(n-6)\cdot\cdots$

を $n!!$ で表すことにすると，⑤より

$$a_1 = \frac{2}{3}a_0 = \frac{2}{3\cdot 1}a_0 = \frac{2}{3!!}a_0$$

$$a_2 = \frac{2}{5}a_1 = \frac{2}{5}\cdot\frac{2}{3!!}a_0 = \frac{2^2}{5\cdot 3\cdot 1}a_0 = \frac{2^2}{5!!}a_0$$

$$a_3 = \frac{2}{7}a_2 = \frac{2}{7}\cdot\frac{2^2}{5!!}a_0 = \frac{2^3}{7\cdot 5\cdot 3\cdot 1}a_0 = \frac{2^3}{7!!}a_0$$

$$a_4 = \frac{2}{9}a_3 = \frac{2}{9}\cdot\frac{2^3}{7!!}a_0 = \frac{2^4}{9\cdot 7\cdot 5\cdot 3\cdot 1}a_0 = \frac{2^4}{9!!}a_0$$

$$\therefore\ a_k = \frac{2^k}{(2k+1)(2k-1)\cdots 5\cdot 3\cdot 1}a_0$$

$$= \frac{2^k}{(2k+1)!!}a_0 \quad \cdots\cdots ⑥$$

$$(k = 1,\ 2,\ 3,\ \cdots)$$

⑥を②´に代入して，

$$y = \sum_{k=0}^{\infty} a_k x^{k+\frac{1}{2}} = \sum_{k=0}^{\infty}\frac{2^k}{(2k+1)!!}a_0 x^{k+\frac{1}{2}}$$

よって，$\lambda = \frac{1}{2}$に対応する①の基本解 y_1 は，

$$y_1 = \sum_{k=0}^{\infty}\frac{2^k}{(2k+1)!!}x^{k+\frac{1}{2}} \quad とおける。$$

（ii）$\lambda = 0$ のとき，これを②，③，④に代入して，

$$y = \sum_{k=0}^{\infty} b_k x^k \quad \cdots\cdots\cdots\cdots\cdots\cdots ②'' \ (b_0 \neq 0)$$

$$y' = \sum_{k=0}^{\infty} k b_k x^{k-1} \quad \cdots\cdots\cdots\cdots ③''$$

$$y'' = \sum_{k=0}^{\infty} k(k-1) b_k x^{k-2} \quad \cdots ④''$$

④´´，③´´，②´´を①´に代入して，

$$2x\sum_{k=0}^{\infty} k(k-1)b_k x^{k-2} + (1-2x)\sum_{k=0}^{\infty} k b_k x^{k-1} - \sum_{k=0}^{\infty} b_k x^k = 0$$

$$\sum_{k=0}^{\infty} 2k(k-1)b_k x^{k-1} + \sum_{k=0}^{\infty} k b_k x^{k-1} - \sum_{k=0}^{\infty} 2k b_k x^k - \sum_{k=0}^{\infty} b_k x^k = 0$$

$$\sum_{k=0}^{\infty} k(2k-2+1)b_k x^{k-1} - \sum_{k=0}^{\infty}(2k+1)b_k x^k = 0$$

$$\sum_{k=0}^{\infty} k(2k-1)b_k x^{k-1} - \sum_{k=0}^{\infty}(2k+1)b_k x^k = 0$$

$$\sum_{k=1}^{\infty} k(2k-1)b_k x^{k-1} \qquad \sum_{k=1}^{\infty}(2k-1)b_{k-1}x^{k-1}$$

$$a_k = \frac{2}{2k+1}a_{k-1} \cdots ⑤ \quad (k = 1,\ 2,\ 3,\ \cdots)$$

$$y = \sum_{k=0}^{\infty} a_k x^{k+\frac{1}{2}} \cdots ②'$$

$$y = \sum_{k=0}^{\infty} a_k x^{k+\lambda} \cdots\cdots ②$$
$$y' = \sum_{k=0}^{\infty}(k+\lambda)a_k x^{k+\lambda-1} \cdots\cdots ③$$
$$y'' = \sum_{k=0}^{\infty}(k+\lambda)(k+\lambda-1)a_k x^{k+\lambda-2} \cdots ④$$

$$2xy'' + (1-2x)y' - y = 0 \cdots ①'$$

$a_0 = 1$ とした。

a_k と区別するために b_k とおいた。

$$\sum_{k=1}^{\infty} k(2k-1)b_k x^{k-1} - \sum_{k=1}^{\infty}(2k-1)b_{k-1}x^{k-1} = 0$$

$$\sum_{k=1}^{\infty} \underbrace{\{k(2k-1)b_k - (2k-1)b_{k-1}\}}_{0} x^{k-1} = 0$$

これは x の恒等式より，これが成り立つためには次式が成り立たなければならない。

$k(2k-1)b_k - (2k-1)b_{k-1} = 0 \quad (k = 1, 2, 3, \cdots)$

$\therefore\ b_k = \dfrac{1}{k} b_{k-1} \quad (k = 1, 2, 3, \cdots)$ より，

$$b_1 = \frac{1}{1} b_0 = \frac{1}{1!} b_0$$

$$b_2 = \frac{1}{2} b_1 = \frac{1}{2} \cdot \frac{1}{1!} b_0 = \frac{1}{2!} b_0$$

$$b_3 = \frac{1}{3} b_2 = \frac{1}{3} \cdot \frac{1}{2!} b_0 = \frac{1}{3!} b_0$$

$\therefore\ b_k = \dfrac{1}{k!} b_0 \ \cdots\cdots⑦ \quad (k = 0, 1, 2, \cdots)$ ← $k=0$ のとき，$b_0 = \dfrac{1}{0!} b_0$ となって成り立つ。

⑦を②″に代入して，

$$y = \sum_{k=0}^{\infty} \frac{1}{k!} b_0 x^k = b_0 \underbrace{\sum_{k=0}^{\infty} \frac{x^k}{k!}}_{e^x}$$

$$= b_0 e^x$$

e^{θ} のマクローリン展開
$e^{\theta} = \sum_{k=0}^{\infty} \dfrac{\theta^k}{k!} = 1 + \dfrac{\theta}{1!} + \dfrac{\theta^2}{2!} + \dfrac{\theta^3}{3!} + \cdots$ より

よって，$\lambda = 0$ に対応する①の基本解 y_2 は，

$y_2 = e^x$ とおける。← $b_0 = 1$ とした。

以上（i）（ii）より，①の一般解は，　一般解 $y = C_1 y_1 + C_2 y_2$

$y = C_1 \sum_{k=0}^{\infty} \dfrac{2^k}{(2k+1)!!} x^{k+\frac{1}{2}} + C_2 e^x$ である。……………………………（答）

（ただし，C_1，C_2：任意定数）

演習問題 69 ●フロベニウスの方法(Ⅱ)●

微分方程式$y'' + \frac{2}{x}y' + y = 0$ …①において，$x = 0$が確定特異点であることを確認して，その解を$y = x^\lambda \sum_{k=0}^{\infty} a_k x^k$ $(a_0 \neq 0)$とおくことにより求めよ。

ヒント！ 前半は，$P(x) = \frac{2}{x}$，$Q(x) = 1$ とおいて，$xP(x)$，$x^2Q(x)$が$x = 0$で解析的であることを示す。後は，フロベニウス級数解を，λの決定方程式を解いて求めればいいんだね。今回は，この2解λ_1，λ_2の差が整数となる場合だ。

解答＆解説

①より，$P(x) = \frac{2}{x}$，$Q(x) = 1$ とおくと，$xP(x) = 2$，$x^2Q(x) = x^2$ は共に $x = 0$ において (ア) である。

($2 = \boxed{2} + 0\cdot x + 0\cdot x^2 + \cdots$，$\boxed{2} = p_0$)

($x^2 = \boxed{0} + 0\cdot x + 1\cdot x^2 + 0\cdot x^3 + \cdots$，$\boxed{0} = q_0$)

ゆえに，$x = 0$ は①の確定特異点である。

よって，①の解を，

$$y = x^\lambda \sum_{k=0}^{\infty} a_k x^k = \sum_{k=0}^{\infty} a_k x^{k+\lambda} \quad \cdots\cdots②\quad (a_0 \neq 0)$$

とおくと，

$$y' = \sum_{k=0}^{\infty} (k+\lambda) a_k x^{k+\lambda-1} \quad \cdots\cdots③$$

$$y'' = \sum_{k=0}^{\infty} (k+\lambda)(k+\lambda-1) a_k x^{k+\lambda-2} \quad \cdots④$$ となる。

ここで，②の指数λの (イ) ：$\lambda^2 + (2-1)\lambda + 0 = 0$を解いて，

($\lambda^2 + (p_0 - 1)\lambda + q_0 = 0$ のこと)

$\lambda^2 + \lambda = 0$ $\lambda(\lambda + 1) = 0$ $\therefore \lambda = \boxed{0}, \boxed{-1}$ ($\lambda_1 = 0$，$\lambda_2 = -1$)

(決定方程式の2解λ_1，λ_2の差が$\lambda_1 - \lambda_2 = 1$（整数）の場合)

・$\lambda = 0$ のとき，これを②，③，④に代入して，

$$y = \sum_{k=0}^{\infty} a_k x^k \quad \cdots\cdots②'$$

$$y' = \sum_{k=0}^{\infty} k a_k x^{k-1} = \sum_{k=1}^{\infty} k a_k x^{k-1} \quad \cdots\cdots③'$$

$$y'' = \sum_{k=0}^{\infty} k(k-1) a_k x^{k-2} = \sum_{k=2}^{\infty} k(k-1) a_k x^{k-2} \quad \cdots④'$$

ここで，①の両辺にxをかけたものを，

$xy'' + 2y' + xy = 0$ …①′とおき，これに④′，③′，②′を代入して，

$$\sum_{k=2}^{\infty} k(k-1) a_k x^{k-1} + \sum_{k=1}^{\infty} 2k a_k x^{k-1} + \sum_{k=0}^{\infty} a_k x^{k+1} = 0$$

($\sum_{k=1}^{\infty} 2k a_k x^{k-1} = 2\cdot 1\cdot a_1 + \sum_{k=2}^{\infty} 2k a_k x^{k-1}$，$\sum_{k=0}^{\infty} a_k x^{k+1} = \sum_{k=2}^{\infty} a_{k-2} x^{k-1}$)

$$2a_1 + \sum_{k=2}^{\infty} [\{k(k-1)+2k\}a_k + a_{k-2}]x^{k-1} = 0$$

($2a_1$ → 0, $k^2+k=k(k+1)$, $[\ ]$ → 0)

これが x の (ウ) であるための条件は,

$$\begin{cases} 2a_1 = 0 \quad \cdots\cdots⑤ \\ k(k+1)a_k + a_{k-2} = 0 \quad \cdots⑥ \quad (k=2,\ 3,\ 4,\ \cdots) \end{cases}$$

⑤より, $a_1 = 0$

⑥より, $a_k = -\dfrac{1}{(k+1)k}a_{k-2}$ …⑥′ $(k=2,\ 3,\ 4,\ \cdots)$

よって, a_0, a_2, a_4, …系列と, a_1, a_3, a_5, …系列に分けて考える。

$a_1 = 0$ から, ⑥′より

$a_1 = a_3 = a_5 = \cdots = 0$ となる。

a_2, a_4, a_6, …については, ⑥′より

$$a_2 = -\frac{1}{3\cdot 2}a_0 = -\frac{a_0}{3!}$$

$$a_4 = -\frac{1}{5\cdot 4}a_2 = -\frac{1}{5\cdot 4}\cdot\left(-\frac{a_0}{3!}\right) = \frac{a_0}{5!}$$

$$a_6 = -\frac{1}{7\cdot 6}a_4 = -\frac{1}{7\cdot 6}\cdot\frac{a_0}{5!} = -\frac{a_0}{7!}$$

$$a_8 = -\frac{1}{9\cdot 8}a_6 = -\frac{1}{9\cdot 8}\cdot\left(-\frac{a_0}{7!}\right) = \frac{a_0}{9!}$$

これより, 一般に
$a_{2m} = (-1)^m \dfrac{a_0}{(2m+1)!}$
$(m=0,\ 1,\ 2,\ \cdots)$

よって, ②′より,

$$y = \sum_{k=0}^{\infty} a_k x^k = a_0 - \frac{a_0}{3!}x^2 + \frac{a_0}{5!}x^4 - \frac{a_0}{7!}x^6 + \frac{a_0}{9!}x^8 - \cdots$$

$$= a_0\left(1 - \frac{x^2}{3!} + \frac{x^4}{5!} - \frac{x^6}{7!} + \frac{x^8}{9!} - \cdots\right)$$

$$= a_0\cdot\frac{1}{x}\left(x - \frac{x^3}{3!} + \frac{x^5}{5!} - \frac{x^7}{7!} + \frac{x^9}{9!} - \cdots\right) = a_0\cdot\frac{\text{(エ)}}{x}$$

$\sin\theta = \theta - \dfrac{\theta^3}{3!} + \dfrac{\theta^5}{5!} - \dfrac{\theta^7}{7!} + \dfrac{\theta^9}{9!} - \cdots$ より

よって, ①の基本解の 1 つ y_1 は,

$y_1 = \dfrac{\sin x}{x}$ である。 ← $a_0 = 1$ とした

よって, ①の一般解を $y = u\cdot y_1 = u\cdot\dfrac{\sin x}{x}$ …⑦とおくと, ← P52 の解法パターンを利用する。

$$y' = u'\cdot\frac{\sin x}{x} + u\cdot\frac{x\cos x - \sin x}{x^2} \quad \cdots\cdots⑧$$

$$y'' = u''\cdot\frac{\sin x}{x} + u'\cdot\frac{x\cos x - \sin x}{x^2} + u'\cdot\frac{x\cos x - \sin x}{x^2}$$

$$+ u\cdot\frac{(\cos x - x\sin x - \cos x)x^2 - (x\cos x - \sin x)\cdot 2x}{x^4}$$

$$\therefore y'' = u''\cdot\frac{\sin x}{x} + 2u'\cdot\frac{x\cos x - \sin x}{x^2} + u\cdot\frac{-x^2\sin x - 2x\cos x + 2\sin x}{x^3} \quad \cdots\cdots ⑨$$

⑨, ⑧, ⑦を $xy'' + 2y' + xy = 0$ …①′ に代入して，

$$u''\sin x + 2u'\cdot\frac{x\cos x - \sin x}{x} + u\cdot\frac{-x^2\sin x - 2x\cos x + 2\sin x}{x^2}$$

$$+ 2u'\cdot\frac{\sin x}{x} + 2u\cdot\frac{x\cos x - \sin x}{x^2} + u\sin x = 0$$

$$u''\sin x + 2u'\cos x = 0 \qquad u'' = -2\cdot\frac{\cos x}{\sin x}u'$$

ここで, $u' = p$ とおくと， $\dfrac{dp}{dx} = -2\cdot\dfrac{\cos x}{\sin x}p$ （$\dfrac{dp}{dx}$ は u''，p は u'）

$$\int\frac{1}{p}dp = -2\int\frac{(\sin x)'}{\sin x}dx \quad (\text{右辺の積分は } \log|\sin x|)$$

$$\log|p| = -2\log|\sin x| + C_1 = \log(\sin x)^{-2} + \log C_2 = \log\frac{C_2}{\sin^2 x}$$

$\therefore |p| = \dfrac{C_2}{\sin^2 x}$ より， $p = \dfrac{C_3}{\sin^2 x}$ （p は u'）　$(C_2 = e^{C_1},\ C_3 = \pm C_2)$

$$\therefore u = \int\frac{C_3}{\sin^2 x}dx = C_4\cot x + C_5 = C_4\cdot\frac{\cos x}{\sin x} + C_5 \quad (C_4 = -C_3)$$

$(\cot x)' = \left(\dfrac{\cos x}{\sin x}\right)' = \dfrac{-\sin^2 x - \cos^2 x}{\sin^2 x} = -\dfrac{1}{\sin^2 x}$ より

よって，求める①の一般解 y は，

$$y = \frac{\sin x}{x}\cdot u = \frac{\sin x}{x}\left(C_4\cdot\frac{\cos x}{\sin x} + C_5\right) \quad (\tfrac{\sin x}{x} \text{ は } y_1)$$

$= \dfrac{1}{x}(C_4\cos x + C_5\sin x)$ となる。 ……………………………………(答)

解答　(ア) 解析的　(イ) 決定方程式　(ウ) 恒等式　(エ) $\sin x$

演習問題 70 ●ガウスの微分方程式(Ⅰ)●

ガウスの微分方程式：

$x(x-1)y''+\{(\alpha+\beta+1)x-\gamma\}y'+\alpha\beta y=0\cdots$① $(-1<x<1,\ \alpha,\ \beta,\ \gamma$：定数$)$

について，$x=0$ が確定特異点であることを確認して，その解を

$y=x^{\lambda}\sum_{k=0}^{\infty}a_kx^k\cdots$② $(a_0\neq0)$ とおくことにより，基本解が次の形で与えられることを示せ。

(Ⅰ)γ が整数でないとき，①の 1 次独立な 2 つの基本解 y_1，y_2 は，

$$y_1=F(\alpha,\ \beta,\ \gamma,\ x)=1+\frac{\alpha\cdot\beta}{1!\cdot\gamma}x+\frac{\alpha(\alpha+1)\cdot\beta(\beta+1)}{2!\cdot\gamma(\gamma+1)}x^2+\cdots$$
$$+\frac{\alpha(\alpha+1)\cdots(\alpha+k-1)\cdot\beta(\beta+1)\cdots(\beta+k-1)}{k!\cdot\gamma(\gamma+1)\cdots(\gamma+k-1)}x^k+\cdots$$

$$y_2=x^{1-\gamma}F(\alpha-\gamma+1,\ \beta-\gamma+1,\ 2-\gamma,\ x)$$
$$=x^{1-\gamma}\left\{1+\frac{(\alpha-\gamma+1)(\beta-\gamma+1)}{1!\cdot(2-\gamma)}x+\frac{(\alpha-\gamma+1)(\alpha-\gamma+2)\cdot(\beta-k+1)(\beta-k+2)}{2!(2-\gamma)(3-\gamma)}x^2+\cdots\right.$$
$$\left.+\frac{(\alpha-\gamma+1)(\alpha-\gamma+2)\cdots(\alpha-\gamma+k)(\beta-\gamma+1)(\beta-\gamma+2)\cdots(\beta-\gamma+k)}{k!(2-\gamma)(3-\gamma)\cdots(k+1-\gamma)}x^k+\cdots\right\}$$

となる。ここで，y_1 の級数 $F(\alpha,\ \beta,\ \gamma,\ x)$ を超幾何級数と呼ぶ。

(Ⅱ)-(ⅰ)γ が正の整数のとき，①の 1 つの基本解は，

$y_1=F(\alpha,\ \beta,\ \gamma,\ x)$ であり，

(Ⅱ)-(ⅱ)γ が 0 以下の整数のとき，①の 1 つの基本解は，

$y_2=x^{1-\gamma}F(\alpha-\gamma+1,\ \beta-\gamma+1,\ 2-\gamma,\ x)$ である。

ヒント！ まず，$P(x)=\dfrac{(\alpha+\beta+1)x-\gamma}{x(x-1)}$，$Q(x)=\dfrac{\alpha\beta}{x(x-1)}$ とおいて，$xP(x)$，$x^2Q(x)$ が $x=0$ で解析的であることを確認するんだね。後は，フロベニウス級数解を求めればいい。

解答＆解説

①より，$P(x)=\dfrac{(\alpha+\beta+1)x-\gamma}{x(x-1)}$，$Q(x)=\dfrac{\alpha\beta}{x(x-1)}$ とおくと，

$xP(x)=\dfrac{(\alpha+\beta+1)x-\gamma}{x-1}$ と $x^2Q(x)=\dfrac{\alpha\beta x}{x-1}$ は共に，$x=0$ において解析的

$\gamma+\{\gamma-(\alpha+\beta+1)\}x+\{\gamma-(\alpha+\beta+1)\}x^2+\cdots$ （γ：p_0）（$xP(x)$ をマクローリン展開した）

$0-\alpha\beta x-\alpha\beta x^2-\cdots$ （0：q_0）（$x^2Q(x)$ をマクローリン展開した）

$x(x-1)y'' + \{(\alpha+\beta+1)x-\gamma\}y' + \alpha\beta y = 0 \cdots ①$

である。ゆえに，$x=0$ は①の確定特異点である。

よって，題意より，①の解を

$y = x^{\lambda}\sum_{k=0}^{\infty} a_k x^k = \sum_{k=0}^{\infty} a_k x^{k+\lambda}$ ……………② $(a_0 \neq 0)$

とおくと，

$y' = \sum_{k=0}^{\infty}(k+\lambda)a_k x^{k+\lambda-1}$ ………………③

$y'' = \sum_{k=0}^{\infty}(k+\lambda)(k+\lambda-1)a_k x^{k+\lambda-2}$ …④

④，③，②を①に代入して，

$$x(x-1)\sum_{k=0}^{\infty}(k+\lambda)(k+\lambda-1)a_k x^{k+\lambda-2} + \{(\alpha+\beta+1)x-\gamma\}\sum_{k=0}^{\infty}(k+\lambda)a_k x^{k+\lambda-1} + \alpha\beta\sum_{k=0}^{\infty}a_k x^{k+\lambda} = 0$$

$$\sum_{k=0}^{\infty}(k+\lambda)(k+\lambda-1)a_k x^{k+\lambda} - \sum_{k=0}^{\infty}(k+\lambda)(k+\lambda-1)a_k x^{k+\lambda-1}$$

$\sum_{k=0}^{\infty}(k+\lambda)(k+\lambda-1)a_k x^{k+\lambda-1} = \lambda(\lambda-1)a_0 x^{\lambda-1} + \sum_{k=1}^{\infty}(k+\lambda)(k+\lambda-1)a_k x^{k+\lambda-1}$

$\sum_{k=1}^{\infty}(k+\lambda)(k+\lambda-1)a_k x^{k+\lambda-1} = \sum_{k=0}^{\infty}(k+1+\lambda)(k+\lambda)a_{k+1}\, x^{k+\lambda}$

$$+\sum_{k=0}^{\infty}(\alpha+\beta+1)(k+\lambda)a_k x^{k+\lambda} - \sum_{k=0}^{\infty}\gamma(k+\lambda)a_k x^{k+\lambda-1} + \sum_{k=0}^{\infty}\alpha\beta a_k x^{k+\lambda} = 0$$

$\sum_{k=0}^{\infty}\gamma(k+\lambda)a_k x^{k+\lambda-1} = \gamma\cdot\lambda a_0 x^{\lambda-1} + \sum_{k=1}^{\infty}\gamma(k+\lambda)a_k x^{k+\lambda-1}$

$\sum_{k=1}^{\infty}\gamma(k+\lambda)a_k x^{k+\lambda-1} = \sum_{k=0}^{\infty}\gamma(k+1+\lambda)a_{k+1}x^{k+\lambda}$

$$\{\lambda(\lambda-1)+\gamma\lambda\}\underset{\#0}{a_0}x^{\lambda-1} - \sum_{k=0}^{\infty}[\{(k+\lambda)(k+\lambda-1)+(\alpha+\beta+1)(k+\lambda)+\alpha\beta\}a_k$$
$$-\{(k+1+\lambda)(k+\lambda)+\gamma(k+1+\lambda)\}a_{k+1}]x^{k+\lambda} = 0$$

$\lambda(\lambda-1)+\gamma\lambda = \lambda^2+(\gamma-1)\lambda = \lambda\{\lambda-(1-\gamma)\}$

$(k+\lambda)(k+\lambda-1)+(\alpha+\beta+1)(k+\lambda)+\alpha\beta = (k+\lambda)^2 + (\alpha+\beta)(k+\lambda)+\alpha\beta = (k+\lambda+\alpha)(k+\lambda+\beta)$

$(k+1+\lambda)(k+\lambda)+\gamma(k+1+\lambda) = (k+\lambda+1)(k+\lambda+\gamma)$

これが x の恒等式となるための条件は

$$\begin{cases} \lambda\{\lambda-(1-\gamma)\} = 0 \cdots ⑤ \\ (k+\lambda+\alpha)(k+\lambda+\beta)a_k - (k+\lambda+1)(k+\lambda+\gamma)a_{k+1} = 0 \cdots ⑥ \quad (k=0,1,2,\cdots) \end{cases}$$

←λの決定方程式

⑤より，$\lambda = 0,\ 1-\gamma$ （$\lambda_1 = 0$，$\lambda_2 = 1-\gamma$）

←$p_0=\gamma$，$q_0=0$ より，λの決定方程式は，$\lambda^2+(p_0-1)\lambda+q_0 = \lambda^2+(\gamma-1)\lambda = 0 \cdots ⑤$だね。

⑥より，$a_{k+1} = \dfrac{(k+\lambda+\alpha)(k+\lambda+\beta)}{(k+\lambda+1)(k+\lambda+\gamma)}a_k$ ……⑥′ $(k=0,1,2,\cdots)$

ここで，$\lambda_1 = 0$，$\lambda_2 = 1 - \gamma$ とおくと，

(Ⅰ)γ が整数でないとき，$\lambda_1 - \lambda_2 = 0 - (1 - \gamma) = \gamma - 1$ は整数でない。

このとき，①は 1 次独立な 2 つの基本解 y_1，y_2 をもつ。← P131

(ア)$\lambda = \lambda_1 = 0$ のとき，⑥′より，$a_{k+1} = \dfrac{(\alpha + k)(\beta + k)}{(1 + k)(\gamma + k)} a_k$

$$a_1 = \frac{\alpha\beta}{1 \cdot \gamma} a_0,\quad a_2 = \frac{(\alpha + 1)(\beta + 1)}{2 \cdot (\gamma + 1)} a_1 = \frac{(\alpha + 1)(\beta + 1)}{2 \cdot (\gamma + 1)} \cdot \frac{\alpha\beta}{1 \cdot \gamma} a_0$$

$$= \frac{\alpha(\alpha + 1)\beta(\beta + 1)}{2!\gamma(\gamma + 1)} a_0$$

$$a_3 = \frac{(\alpha + 2)(\beta + 2)}{3(\gamma + 2)} a_2 = \frac{(\alpha + 2)(\beta + 2)}{3(\gamma + 2)} \cdot \frac{\alpha(\alpha + 1)\beta(\beta + 1)}{2!\gamma(\gamma + 1)} a_0$$

$$= \frac{\alpha(\alpha + 1)(\alpha + 2)\beta(\beta + 1)(\beta + 2)}{3!\gamma(\gamma + 1)(\gamma + 2)} a_0,\quad \cdots\cdots$$

よって，$y = x^{\lambda_1} \sum_{k=0}^{\infty} a_k x^k$ ($\lambda_1 = 0$) …②′より，

$$y = a_0 + \frac{\alpha\beta}{1!\cdot\gamma} a_0 x + \frac{\alpha(\alpha+1)\beta(\beta+1)}{2!\gamma(\gamma+1)} a_0 x^2 + \frac{\alpha(\alpha+1)(\alpha+2)\beta(\beta+1)(\beta+2)}{3!\gamma(\gamma+1)(\gamma+2)} a_0 x^3$$

$$+ \cdots + \frac{\alpha(\alpha + 1)\cdots(\alpha + k - 1)\beta(\beta + 1)\cdots(\beta + k - 1)}{k!\gamma(\gamma + 1)\cdots(\gamma + k - 1)} a_0 x^k + \cdots$$

$$= a_0 \cdot F(\alpha,\ \beta,\ \gamma,\ x)$$ ← $\lambda = \lambda_1 = 0$ に対応する解

基本解の 1 つ　超幾何級数

ただし，

$$F(\alpha, \beta, \gamma, x) = 1 + \frac{\alpha\beta}{1!\gamma} x + \frac{\alpha(\alpha + 1)\beta(\beta + 1)}{2!\gamma(\gamma + 1)} x^2 + \cdots$$

$$+ \frac{\alpha(\alpha + 1)\cdots(\alpha + k - 1)\beta(\beta + 1)\cdots(\beta + k - 1)}{k!\gamma(\gamma + 1)\cdots(\gamma + k - 1)} x^k + \cdots$$

(イ)$\lambda = \lambda_2 = 1 - \gamma$ のとき，⑥′より，$a_{k+1} = \dfrac{(\alpha + 1 - \gamma + k)(\beta + 1 - \gamma + k)}{(2 - \gamma + k)(1 + k)} a_k$

$$a_1 = \frac{(\alpha + 1 - \gamma)(\beta + 1 - \gamma)}{(2 - \gamma) \cdot 1} a_0 = \frac{(\alpha - \gamma + 1)(\beta - \gamma + 1)}{1! \cdot (2 - \gamma)} a_0$$

$$a_2 = \frac{(\alpha + 2 - \gamma)(\beta + 2 - \gamma)}{(3 - \gamma) \cdot 2} a_1 = \frac{(\alpha - \gamma + 2)(\beta - \gamma + 2)}{2(3 - \gamma)} \cdot \frac{(\alpha - \gamma + 1)(\beta - \gamma + 1)}{1! \cdot (2 - \gamma)} a_0$$

$$= \frac{(\alpha - \gamma + 1)(\alpha - \gamma + 2)(\beta - \gamma + 1)(\beta - \gamma + 2)}{2!(2 - \gamma)(3 - \gamma)} a_0$$

$$a_3 = \frac{(\alpha+3-\gamma)(\beta+3-\gamma)}{(4-\gamma)\cdot 3}a_2$$

$y = x^\lambda \sum_{k=0}^{\infty} a_k x^k \cdots ②$

$$= \frac{(\alpha-\gamma+3)(\beta-\gamma+3)}{3(4-\gamma)} \cdot \frac{(\alpha-\gamma+1)(\alpha-\gamma+2)(\beta-\gamma+1)(\beta-\gamma+2)}{2!(2-\gamma)(3-\gamma)}a_0$$

$$= \frac{(\alpha-\gamma+1)(\alpha-\gamma+2)(\alpha-\gamma+3)(\beta-\gamma+1)(\beta-\gamma+2)(\beta-\gamma+3)}{3!(2-\gamma)(3-\gamma)(4-\gamma)}a_0, \cdots$$

よって，$y = x^{\lambda_2} \sum_{k=0}^{\infty} a_k x^k \quad \cdots ②''$ より，（$\lambda_2 = 1-\gamma$）

$$y = x^{1-\gamma}\left\{a_0 + \frac{(\alpha-\gamma+1)(\beta-\gamma+1)}{1!\cdot(2-\gamma)}a_0 x + \frac{(\alpha-\gamma+1)(\alpha-\gamma+2)(\beta-\gamma+1)(\beta-\gamma+2)}{2!\cdot(2-\gamma)(3-\gamma)}a_0 x^2\right.$$

$$\left. + \cdots + \frac{(\alpha-\gamma+1)(\alpha-\gamma+2)\cdots(\alpha-\gamma+k)(\beta-\gamma+1)(\beta-\gamma+2)\cdots(\beta-\gamma+k)}{k!\cdot(2-\gamma)(3-\gamma)\cdots(k+1-\gamma)}a_0 x^k + \cdots\right\}$$

$$= a_0 \cdot x^{1-\gamma} \cdot F(\alpha-\gamma+1,\ \beta-\gamma+1,\ 2-\gamma,\ x)$$

基本解の1つ

$\lambda = \lambda_2 = 1-\gamma$ に対応する解

$F(\alpha, \beta, \gamma, x)$ の α，β，γ にそれぞれ $\alpha-\gamma+1$，$\beta-\gamma+1$，$2-\gamma$ を代入した級数だね。

以上(ア)(イ)より，γ が整数でないとき，ガウスの微分方程式①の1次独立な2つの基本解 y_1，y_2 は，$a_0 = 1$ として，

$y_1 = F(\alpha,\ \beta,\ \gamma,\ x)$，　$y_2 = x^{1-\gamma}F(\alpha-\gamma+1,\ \beta-\gamma+1,\ 2-\gamma,\ x)$ ………(終)

(Ⅱ) γ が整数のとき，$\lambda_1 - \lambda_2 = 0 - (1-\gamma) = \gamma - 1$ は整数である。

(ⅰ) $\gamma \geqq 1$ の場合，

$\lambda_1 - \lambda_2 = \gamma - 1 \geqq 0$ より，①の1つの基本解は，$a_0 = 1$ として，

0以上の整数　$\lambda = \lambda_1 = 0$ に対応する解　P131

$y_1 = x^{\lambda_1} \sum_{k=0}^{\infty} a_k x^k = F(\alpha,\ \beta,\ \gamma,\ x)$ となる。（$\lambda_1 = 0$）……………………………(終)

(ⅱ) $\gamma \leqq 0$ の場合，

$\lambda_2 - \lambda_1 = 1 - \gamma > 0$ より，①の1つの基本解は，$a_0 = 1$ として，

正の整数　$\lambda = \lambda_2 = 1-\gamma$ に対応する解　P131

$y_2 = x^{\lambda_2} \sum_{k=0}^{\infty} a_k x^k = x^{1-\gamma}F(\alpha-\gamma+1,\ \beta-\gamma+1,\ 2-\gamma,\ x)$（$\lambda_2 = 1-\gamma$）……………(終)

①の一般解 y は，
(Ⅰ)のとき，$y = C_1 y_1 + C_2 y_2 = C_1 F(\alpha, \beta, \gamma, x) + C_2 x^{1-\gamma} F(\alpha-\gamma+1, \beta-\gamma+1, 2-\gamma, x)$
(Ⅱ)-(ⅰ)のとき，$y = u(x)y_1$ とおいて，$u(x)$ を求めればよい。
(Ⅱ)-(ⅱ)のとき，同様に，$y = u(x)y_2$ とおいて，$u(x)$ を求めればいいんだね。

演習問題 71 ● ガウスの微分方程式 (Ⅱ) ●

次のガウスの微分方程式の一般解を求めよ。

$$x(x-1)y'' + \left(\frac{3}{2}x - \frac{5}{4}\right)y' + \frac{1}{16}y = 0 \quad \cdots\cdots ① \quad (x > 0)$$

ヒント！ $\alpha+\beta+1=\frac{3}{2}$, $\gamma=\frac{5}{4}$, $\alpha\beta=\frac{1}{16}$ とおいて，α, β の値を求める。$\gamma=\frac{5}{4}$ ≠ (整数) より，①の1次独立な2つの解は，$F(\alpha, \beta, \gamma, x)$, $x^{1-\gamma}F(\alpha-\gamma+1, \beta-\gamma+1, 2-\gamma, x)$ となる。

解答＆解説

$$x(x-1)y'' + \left(\underbrace{\frac{3}{2}}_{(\alpha+\beta+1)}x - \underbrace{\frac{5}{4}}_{\gamma}\right)y' + \underbrace{\frac{1}{16}}_{\alpha\beta}y = 0 \quad \cdots\cdots ① \quad (x > 0)$$ について，

$\alpha+\beta+1=\frac{3}{2}$ …②, $\gamma=\frac{5}{4}$ …③, $\alpha\beta=\frac{1}{16}$ …④

とおくと，②より，

$\alpha+\beta=\frac{1}{2}$ ……②´

②´と④より，α, β は次の t の2次方程式の解である。

$$t^2 - \underbrace{\frac{1}{2}}_{(\alpha+\beta)}t + \underbrace{\frac{1}{16}}_{\alpha\beta} = 0 \qquad \left(t-\frac{1}{4}\right)^2 = 0$$

$\therefore t=\frac{1}{4}$ (重解) より，$\alpha=\beta=\frac{1}{4}$ ……⑤

⑤, ③の α, β, γ に対して，①は
$x(x-1)y''+\{(\alpha+\beta+1)x-\gamma\}y+\alpha\beta y=0$ と書けるので，
ガウスの微分方程式なんだね。

ここで，$\gamma=\frac{5}{4}$ …③は整数でないので，①の一般解 y は，

$$y = C_1F\left(\frac{1}{4}, \frac{1}{4}, \frac{5}{4}, x\right) + \frac{C_2}{\sqrt[4]{x}}F\left(0, 0, \frac{3}{4}, x\right) \quad \cdots\cdots ⑥$$

$[y=C_1F(\alpha, \beta, \gamma, x)+C_2x^{1-\gamma}F(\alpha-\gamma+1, \beta-\gamma+1, 2-\gamma, x)]$

となる。

ここで，$F\left(0,\ 0,\ \frac{3}{4},\ x\right)$ の第 $k+1$ 項は，

超幾何級数 $F(\alpha,\ \beta,\ \gamma,\ x)$ の第 $k+1$ 項：
$$\frac{\alpha(\alpha+1)\cdots(\alpha+k-1)\beta(\beta+1)\cdots(\beta+k-1)}{k!\gamma(\gamma+1)\cdots(\gamma+k-1)}x^k$$

$$\underbrace{\frac{0(0+1)\cdots(0+k-1)\cdot 0(0+1)\cdots(0+k-1)}{k!\,\frac{3}{4}\left(\frac{3}{4}+1\right)\cdots\left(\frac{3}{4}+k-1\right)}x^k}_{\frac{(0)_k(0)_k}{k!\left(\frac{3}{4}\right)_k}x^k=0} = 0 \quad (k=1,\ 2,\ \cdots)$$ より，

$$F\left(0,\ 0,\ \frac{3}{4},\ x\right)=\underline{\underline{1}} \quad \cdots⑦$$ となる。

← $F(\alpha,\ \beta,\ \gamma,\ x)=\underline{\underline{1}}+\sum_{k=1}^{\infty}\frac{(\alpha)_k(\beta)_k}{k!(\gamma)_k}x^k$ (P132)

⑦を⑥に代入して，求めるガウスの微分方程式①の一般解は，

$$y=C_1F\left(\frac{1}{4},\frac{1}{4},\frac{5}{4},x\right)+\frac{C_2}{\sqrt[4]{x}}$$ である。 ……………………………………………(答)

ガウスの微分方程式：

$$x(x-1)y''+\{(\alpha+\beta+1)x-\gamma\}y'+\alpha\beta y=0$$

について，

γ が整数でないとき，一般解は

$$y=C_1F(\alpha,\ \beta,\ \gamma,\ x)+C_2x^{1-\gamma}F(\alpha-\gamma+1,\ \beta-\gamma+1,\ 2-\gamma,\ x)$$

となる。

ここで，$F(\alpha,\ \beta,\ \gamma,\ x)$ は超幾何級数と呼ばれ，

$$F(\alpha,\ \beta,\ \gamma,\ x)=1+\sum_{k=1}^{\infty}\frac{(\alpha)_k(\beta)_k}{k!(\gamma)_k}x^k=1+\underbrace{\frac{\alpha\cdot\beta}{1!\cdot\gamma}x}_{\text{第2項}}+\underbrace{\frac{\alpha(\alpha+1)\beta(\beta+1)}{2!\gamma(\gamma+1)}x^2}_{\text{第3項}}+\cdots$$
$$+\underbrace{\frac{\alpha(\alpha+1)\cdots(\alpha+k-1)\beta(\beta+1)\cdots(\beta+k-1)}{k!\gamma(\gamma+1)\cdots(\gamma+k-1)}x^k}_{\text{第}k+1\text{項}}+\cdots$$

で定義される級数なんだね。(P131, P132, 演習問題 70(P147))

演習問題 72 ●ガウスの微分方程式(Ⅲ)●

次のガウスの微分方程式の一般解を求めよ。

$(x^2-x)y''-xy'+y=0$ ……①

ヒント！ $\alpha+\beta+1=-1,\ \gamma=0,\ \alpha\beta=1$ の場合のガウスの微分方程式だね。$\gamma=0$ は 0 以下の整数だから，1 つの基本解は，$x^{1-\gamma}\ F(\alpha-\gamma+1,\ \beta-\gamma+1,\ 2-\gamma,\ x)$ となる。これを y_2，一般解を $y=u(x)y_2$ とおいて，①が成り立つように $u(x)$ を定めればいい。

解答＆解説

$x(x-1)y''+\{\underbrace{(-1)}_{(\alpha+\beta+1)}\cdot x-\underbrace{0}_{\gamma}\}y'+\underbrace{1}_{\alpha\beta}\cdot y=0$ …①について

$\alpha+\beta+1=$ (ア) …②，　$\gamma=$ (イ) …③，　$\alpha\beta=$ (ウ) …④

とおくと，②より

$\alpha+\beta=$ (エ) ……②′

②′と④より，α，β は次の t の 2 次方程式の解である。

$t^2+\underbrace{2}_{-(\alpha+\beta)}t+\underbrace{1}_{\alpha\beta}=0$　　$(t+1)^2=0$

$\therefore\ t=-1$(重解) より，$\alpha=\beta=-1$

ここで，$\gamma=$ (イ) …③は 0 以下の整数なので，①の 1 つの基本解は

$x^{1-\gamma}F(\alpha-\gamma+1,\ \beta-\gamma+1,\ 2-\gamma,\ x)$ より，

$xF($ (オ) $)$…⑥となる。

ここで，$F(0,\ 0,\ 2,\ x)$ の第 $k+1$ 項は，

$\underbrace{\dfrac{0(0+1)\cdots(0+k-1)\cdot 0(0+1)\cdots(0+k-1)}{k!2(2+1)\cdots(2+k-1)}}_{0}x^k=0$　$(k=1,\ 2,\ \cdots)$ より，

$F($ (オ) $)=$ (カ) …⑦である。

この超幾何級数 $F(0,\ 0,\ 2,\ x)$ の第 2 項以降はすべて 0 になる。

⑦を⑥に代入したものを y_2 とおくと，

$y_2=$ (キ)

よって，①の一般解を

$y = u(x)y_2 = u(x)\cdot$ (キ) ……⑧

とおくと，

$y' = u'x + u$ ……⑨

$y'' = u''x + u'\cdot 1 + u'$

$= u''x + 2u'$ ……⑩

積の微分法：$(fg)' = f'g + fg'$

$(x^2 - x)y'' - xy' + y = 0$ …①

⑩，⑨，⑧を①に代入して，

$x(x-1)(u''x + 2u') - x(u'x + u) + ux = 0$

$(x-1)(u''x + 2u') - (u'x + u) + u = 0$

両辺を $x(\neq 0)$ で割った。

$x(x-1)u'' + 2(x-1)u' - xu' = 0$

$x(x-1)u'' + (x-2)u' = 0$

$x(x-1)u'' = -(x-2)u'$

ここで，$u'(x) = p(x)$ とおくと，$u''(x) = p'(x)$ より，

$x(x-1)p' = -(x-2)p$

$$\therefore \frac{dp}{dx} = -\frac{x-2}{x(x-1)}p = \left(\frac{1}{x-1} - \frac{2}{x}\right)p$$

変数分離形の微分方程式

$$\int \frac{1}{p}\,dp = \int \left(\frac{1}{x-1} - \frac{2}{x}\right)dx$$

$\log|p| = \log|x-1| - 2\log|x| + C_1$ （$C_1 = \log C_2$）

$$= \log C_2\left|\frac{x-1}{x^2}\right| \quad (C_2 = e^{C_1})$$

$$\therefore p = u' = C_3\cdot\frac{x-1}{x^2} \quad (C_3 = \pm C_2)$$ より，

$$u = C_3\int \frac{x-1}{x^2}\,dx = C_3\int\left(\frac{1}{x} - \frac{1}{x^2}\right)dx$$

$$= C_3\left(\log|x| + \frac{1}{x}\right) + C_4 \quad ……⑪$$

⑪を⑧に代入して，①のガウスの微分方程式の一般解は，

$y = C_3($ (キ) $\log|x| + 1) + C_4$ (キ) である。……………………………(答)

解答　(ア) -1　(イ) 0　(ウ) 1　(エ) -2　(オ) $0, 0, 2, x$

(カ) 1　(キ) x

演習問題 73 ●ルジャンドルの微分方程式(Ⅰ)●

ルジャンドルの微分方程式：

$(1-x^2)y''-2xy'+\alpha(\alpha+1)y=0$ …① $(-1<x<1,\ \alpha$：任意の定数$)$

について，$x=0$ が①の通常点であることを確認して，その解を

$y=\sum_{k=0}^{\infty}a_kx^k$ …②とおくことによって求めよ。

ヒント！ $\alpha(\alpha+1)y$，$2xy'$，$(1-x^2)y''$ のそれぞれを無限級数で表したものを①に代入し，a_{k+2} と a_k の漸化式を求める。

解答＆解説

①の両辺を $1-x^2\ (\neq 0)$ で割ると，$y''-\dfrac{2x}{1-x^2}y'+\dfrac{\alpha(\alpha+1)}{1-x^2}y=0$ …①′

$P(x)=-\dfrac{2x}{1-x^2}$，$Q(x)=\dfrac{\alpha(\alpha+1)}{1-x^2}$

とおくと，これらはいずれも $x=0$ において解析的である。よって，$x=0$

$\because P(x)=-2x(1+x^2+x^4+\cdots)$，$Q(x)=\alpha(\alpha+1)(1+x^2+x^4+\cdots)$

は①の通常点より，①は，$y=\sum_{k=0}^{\infty}a_kx^k$ …②の形の級数解をもつ。

②より，$\alpha(\alpha+1)y=\sum_{k=0}^{\infty}$ (ア) x^k …………………③

②の両辺を順次 x で微分して，

$y'=\sum_{k=0}^{\infty}ka_kx^{k-1}$ ∴ $2xy'=\sum_{k=0}^{\infty}$ (イ) x^k ………………………④

$y''=\sum_{k=0}^{\infty}k(k-1)a_kx^{k-2}$

$$\therefore (1-x^2)y''=\sum_{k=0}^{\infty}k(k-1)a_k(1-x^2)x^{k-2}$$

$$=\sum_{k=0}^{\infty}k(k-1)a_kx^{k-2}-\sum_{k=0}^{\infty}k(k-1)a_kx^k$$

$$\left(\sum_{k=2}^{\infty}k(k-1)a_kx^{k-2}=\sum_{k=0}^{\infty}(k+2)(k+1)a_{k+2}x^k\right)$$

$=\sum_{k=0}^{\infty}\{$ (ウ) $\}x^k$ …⑤

⑤，④，③を①に代入して，

$$\sum_{k=0}^{\infty}\{(k+2)(k+1)a_{k+2}-k(k-1)a_k-2ka_k+\alpha(\alpha+1)a_k\}x^k=0$$

$\{\ \}$ 内 $=0$，$(-k^2-k+\alpha^2+\alpha)a_k=(\alpha-k)(\alpha+k+1)a_k$

これが x の恒等式となるための条件は，

$(k+2)(k+1)a_{k+2}+(\alpha-k)(\alpha+k+1)a_k=$ (エ)

$\therefore a_{k+2}=-\dfrac{(\alpha-k)(\alpha+k+1)}{(k+2)(k+1)}a_k$ ……⑥ $(k=0,\ 1,\ 2,\ \cdots)$ ⑥より，

(ⅰ) $k=0$ のとき，$a_2 = -\dfrac{\alpha(\alpha+1)}{2\cdot 1}a_0 = -\dfrac{\alpha(\alpha+1)}{2!}a_0$

$k=2$ のとき，$a_4 = -\dfrac{(\alpha-2)(\alpha+3)}{4\cdot 3}a_2 = \dfrac{\alpha(\alpha-2)(\alpha+1)(\alpha+3)}{4!}a_0$

$k=4$ のとき，$a_6 = -\dfrac{(\alpha-4)(\alpha+5)}{6\cdot 5}a_4 = -\dfrac{\alpha(\alpha-2)(\alpha-4)(\alpha+1)(\alpha+3)(\alpha+5)}{6!}a_0$

(ⅱ) $k=1$ のとき，$a_3 = -\dfrac{(\alpha-1)(\alpha+2)}{3\cdot 2}a_1 = -\dfrac{(\alpha-1)(\alpha+2)}{3!}a_1$

$k=3$ のとき，$a_5 = -\dfrac{(\alpha-3)(\alpha+4)}{5\cdot 4}a_3 = \dfrac{(\alpha-1)(\alpha-3)(\alpha+2)(\alpha+4)}{5!}a_1$

$k=5$ のとき，$a_7 = -\dfrac{(\alpha-5)(\alpha+6)}{7\cdot 6}a_5 = -\dfrac{(\alpha-1)(\alpha-3)(\alpha-5)(\alpha+2)(\alpha+4)(\alpha+6)}{7!}a_1$

よって，ルジャンドルの微分方程式①の一般解は，

$$y = (a_0 + a_2x^2 + a_4x^4 + a_6x^6 + \cdots) + (a_1x + a_3x^3 + a_5x^5 + a_7x^7 + \cdots)$$

$$= a_0\left\{1 - \frac{\alpha(\alpha+1)}{2!}x^2 + \frac{\alpha(\alpha-2)(\alpha+1)(\alpha+3)}{4!}x^4 - \frac{\alpha(\alpha-2)(\alpha-4)(\alpha+1)(\alpha+3)(\alpha+5)}{6!}x^6 + \cdots\right\}$$

$$+ a_1\left\{x - \frac{(\alpha-1)(\alpha+2)}{3!}x^3 + \frac{(\alpha-1)(\alpha-3)(\alpha+2)(\alpha+4)}{5!}x^5 - \frac{(\alpha-1)(\alpha-3)(\alpha-5)(\alpha+2)(\alpha+4)(\alpha+6)}{7!}x^7 + \cdots\right\}$$

となる。ここで，{ } 内の 2 つの級数をそれぞれ $u_\alpha(x)$，$v_\alpha(x)$，すなわち

$$u_\alpha(x) = 1 - \frac{\alpha(\alpha+1)}{2!}x^2 + \frac{\alpha(\alpha-2)(\alpha+1)(\alpha+3)}{4!}x^4 - \frac{\alpha(\alpha-2)(\alpha-4)(\alpha+1)(\alpha+3)(\alpha+5)}{6!}x^6 + \cdots$$

$$v_\alpha(x) = x - \frac{(\alpha-1)(\alpha+2)}{3!}x^3 + \frac{(\alpha-1)(\alpha-3)(\alpha+2)(\alpha+4)}{5!}x^5 - \frac{(\alpha-1)(\alpha-3)(\alpha-5)(\alpha+2)(\alpha+4)(\alpha+6)}{7!}x^7 + \cdots$$

とおくと，$u_\alpha(x)$，$v_\alpha(x)$ は (オ) な解より，これらは①の (カ) となり得る。

$u_\alpha(x) \neq Cv_\alpha(x)$ （C：定数）だからね。

よって，①のルジャンドルの微分方程式の一般解は，

$y = a_0u_\alpha(x) + a_1v_\alpha(x)$ （a_0，a_1：任意定数）となる。 ……………………(答)

解答　(ア) $\alpha(\alpha+1)a_k$　(イ) $2ka_k$　(ウ) $(k+2)(k+1)a_{k+2} - k(k-1)a_k$

(エ) 0　(オ) 1次独立　(カ) 基本解

演習問題 74　●ルジャンドルの微分方程式(Ⅱ)●

演習問題 **73** より，ルジャンドルの微分方程式

$(1-x^2)y''-2xy'+n(n+1)y=0$ …① ($-1<x<1$，n：0 以上の整数)

の一般解は，

$y=a_0u_n(x)+a_1v_n(x)$ (a_0，a_1：任意の定数)となる。ただし，

$$u_n(x)=1-\frac{n(n+1)}{2!}x^2+\frac{n(n-2)(n+1)(n+3)}{4!}x^4-\frac{n(n-2)(n-4)(n+1)(n+3)(n+5)}{6!}x^6+\cdots \quad\cdots\cdots③$$

$$v_n(x)=x-\frac{(n-1)(n+2)}{3!}x^3+\frac{(n-1)(n-3)(n+2)(n+4)}{5!}x^5-\frac{(n-1)(n-3)(n-5)(n+2)(n+4)(n+6)}{7!}x^7+\cdots \quad\cdots④$$

である。ここで，①の n 次の多項式の解 $P_n(x)$ を次のように定義する。

(ⅰ) $n=2m$ (偶数)のとき，　(ⅱ) $n=2m+1$ (奇数)のとき，

$$P_{2m}(x)=\frac{u_{2m}(x)}{u_{2m}(1)} \qquad P_{2m+1}(x)=\frac{v_{2m+1}(x)}{v_{2m+1}(1)}$$

(1) $P_0(x)$，$P_1(x)$，$P_2(x)$，$P_3(x)$ を求めよ。

(2) $n=1$，2，3 のときのルジャンドルの微分方程式①の一般解を求めよ。

ヒント！ (1) n が偶数のとき③を，n が奇数のとき④を使う。(2)(1) の結果と③，④を利用しよう。$P_n(x)$ を，ルジャンドルの多項式と呼ぶ。

解答＆解説

(1)・$n=0$ のとき，③より，$u_0(x)=1$　$\therefore u_0(1)=1$ より，$P_0(x)=\dfrac{u_0(x)}{u_0(1)}=1$ …(答)　(0 次の多項式)

・$n=1$ のとき，④より，$v_1(x)=x$　$\therefore v_1(1)=1$ より，$P_1(x)=\dfrac{v_1(x)}{v_1(1)}=x$ …(答)　(1 次の多項式)

・$n=2$ のとき，③より，$u_2(x)=1-\dfrac{2\cdot(2+1)}{2!}x^2=1-3x^2$

$\therefore u_2(1)=-2$ より，$P_2(x)=\dfrac{u_2(x)}{u_2(1)}=\dfrac{1}{2}(3x^2-1)$ ←(2 次の多項式) …(答)

・$n=3$ のとき，④より，$v_3(x)=x-\dfrac{(3-1)(3+2)}{3!}x^3=-\dfrac{5}{3}x^3+x$

$=-\dfrac{1}{3}(5x^3-3x)$

$\therefore v_3(1)=-\dfrac{2}{3}$ より，$P_3(x)=\dfrac{v_3(x)}{v_3(1)}=\dfrac{1}{2}(5x^3-3x)$ ←(3 次の多項式) …(答)

$x=1$のとき，(i)(ii)より，$P_{2m}(1)=\frac{u_{2m}(1)}{u_{2m}(1)}=1$，$P_{2m+1}(1)=\frac{v_{2m+1}(1)}{v_{2m+1}(1)}=1$となる。
つまり，$P_n(x)$ は，$P_n(1)=1$ をみたす，①の n 次の多項式の解なんだね。

(2)・$n=1$ のとき，①は

$(1-x^2)y''-2xy'+n(n+1)y=0$ …①

$(1-x^2)y''-2xy'+\underset{1\cdot 2}{2}y=0$　この一般解 y は，

$$y=C_1u_1(x)+C_2\underbrace{P_1(x)}_{x}$$

$$=C_2x+C_1\left\{1-\frac{1\cdot(1+1)}{2!}x^2+\frac{1\cdot(1-2)(1+1)(1+3)}{4!}x^4-\cdots\right\}$$

$$=C_2x+C_1\left(1-x^2-\frac{1}{3}x^4-\cdots\right)$$ ……………………………………(答)

・$n=2$ のとき，①は

$(1-x^2)y''-2xy'+\underset{2\cdot 3}{6}y=0$　この一般解 y は，

$$y=C_1\underbrace{P_2(x)}_{\frac{1}{2}(3x^2-1)}+C_2v_2(x)$$

$$=\frac{C_1}{2}(3x^2-1)+C_2\left\{x-\frac{(2-1)(2+2)}{3!}x^3+\frac{(2-1)(2-3)(2+2)(2+4)}{5!}x^5-\cdots\right\}$$

$$=\frac{C_1}{2}(3x^2-1)+C_2\left\{x-\frac{1\cdot 4}{3!}x^3+\frac{1\cdot(-1)\cdot 4\cdot 6}{5!}x^5-\cdots\right\}$$

$$=\frac{C_1}{2}(3x^2-1)+C_2\left(x-\frac{2}{3}x^3-\frac{1}{5}x^5-\cdots\right)$$ ……………………………(答)

・$n=3$ のとき，①は

$(1-x^2)y''-2xy'+\underset{3\cdot 4}{12}y=0$　この一般解 y は，

$$y=C_1u_3(x)+C_2\underbrace{P_3(x)}_{\frac{1}{2}(5x^3-3x)}$$

$$=\frac{C_2}{2}(5x^3-3x)+C_1\left\{1-\frac{3\cdot(3+1)}{2!}x^2+\frac{3(3-2)(3+1)(3+3)}{4!}x^4-\cdots\right\}$$

$$=\frac{C_2}{2}(5x^3-3x)+C_1\left(1-\frac{3\cdot 4}{2!}x^2+\frac{3\cdot 1\cdot 4\cdot 6}{4!}x^4\ \cdots\right)$$

$$=\frac{C_2}{2}(5x^3-3x)+C_1(1-6x^2+3x^4+\cdots)$$ ……………………………(答)

演習問題 75 ●ロドリグの公式の証明●

n 次の多項式 $u(x)=\dfrac{d^n}{dx^n}(x^2-1)^n$ が，ルジャンドルの微分方程式：

$(1-x^2)y''-2xy'+n(n+1)y=0$ …① $(-1<x<1,\ n：0$ 以上の整数)

の解であることを示すことにより，ロドリグの公式：

$P_n(x)=\dfrac{1}{2^n\cdot n!}\cdot\dfrac{d^n}{dx^n}(x^2-1)^n$ …(＊) $(n=0,\ 1,\ 2,\ \cdots)$

が成り立つことを証明せよ。ここで，$P_n(x)$はルジャンドルの多項式である。

ヒント！ $y=(x^2-1)^n$とおいて，$y'=2nx(x^2-1)^{n-1}$ この両辺にx^2-1をかけて$(x^2-1)y'=2nxy$となる。さらに，この両辺を$n+1$回微分すればいい。

解答＆解説

$y=(x^2-1)^n$ …②とおく。②の両辺を x で微分して，

$y'=2nx(x^2-1)^{n-1}$ この両辺に x^2-1 をかけて，

$(x^2-1)y'=2nxy$ ……③ （$y=(x^2-1)^n$）

ライプニッツの微分公式：
$(fg)^{(n)}={}_nC_0f^{(n)}g+{}_nC_1f^{(n-1)}g^{(1)}+\cdots+{}_nC_{n-1}f^{(1)}g^{(n-1)}+{}_nC_nfg^{(n)}$

③の両辺を x で $n+1$ 回微分すると，

$(\text{左辺})^{(n+1)}=\{\underbrace{y'}_{f}\underbrace{(x^2-1)}_{g}\}^{(n+1)}$

$=\underbrace{(y')^{(n+1)}}_{y^{(n+2)}}(x^2-1)+\underbrace{{}_{n+1}C_1}_{n+1}\underbrace{(y')^{(n)}}_{y^{(n+1)}}\underbrace{(x^2-1)'}_{2x}+\underbrace{{}_{n+1}C_2}_{\frac{(n+1)\cdot n}{2!}}\underbrace{(y')^{(n-1)}}_{y^{(n)}}\underbrace{(x^2-1)''}_{(2x)'=2}$

$=(x^2-1)y^{(n+2)}+2(n+1)xy^{(n+1)}+n(n+1)y^{(n)}$ ……④

$(\text{右辺})^{(n+1)}=\underbrace{2n}_{\text{定数}}(yx)^{(n+1)}=2n\{y^{(n+1)}\cdot x+\underbrace{{}_{n+1}C_1}_{n+1}y^{(n)}\cdot\underbrace{x'}_{1}\}$

$=2n\{xy^{(n+1)}+(n+1)y^{(n)}\}$ ……⑤

よって，④＝⑤より，

$(x^2-1)y^{(n+2)}+2(\cancel{n}+1)xy^{(n+1)}+n(n+1)y^{(n)}=\cancel{2nxy^{(n+1)}}+2n(n+1)y^{(n)}$

$(1-x^2)\underbrace{y^{(n+2)}}_{u''(x)}-2x\underbrace{y^{(n+1)}}_{u'(x)}+n(n+1)\underbrace{y^{(n)}}_{u(x)\text{とおく}}=0$

よって，$u(x)=y^{(n)}=\dfrac{d^n}{dx^n}(x^2-1)^n$ とおくと，

$(1-x^2)y''-2xy'+n(n+1)y=0$ ……①

$(1-x^2)u''-2xu'+n(n+1)u=0$ となるから，

$u(x)=\dfrac{d^n}{dx^n}(x^2-1)^n$ は，ルジャンドルの微分方程式①のn次の多項式の解

$\{x^{2n}-{}_nC_1\cdot x^{2(n-1)}+\cdots+(-1)^n\}^{(n)}=\dfrac{(2n)!}{n!}x^n+\cdots$ ← x の n 次式

である。よって，$u(x)$ と①の n 次の多項式の解であるルジャンドルの多項式 $P_n(x)$ との間に次の関係がある。

$P_n(x)=C\cdot u(x)$ ……⑥ （C：0でない定数）

⑥に $x=1$ を代入して，$P_n(1)=C\cdot u(1)$……⑥′

ここで，

ライプニッツの微分公式
$(fg)^{(n)}={}_nC_0f^{(n)}g+{}_nC_1f^{(n-1)}g^{(1)}+\cdots+{}_nC_nfg^{(n)}$

$u(x)=\dfrac{d^n}{dx^n}(x^2-1)^n=\dfrac{d^n}{dx^n}\{\underbrace{(x-1)^n}_{f}\underbrace{(x+1)^n}_{g}\}$

$=\{(x-1)^n\}^{(n)}(x+1)^n+{}_nC_1\{(x-1)^n\}^{(n-1)}\{(x+1)^n\}^{(1)}$

$\{(x-1)^n\}^{(n)}$：$\{n(x-1)^{n-1}\}^{(n-1)}=\{n(n-1)(x-1)^{n-2}\}^{(n-2)}=\cdots\cdots=n!$

$\{(x-1)^n\}^{(n-1)}=n!(x-1)$

$x=1$ を代入すると 0 になる。

$+{}_nC_2\{(x-1)^n\}^{(n-2)}\{(x+1)^n\}^{(2)}+\cdots+{}_nC_{n-1}\{(x-1)^n\}^{(1)}\{(x+1)^n\}^{(n-1)}$

$\{(x-1)^n\}^{(n-2)}=n(n-1)\cdots3(x-1)^2$，$\{(x-1)^n\}^{(1)}=n(x-1)^{n-1}$

$+(x-1)^n\{(x+1)^n\}^{(n)}$

$\therefore\ u(1)=n!(1+1)^n=2^n\cdot n!$ ……⑦

また，$P_n(1)=1$ …………………⑧ ← P135，P158

⑦と⑧を⑥′に代入して，$1=C\cdot2^n\cdot n!$

$\therefore\ C=\dfrac{1}{2^n\cdot n!}$　　これと $u(x)=\dfrac{d^n}{dx^n}(x^2-1)^n$ を⑥に代入して，

$P_n(x)=\dfrac{1}{2^n\cdot n!}\cdot\underbrace{\dfrac{d^n}{dx^n}(x^2-1)^n}_{u(x)}$ ……(＊) が導かれる。………………………(終)

演習問題 76 ●ベッセルの微分方程式(Ⅰ)●

ベッセルの微分方程式 $x^2y'' + xy' + (x^2 - \alpha^2)y = 0$ …① (α：整数でない正の定数)について，$x = 0$ が確定特異点であることを確認して一般解 y が

$y = C_1J_\alpha(x) + C_2J_{-\alpha}(x)$ ……(＊1)

で与えられることを示せ。ただし，$J_\alpha(x)$ は α 次の第 1 種ベッセル関数

$J_\alpha(x) = \sum_{k=0}^{\infty} \frac{(-1)^k}{k!\Gamma(\alpha + k + 1)} \left(\frac{x}{2}\right)^{2k+\alpha}$ である。

ヒント！ 解を $y = x^\lambda \sum_{k=0}^{\infty} a_k x^k$ $(a_0 \neq 0)$ とおいて，これと y'，y'' を①に代入するんだね。これを x の恒等式に持ち込み，a_k を定めていく。

解答&解説

$x \neq 0$ として①の両辺を x^2 で割って，

$y'' + \underbrace{\frac{1}{x}}_{P(x)} y' + \underbrace{\left(1 - \frac{\alpha^2}{x^2}\right)}_{Q(x)} y = 0$ とし，$P(x) = \frac{1}{x}$，$Q(x) = 1 - \frac{\alpha^2}{x^2}$ とおくと，

$\underbrace{xP(x) = 1}_{\underbrace{1}_{p_0} + 0\cdot x + 0\cdot x^2 + \cdots}$，$\underbrace{x^2Q(x) = x^2 - \alpha^2}_{\underbrace{-\alpha^2}_{q_0} + 0\cdot x + 1\cdot x^2 + 0\cdot x^3 + \cdots}$ は，共に $x = 0$ で解析的である。

決定方程式
$\lambda^2 + (\underbrace{p_0}_{1} - 1)\lambda + \underbrace{q_0}_{-\alpha^2} = 0$
$\lambda^2 - \alpha^2 = 0$
$\therefore \lambda = \pm\alpha$ だね。

よって，$x = 0$ は①の (ア) だから，①は

$y = x^\lambda \sum_{k=0}^{\infty} a_k x^k = \sum_{k=0}^{\infty} a_k x^{k+\lambda}$ ……② $(a_0 \neq 0)$

の級数解をもつ。②の両辺を順次 x で微分して，

$y' = \sum_{k=0}^{\infty}(k+\lambda)a_k x^{k+\lambda-1}$ …③　　$y'' = \sum_{k=0}^{\infty}(k+\lambda)(k+\lambda-1)a_k x^{k+\lambda-2}$ …④

④，③，②を①に代入して，

$$x^2\sum_{k=0}^{\infty}(k+\lambda)(k+\lambda-1)a_k x^{k+\lambda-2} + x\sum_{k=0}^{\infty}(k+\lambda)a_k x^{k+\lambda-1} + (x^2 - \alpha^2)\sum_{k=0}^{\infty}a_k x^{k+\lambda} = 0$$

$$\underbrace{\sum_{k=0}^{\infty}(k+\lambda)(k+\lambda-1)a_k x^{k+\lambda}}_{\lambda(\lambda-1)a_0x^\lambda + (\lambda+1)\lambda a_1 x^{\lambda+1} + \sum_{k=2}^{\infty}(k+\lambda)(k+\lambda-1)a_kx^{k+\lambda}} + \underbrace{\sum_{k=0}^{\infty}(k+\lambda)a_k x^{k+\lambda}}_{\lambda a_0x^\lambda + (\lambda+1)a_1x^{\lambda+1} + \sum_{k=2}^{\infty}(k+\lambda)a_kx^{k+\lambda}} + \underbrace{\sum_{k=0}^{\infty}a_k x^{k+\lambda+2}}_{\sum_{k=2}^{\infty}a_{k-2}x^{k+\lambda}} - \underbrace{\sum_{k=0}^{\infty}\alpha^2 a_k x^{k+\lambda}}_{\alpha^2a_0x^\lambda + \alpha^2a_1x^{\lambda+1} + \sum_{k=2}^{\infty}\alpha^2a_kx^{k+\lambda}} = 0$$

$$\underbrace{\{\lambda(\lambda - 1) + \lambda - \alpha^2\}a_0x^\lambda}_{(\lambda^2-\alpha^2)a_0 = 0} + \underbrace{\{(\lambda+1)\lambda + (\lambda+1) - \alpha^2\}a_1x^{\lambda+1}}_{\{(\lambda+1)^2-\alpha^2\}a_1 = 0}$$

$$+\sum_{k=2}^{\infty}\underbrace{\{(k+\lambda)(k+\lambda-1)a_k + (k+\lambda)a_k + a_{k-2} - \alpha^2a_k\}}_{\{(k+\lambda)^2-\alpha^2\}a_k + a_{k-2} = 0}x^{k+\lambda} = 0$$

これが x の(イ)となるための条件は

$$\begin{cases} \{(\lambda^2-\alpha^2)a_0=0 & \cdots\cdots⑤ \\ \{(\lambda+1)^2-\alpha^2\}a_1=0 & \cdots\cdots⑥ \\ (k+\lambda+\alpha)(k+\lambda-\alpha)a_k+a_{k-2}=0 & \cdots\cdots⑦ \quad (k=2,\ 3,\ 4,\ \cdots) \end{cases}$$

⑤で，$a_0 \neq 0$ より，$\underbrace{\lambda^2-\alpha^2=0}$ $\therefore \lambda=\pm\alpha$ となる。これを⑥に代入して，

λの決定方程式

$\{(\pm\alpha+1)^2-\alpha^2\}a_1=0 \qquad (\pm 2\alpha+1)a_1=0$

これが任意の定数 α に対して成り立つために，$a_1=$ (ウ) とする。

（ｉ）$\lambda=$ (エ) のとき，これを⑦に代入して，

(i) $\lambda=$ (エ) と，(ii) $\lambda=$ (オ) に場合分けする。

$k(k+2\alpha)a_k+a_{k-2}=0$

$\therefore a_k=-\dfrac{1}{k(k+2\alpha)}a_{k-2}$ ……⑧ $(k=2,\ 3,\ 4,\ \cdots)$

$a_1=$ (ウ) より，⑧に $k=3,\ 5,\ 7,\ \cdots$ を代入すると，

$a_1=a_3=a_5=a_7=\cdots=0$ が導かれる。

$a_2,\ a_4,\ a_6,\ \cdots$ について，⑧より，

$k=2$ のとき，$a_2=-\dfrac{1}{2(2+2\alpha)}a_0=-\dfrac{1}{2\cdot 2(1+\alpha)}a_0$

$k=4$ のとき，$a_4=-\dfrac{1}{4(4+2\alpha)}a_2=-\dfrac{1}{4\cdot 2(2+\alpha)}\cdot\left\{-\dfrac{1}{2\cdot 2(1+\alpha)}a_0\right\}$

$$=\frac{1}{2\cdot 4\cdot 2^2(\alpha+1)(\alpha+2)}a_0$$

$k=6$ のとき，$a_6=-\dfrac{1}{6(6+2\alpha)}a_4=-\dfrac{1}{6\cdot 2(3+\alpha)}\cdot\dfrac{1}{2\cdot 4\cdot 2^2(\alpha+1)(\alpha+2)}a_0$

$$=-\frac{1}{2\cdot 4\cdot 6\cdot 2^3(\alpha+1)(\alpha+2)(\alpha+3)}a_0$$

以下同様にして，

$$a_{2k}=\frac{(-1)^k}{\underbrace{2\cdot 4\cdot 6\cdots(2k)}\cdot 2^k(\alpha+1)(\alpha+2)\cdots(\alpha+k)}a_0$$

$(2\cdot 1)(2\cdot 2)(2\cdot 3)\cdots(2k)=2^k\cdot k!$

$\therefore a_{2k}=\dfrac{(-1)^k}{2^{2k}\cdot k!(\alpha+1)(\alpha+2)\cdots(\alpha+k)}a_0$ …⑨ $(k=1,\ 2,\ 3,\ \cdots)$

よって，①のベッセルの微分方程式の解の 1 つ y_1 は，

$$y_1 = \sum_{k=0}^{\infty} a_{2k}x^{2k+\alpha} = \sum_{k=0}^{\infty} \frac{(-1)^k}{2^{2k}\cdot k!(\alpha+1)(\alpha+2)\cdots(\alpha+k)} a_0 \cdot x^{2k+\alpha} \quad \cdots ⑩$$

（α の上に注記：λ）

ここで，ガンマ関数 $\Gamma(x)$ を用いて，

ガンマ関数 $\Gamma(x)$ については P173 参照

$a_0 =$ (カ) とおくと，⑩は

$$y_1 = \sum_{k=0}^{\infty} \frac{(-1)^k}{2^{2k}\cdot k!(\alpha+1)(\alpha+2)\cdots(\alpha+k)} \cdot \frac{1}{2^{\alpha}\Gamma(\alpha+1)} \cdot x^{2k+\alpha}$$

（$\Gamma(\alpha+1)$ に注記：$\alpha(\alpha-1)(\alpha-2)\cdots$）

$$= \sum_{k=0}^{\infty} \frac{(-1)^k}{k!(\alpha+k)(\alpha+k-1)\cdots(\alpha+2)(\alpha+1)\Gamma(\alpha+1)} \cdot \left(\frac{x}{2}\right)^{2k+\alpha}$$

（$(\alpha+k)(\alpha+k-1)\cdots(\alpha+2)(\alpha+1)\Gamma(\alpha+1)$ に注記：$\Gamma(\alpha+k+1)$）

$$= \sum_{k=0}^{\infty} \frac{(-1)^k}{k!\Gamma(\alpha+k+1)} \cdot \left(\frac{x}{2}\right)^{2k+\alpha} \quad [= J_{\alpha}(x)]$$

これが α 次の第 1 種ベッセル関数 $J_{\alpha}(x)$ より，

$$y_1 = J_{\alpha}(x) = \sum_{k=0}^{\infty} \frac{(-1)^k}{k!\Gamma(\alpha+k+1)} \cdot \left(\frac{x}{2}\right)^{2k+\alpha} \text{ となる。}$$

α は整数でないので，$-\alpha+k+1$ も整数ではない。よって，ガンマ関数 $\Gamma(-\alpha+k+1)$ は任意の k $(k=0, 1, 2, \cdots)$ に対して定義できる。

(ii) $\lambda =$ (オ) のとき，(i) と同様にして，y_1 と 1 次独立な①の基本解 y_2 は，

$$y_2 = J_{-\alpha}(x) = \sum_{k=0}^{\infty} \frac{(-1)^k}{k!\Gamma(-\alpha+k+1)} \cdot \left(\frac{x}{2}\right)^{2k-\alpha} \text{ となる。}$$

以上 (i)(ii) より，α が整数でない正の定数のとき，ベッセルの微分方程式①の一般解は，

$y = C_1J_{\alpha}(x) + C_2J_{-\alpha}(x)$ …(＊1) である。……………………………………(終)

$\lambda_1 = \alpha$，$\lambda_2 = -\alpha$ とおくと，$\lambda_1 - \lambda_2 = 2\alpha$ (>0)

(i) $\alpha \fallingdotseq \frac{1}{2}, \frac{3}{2}, \frac{5}{2}, \cdots$，すなわち $\lambda_1 - \lambda_2 = 2\alpha \fallingdotseq$ (整数) のとき，①の一般解は (＊1) となる。

(ii) $\alpha = \frac{1}{2}, \frac{3}{2}, \frac{5}{2}, \cdots$，すなわち $\lambda_1 - \lambda_2 = 2\alpha =$ (正の整数) のとき，ある 0 以上の整数 k，k' に対して，$x^{2k+\alpha}$ と $x^{2k'-\alpha}$ の指数が一致すると仮定すると，

$2k+\alpha = 2k'-\alpha$，$2\alpha = 2(k'-k)$ $\therefore \alpha = k'-k$ となって矛盾が生じる。

（α に注記：$\frac{1}{2}, \frac{3}{2}, \frac{5}{2}, \cdots$ ／ $k'-k$ に注記：整数）

$J_{\alpha}(x)$ と $J_{-\alpha}(x)$ は 1 次独立

よって，$J_{\alpha}(x) \fallingdotseq C\cdot J_{-\alpha}(x)$ (C：定数) より，①の一般解はやはり (＊1) となる。

解答　(ア) 確定特異点　(イ) 恒等式　(ウ) 0　(エ) α　(オ) $-\alpha$　(カ) $\frac{1}{2^{\alpha}\Gamma(\alpha+1)}$

演習問題 77 ● $\frac{1}{2}$ 次の第 1 種ベッセル関数 ●

$J_{\frac{1}{2}}(x)=\sqrt{\frac{2}{\pi x}}\sin x$ ……①, $J_{-\frac{1}{2}}(x)=\sqrt{\frac{2}{\pi x}}\cos x$ ……② を証明せよ。

ヒント! $J_{\frac{1}{2}}(x)$ と $J_{-\frac{1}{2}}(x)$ は，ベッセルの微分方程式
$x^2y''+xy'+\left(x^2-\frac{1}{4}\right)y=0$ の 1 次独立な 2 つの基本解だね。$\left(\alpha=\frac{1}{2}\text{ の場合}\right)$
$J_{\frac{1}{2}}(x)$ と $J_{-\frac{1}{2}}(x)$ をそれぞれ具体的に計算する。

解答＆解説

$$J_{\frac{1}{2}}(x)=\sum_{k=0}^{\infty}\frac{(-1)^k}{k!\Gamma\left(k+\frac{3}{2}\right)}\cdot\left(\frac{x}{2}\right)^{2k+\frac{1}{2}} \quad \leftarrow \boxed{J_\alpha(x)=\sum_{k=0}^{\infty}\frac{(-1)^k}{k!\Gamma(\alpha+k+1)}\cdot\left(\frac{x}{2}\right)^{2k+\alpha}}$$

$$=\sum_{k=0}^{\infty}\frac{(-1)^k}{\underbrace{k(k-1)\cdots2\cdot1}_{k\text{ 項の積}}\times\underbrace{\left(k+\frac{1}{2}\right)\left(k-\frac{1}{2}\right)\cdots\frac{3}{2}\cdot\frac{1}{2}}_{k+1\text{ 項の積}}\underbrace{\sqrt{\pi}}_{\Gamma\left(\frac{1}{2}\right)}}\cdot\frac{\sqrt{2}}{\underbrace{2^{2k+1}}_{2^k2^{k+1}}}\cdot\frac{x^{2k+1}}{\sqrt{x}}$$

$$=\sqrt{\frac{2}{\pi x}}\sum_{k=0}^{\infty}\frac{(-1)^k}{2k(2k-2)\cdots4\cdot2\times(2k+1)(2k-1)\cdots3\cdot1}x^{2k+1}$$

$$=\sqrt{\frac{2}{\pi x}}\sum_{k=0}^{\infty}\frac{(-1)^k}{(2k+1)\cdot2k\cdot(2k-1)(2k-2)\cdots3\cdot2\cdot1}x^{2k+1}$$

$$=\sqrt{\frac{2}{\pi x}}\underbrace{\sum_{k=0}^{\infty}\frac{(-1)^k}{(2k+1)!}x^{2k+1}}_{\sin x\,(\text{P130})}=\sqrt{\frac{2}{\pi x}}\sin x \quad \cdots\cdots①$$ ……………………(終)

$$J_{-\frac{1}{2}}(x)=\sum_{k=0}^{\infty}\frac{(-1)^k}{k!\Gamma\left(k+\frac{1}{2}\right)}\cdot\left(\frac{x}{2}\right)^{2k-\frac{1}{2}} \quad \leftarrow \boxed{J_{-\alpha}(x)=\sum_{k=0}^{\infty}\frac{(-1)^k}{k!\Gamma(-\alpha+k+1)}\cdot\left(\frac{x}{2}\right)^{2k-\alpha}}$$

$$=\sum_{k=0}^{\infty}\frac{(-1)^k}{\underbrace{k(k-1)\cdots2\cdot1}_{k\text{ 項の積}}\times\underbrace{\left(k-\frac{1}{2}\right)\left(k-\frac{3}{2}\right)\cdots\frac{3}{2}\cdot\frac{1}{2}}_{k\text{ 項の積}}\sqrt{\pi}}\cdot\frac{\sqrt{2}}{\underbrace{2^{2k}}_{2^k\cdot2^k}}\cdot\frac{x^{2k}}{\sqrt{x}}$$

$$=\sqrt{\frac{2}{\pi x}}\underbrace{\sum_{k=0}^{\infty}\frac{(-1)^k}{(2k)!}x^{2k}}_{\cos x\,(\text{P130})}=\sqrt{\frac{2}{\pi x}}\cos x \quad \cdots\cdots②$$ ……………………………(終)

演習問題 78 ● $J_n(x)$ と $J_{-n}(x)$ の 1 次従属性 ●

n が正の整数のとき，

$J_{-n}(x)=(-1)^n J_n(x)$ を証明せよ。

ここで，$J_\alpha(x)$ は，α 次の第 1 種ベッセル関数で，

$J_\alpha(x)=\displaystyle\sum_{k=0}^{\infty}\frac{(-1)^k}{k!\Gamma(\alpha+k+1)}\cdot\left(\frac{x}{2}\right)^{2k+\alpha}$ である。（α：0 以上の定数）

ヒント！ $k=0,\ 1,\ \cdots,\ n-1$ のとき，$-n+k+1$ は 0 以下の整数だから，$\Gamma(-n+k+1)=\pm\infty$ となる。

解答＆解説

$J_{-n}(x)=\displaystyle\sum_{k=0}^{\infty}\frac{(-1)^k}{k!\Gamma(-n+k+1)}\cdot\left(\frac{x}{2}\right)^{2k-n}$ について，

$-n+k+1\leqq$ (ア)，すなわち，$0\leqq k\leqq n-1$ のとき，

$\Gamma(-n+k+1)=$ (イ) だから，x^{2k-n} の係数 $\dfrac{(-1)^k}{2^{2k-n}\cdot k!\cdot\Gamma(-n+k+1)}=$ (ウ)

（$-n+k+1$：0 以下の整数）（$\Gamma(-n+k+1)=\pm\infty$）

（x が 0 以下の整数のとき，$\Gamma(x)=\pm\infty$　$\therefore\dfrac{1}{\Gamma(x)}=0$ となる。）

$$\therefore J_{-n}(x)=\sum_{k=n}^{\infty}\frac{(-1)^k}{k!\Gamma(-n+k+1)}\cdot\left(\frac{x}{2}\right)^{2k-n}$$

（$k=n$ スタート）（$\Gamma(-n+k+1)=(k-n)!$）

$$=\sum_{k=n}^{\infty}\frac{(-1)^k}{(k-n)!\,k!}\cdot\left(\frac{x}{2}\right)^{2k-n}$$

（$k-n$ を m とおく）（$k=m+n$）

$$=\sum_{m=\square\,(エ)}^{\infty}\frac{(-1)^{m+n}}{m!(m+n)!}\cdot\left(\frac{x}{2}\right)^{2(m+n)-n}$$

（$(m+n)!=\Gamma(m+n+1)$）（$2(m+n)-n=2m+n$）

$$=(-1)^n\sum_{m=\square\,(エ)}^{\infty}\frac{(-1)^m}{m!\Gamma(n+m+1)}\cdot\left(\frac{x}{2}\right)^{2m+n}=(-1)^n\cdot J_n(x)$$

（$(-1)^n$：定数）（$\sum$ 部分 $=J_n(x)$）

$\therefore J_{-n}(x)=(-1)^n\cdot J_n(x)$ となる。 ……………………(終)

（$J_n(x)$ と $J_{-n}(x)$ は 1 次従属）

解答　(ア) 0　(イ) $\pm\infty$　(ウ) 0　(エ) 0

演習問題 79　●ベッセルの微分方程式（Ⅱ）●

ベッセルの微分方程式：$x^2y'' + xy' + x^2y = 0$ ……①　$(x > 0)$

の一般解 y は，$y = C_1J_0(x) + C_2Y_0(x)$ となる。

このとき，0 次の第 1 種ベッセル関数 $J_0(x)$ と，0 次の第 2 種ベッセル関数 $Y_0(x)$ が，それぞれ次式で与えられることを示せ。

$$J_0(x) = \sum_{k=0}^{\infty} \frac{(-1)^k}{(k!)^2} \cdot \left(\frac{x}{2}\right)^{2k}$$

$$Y_0(x) = -\sum_{k=1}^{\infty} \frac{(-1)^k}{(k!)^2}\left(1 + \frac{1}{2} + \frac{1}{3} + \cdots + \frac{1}{k}\right) \cdot \left(\frac{x}{2}\right)^{2k} + J_0(x)\log x$$

ヒント！ ベッセルの微分方程式：$x^2y'' + xy' + (x^2 - \alpha^2)y = 0$ の $\alpha = 0$ の場合だね。λ の決定方程式 $\lambda^2 - \alpha^2 = \lambda^2 = 0$ より，$\lambda = 0$（重解）となる。よって，①の１次独立な２つの基本解は，$y_1 = J_0(x)$ と $y_2 = x\sum_{k=0}^{\infty} b_kx^k + J_0(x)\log x$ となる。(P131)

解答＆解説

（この1つの解は，α 次の第1種ベッセル関数となる。）

①は，ベッセルの微分方程式：$x^2\ y'' + xy' + (x^2 - \alpha^2)y = 0$　$(\alpha \geqq 0)$ の $\alpha = 0$ の場合だから，決定方程式は $\lambda^2 = 0$　$\therefore \lambda = 0$（重解）←(P161)

よって，①の１つの解 y_1 は，0 次の第 1 種ベッセル関数 $J_0(x)$ より，

$$y_1 = J_0(x) = \sum_{k=0}^{\infty} \frac{(-1)^k}{k!\,\Gamma(k+1)} \cdot \left(\frac{x}{2}\right)^{2k} = \sum_{k=0}^{\infty} \frac{(-1)^k}{(k!)^2} \cdot \left(\frac{x}{2}\right)^{2k}$$ である。　………(終)

（$\Gamma(k+1) = k!$）

y_1 と 1 次独立な①の基本解 y_2 は，

$$y_2 = x^{1}\sum_{k=0}^{\infty} b_kx^k + J_0(x)\log x$$

（$\lambda_1 + 1 = \alpha + 1 = 0 + 1$，$J_0(x) = y_1$）

（決定方程式が重解 $\lambda_1 = 0$ をもつとき，ベッセル方程式の，$y_1 = J_0(x)$ と 1 次独立な基本解 y_2 は，$y_2 = x^{0+1}\sum_{k=0}^{\infty} b_kx^k + J_0(x)\log x$ だ。(P131)）

ここで，

$$x\sum_{k=0}^{\infty} b_kx^k = \sum_{k=0}^{\infty} b_kx^{k+1}$$

$$= b_0x + b_1x^2 + b_2x^3 + \cdots$$

$$= C_1x + C_2x^2 + C_3x^3 + \cdots$$

（$b_k = C_{k+1}$ $(k = 0,\ 1,\ 2,\ \cdots)$ とおいた。）

$$= \sum_{m=1}^{\infty} C_mx^m$$ と表すと，y_2 は，

$$y_2 = \sum_{m=1}^{\infty} C_mx^m + J_0\log x \quad \cdots\cdots②$$（ただし，J_0 は $J_0(x)$ を表す。）

②の両辺を順次 x で微分して，

$$y_2' = \sum_{m=1}^{\infty} mC_m x^{m-1} + J_0' \log x + \frac{J_0}{x} \quad \cdots\cdots③$$

$$y_2'' = \sum_{m=1}^{\infty} m(m-1)C_m x^{m-2} + J_0'' \log x + \frac{J_0'}{x} + \frac{J_0' x - J_0 \cdot 1}{x^2}$$

$$= \sum_{m=1}^{\infty} m(m-1)C_m x^{m-2} + J_0'' \log x + \frac{2J_0'}{x} - \frac{J_0}{x^2} \quad \cdots\cdots④$$

商の微分法

$$\left(\frac{g}{f}\right)' = \frac{g'f - gf'}{f^2}$$

④，③，②を①に代入して，

$$x^2\left\{\sum_{m=1}^{\infty} m(m-1)C_m x^{m-2} + J_0'' \log x + \frac{2J_0'}{x} - \frac{J_0}{x^2}\right\} + x\left\{\sum_{m=1}^{\infty} mC_m x^{m-1} + J_0' \log x + \frac{J_0}{x}\right\} + x^2\left\{\sum_{m=1}^{\infty} C_m x^m + J_0 \log x\right\} = 0$$

$$\sum_{m=1}^{\infty} m(m-1)C_m x^m + x^2 J_0'' \log x + 2xJ_0' + \sum_{m=1}^{\infty} mC_m x^m + xJ_0' \log x + \sum_{m=1}^{\infty} C_m x^{m+2} + x^2 J_0 \log x = 0$$

左辺を $\log x$ でまとめると，

$$(x^2 J_0'' + xJ_0' + x^2 J_0)\log x + 2xJ_0' + \sum_{m=1}^{\infty} m(m-1)C_m x^m + \sum_{m=1}^{\infty} mC_m x^m + \sum_{m=1}^{\infty} C_m x^{m+2} = 0$$

0（$\because J_0$ は①の解）

$$2 \cdot 1 \cdot C_2 x^2 + \sum_{m=3}^{\infty} m(m-1)C_m x^m \qquad 1 \cdot C_1 x + 2C_2 x^2 + \sum_{m=3}^{\infty} mC_m x^m \qquad \sum_{m=3}^{\infty} C_{m-2} x^m$$

$$C_1 x + 4C_2 x^2 + \sum_{m=3}^{\infty} [\{m(m-1) + m\}C_m + C_{m-2}]x^m + 2xJ_0' = 0$$

$$\therefore C_1 x + 4C_2 x^2 + \sum_{m=3}^{\infty} (m^2 C_m + C_{m-2})x^m = -2xJ_0' \quad \cdots\cdots⑤$$

ここで，

$$J_0'(x) = \left\{\sum_{k=0}^{\infty} \frac{(-1)^k}{(k!)^2}\left(\frac{x}{2}\right)^{2k}\right\}' = \left\{\sum_{k=0}^{\infty} \frac{(-1)^k}{2^{2k}(k!)^2} x^{2k}\right\}' = \sum_{k=0}^{\infty} \frac{(-1)^k 2k}{2^{2k}(k!)^2} x^{2k-1}$$

$$\therefore J_0'(x) = \sum_{k=1}^{\infty} \frac{(-1)^k 2k}{2^{2k}(k!)^2} x^{2k-1}$$ この両辺に $-2x$ をかけて，

$$-2xJ_0' = \sum_{k=1}^{\infty} \frac{(-1)^{k+1} 2^2 k}{2^{2k}(k!)^2} x^{2k}$$

$$= \frac{(-1)^2 \cdot 2^2}{2^2 \cdot 1^2} x^2 + \sum_{k=2}^{\infty} \frac{(-1)^{k+1} \cdot k}{2^{2k-2}(k!)^2} x^{2k} = x^2 + \sum_{k=2}^{\infty} \frac{(-1)^{k+1} \cdot k}{2^{2k-2}(k!)^2} x^{2k}$$

（$\dfrac{(-1)^2 \cdot 2^2}{2^2 \cdot 1^2} = 1$）

$$\therefore -2xJ_0' = x^2 + \sum_{k=2}^{\infty} \frac{(-1)^{k+1} \cdot k}{2^{2k-2}(k!)^2} x^{2k} \quad \cdots\cdots⑥$$

$$C_1x + 4C_2x^2 + \sum_{m=3}^{\infty}(m^2C_m + C_{m-2})x^m = -2xJ_0' \cdots⑤$$

$$-2xJ_0' = x^2 + \sum_{k=2}^{\infty}\frac{(-1)^{k+1}\cdot k}{2^{2k-2}(k!)^2}x^{2k} \cdots\cdots\cdots\cdots\cdots\cdots⑥$$

⑥を⑤に代入して，

$$\underbrace{C_1}_{0}x + \underbrace{4C_2}_{1}x^2 + \sum_{m=3}^{\infty}(m^2C_m + C_{m-2})x^m = x^2 + \sum_{k=2}^{\infty}\frac{(-1)^{k+1}\cdot k}{2^{2k-2}(k!)^2}x^{2k} \quad \cdots\cdots⑦$$

⑦の両辺の x，x^2 の係数を比較して，

$$C_1 = 0 \quad 4C_2 = 1 \quad \therefore C_2 = \frac{1}{2^2}$$

⑦の右辺は x^2，x^4，x^6，…を含む項のみの級数だから，左辺の x^3，x^5，x^7，…の各係数 $m^2C_m + C_{m-2} = 0$　$(m = 3,\ 5,\ 7,\ \cdots)$ となる。

$m = 3$ のとき，$3^2C_3 + \underbrace{C_1}_{0} = 0$　$\therefore C_1 = 0$ より，$C_3 = 0$

$m = 5$ のとき，$5^2C_5 + \underbrace{C_3}_{0} = 0$　$\therefore C_3 = 0$ より，$C_5 = 0$

以下同様にして，

$C_1 = C_3 = C_5 = C_7 = \cdots = 0$ である。

⑦において，$m = 2k$ $(k = 2, 3, 4, \cdots)$ のとき，両辺の x^{2k} の係数を比較して，

$$(2k)^2C_{2k} + C_{2k-2} = \frac{(-1)^{k+1}\cdot k}{2^{2k-2}\cdot(k!)^2}$$

$$\therefore C_{2k} = \frac{1}{(2k)^2}\left\{-C_{2k-2} + \frac{(-1)^{k+1}\cdot k}{2^{2k-2}(k!)^2}\right\} \cdots\cdots⑧ \quad (k = 2,\ 3,\ 4,\ \cdots)$$

$k = 2$ のとき，

$$C_4 = \frac{1}{4^2}\left\{-\underbrace{\frac{1}{2^2}}_{C_2} - \frac{2}{2^2(2!)^2}\right\} = -\frac{1}{2^2\cdot 4^2}\left(1 + \frac{1}{2}\right)$$

$k = 3$ のとき，

$$C_6 = \frac{1}{6^2}\left\{-\left(\underbrace{-\frac{1}{2^2\cdot 4^2}\left(1 + \frac{1}{2}\right)}_{C_4}\right) + \underbrace{\frac{3}{2^4(3!)^2}}_{\frac{1}{2^4\cdot 2\cdot 3!} = \frac{1}{2^2\cdot 4^2\cdot 3}}\right\} = \frac{1}{6^2}\left\{\frac{1}{2^2\cdot 4^2}\left(1 + \frac{1}{2}\right) + \frac{1}{2^2\cdot 4^2\cdot 3}\right\}$$

$$= \frac{1}{2^2\cdot 4^2\cdot 6^2}\left(1 + \frac{1}{2} + \frac{1}{3}\right)$$

$k=1$ のとき，$C_2=\frac{1}{2^2}$ となって，成り立つね。

以上より，$k=1,\ 2,\ 3,\ \cdots$ のとき，

$$C_{2k}=\frac{(-1)^{k+1}}{2^2\cdot 4^2\cdots(2k)^2}\left(1+\frac{1}{2}+\cdots+\frac{1}{k}\right)\quad\cdots⑨$$ と推定できる。

⑨が成り立つと仮定すると，⑧より，

$$C_{2(k+1)}=\frac{1}{\{2(k+1)\}^2}\left\{-\underbrace{C_{2(k+1)-2}}_{C_{2k}}+\frac{(-1)^{k+1+1}\cdot(k+1)}{2^{2(k+1)-2}\cdot\{(k+1)!\}^2}\right\}$$

$$=\frac{1}{\{2(k+1)\}^2}\left\{-\underbrace{\frac{(-1)^{k+1}}{2^2\cdot 4^2\cdots(2k)^2}\left(1+\frac{1}{2}+\cdots+\frac{1}{k}\right)}_{C_{2k}\ (\text{仮定⑨より})}+\frac{(-1)^{k+2}(k+1)}{2^{2k}\{(k+1)!\}^2}\right\}$$

$2^{2k}\cdot 1^2\cdot 2^2\cdots k^2\ (k+1)^2$
$=(2^k\cdot 1\cdot 2\cdots k)^2\ (k+1)^2$
$=\{2\cdot 4\cdots(2k)\}^2\ (k+1)^2$

$$=\frac{(-1)^{k+2}}{2^2\cdot 4^2\cdots(2k)^2\ \{2(k+1)\}^2}\left(1+\frac{1}{2}+\cdots+\frac{1}{k}+\frac{1}{k+1}\right)$$

となる。よって，数学的帰納法により，⑨はすべての自然数 k について成り立つ。ここで，

$2^2\cdot 4^2\cdots(2k)^2=(2^k\cdot\underbrace{1\cdot 2\cdots k}_{k!})^2=2^{2k}\cdot(k!)^2$ だから，⑨は，

$$C_{2k}=-\frac{(-1)^k}{2^{2k}\cdot(k!)^2}\left(1+\frac{1}{2}+\cdots+\frac{1}{k}\right)\quad\cdots⑨'\ (k=1,\ 2,\ \cdots)$$ となる。

以上より，

$$\sum_{m=1}^{\infty}C_mx^m=\sum_{k=1}^{\infty}C_{2k}x^{2k}=-\sum_{k=1}^{\infty}\frac{(-1)^k}{2^{2k}\cdot(k!)^2}\left(1+\frac{1}{2}+\cdots+\frac{1}{k}\right)x^{2k}$$

よって，$y_2=\sum_{m=1}^{\infty}C_mx^m+J_0(x)\cdot\log x\quad\cdots②$，すなわち

0 次の第 2 種ベッセル関数 $y_2=Y_0(x)$ は，

$$Y_0(x)=-\sum_{k=1}^{\infty}\frac{(-1)^k}{2^{2k}\cdot(k!)^2}\left(1+\frac{1}{2}+\cdots+\frac{1}{k}\right)x^{2k}+J_0(x)\cdot\log x$$

$$=-\sum_{k=1}^{\infty}\frac{(-1)^k}{(k!)^2}\left(1+\frac{1}{2}+\cdots+\frac{1}{k}\right)\left(\frac{x}{2}\right)^{2k}+J_0(x)\cdot\log x$$ となる。……(終)

自然数 m に対して，H_m を $H_m=1+\frac{1}{2}+\frac{1}{3}+\cdots+\frac{1}{m}$ と定義すると，
0 次の第 2 種ベッセル関数 $Y_0(x)$ は，簡潔に
$Y_0(x)=-\sum_{k=1}^{\infty}\frac{(-1)^k}{(k!)^2}H_k\left(\frac{x}{2}\right)^{2k}+J_0(x)\cdot\log x$ と書けるんだね。

講義 Lecture 7 ラプラス変換・ラプラス逆変換 methods & formulae

§1. ラプラス変換とラプラス逆変換

初期条件も含む微分方程式の問題を解くのに有力な方法として**ラプラス変換**と**ラプラス逆変換**がある。まず，ラプラス変換の定義を示す。

区間 $[0, \infty)$ で定義された t の関数 $f(t)$ を，次のような s の関数 $F(s)$ に対応させる演算子を $\mathcal{L}$ とおき，これを**ラプラス変換**という。

$$F(s)=\mathcal{L}[f(t)]=\int_0^\infty f(t)e^{-st}dt$$

ここで，$f(t)$ を**原関数**，$F(s)$ を**像関数**と呼ぶ。

逆に，s の関数 $F(s)$ に対して，$F(s)=\mathcal{L}[f(t)]$ をみたす関数 $f(t)$ が存在するとき，この $f(t)$ を $F(s)$ の**ラプラス逆変換**と呼び，

$f(t)=\mathcal{L}^{-1}[F(s)]$ と表す。

2 つの原関数 $f_1(x)$ と $f_2(x)$ の像関数が同じ $F(s)$ のとき，x の有限個の点を除いて，$f_1(x)$ と $f_2(x)$ は一致する。よって，x の有限個の点を除いて考えれば，原関数 $f(t)$ とその像関数 $F(s)$ は 1 対 1 に対応する。

一般に，無限積分 $\int_0^\infty f(t)dt$ は線形性をもつ。すなわち，

$$\int_0^\infty \{af(x)+bg(x)\}dx=a\int_0^\infty f(x)dx+b\int_0^\infty g(x)dx \quad \cdots ① \quad (a,\ b:\text{定数})$$

これは，無限積分の定義から次のように示される。

$$\int_0^\infty \{af(x)+bg(x)\}dx=\lim_{p\to\infty}\int_0^p \{af(x)+bg(x)\}dx$$

$$=\lim_{p\to\infty}\left\{a\int_0^p f(x)dx+b\int_0^p g(x)dx\right\}=a\int_0^\infty f(x)dx+b\int_0^\infty g(x)dx$$

このことから，ラプラス変換およびラプラス逆変換も線形性をもつことが示される。

$F(s)=\mathcal{L}[f(t)]$，$G(s)=\mathcal{L}[g(t)]$ のとき，

(Ⅰ) ラプラス変換の線形性

$$\mathcal{L}[af(t)+bg(t)]=a\mathcal{L}[f(t)]+b\mathcal{L}[g(t)]=aF(s)+bG(s)$$

(Ⅱ) ラプラス逆変換の線形性

$$\mathcal{L}^{-1}[aF(s)+bG(s)]=a\mathcal{L}^{-1}[F(s)]+b\mathcal{L}^{-1}[G(s)]$$

(Ⅱ)の証明を示す。

$F(s)=\mathcal{L}[f(t)]$ より，　$\mathcal{L}^{-1}[F(s)]=f(t)$

$G(s)=\mathcal{L}[g(t)]$ より，　$\mathcal{L}^{-1}[G(s)]=g(t)$　　よって，

(Ⅰ) $\mathcal{L}[af(t)+bg(t)]=aF(s)+bG(s)$ より，

$\mathcal{L}^{-1}[aF(s)+bG(s)]=af(t)+bg(t)=a\mathcal{L}^{-1}[F(s)]+b\mathcal{L}^{-1}[G(s)]$

となって，ラプラス逆変換も線形性をもつことが分かる。

また，ラプラス変換は次の**対称性**の性質をもつ。

ラプラス変換の対称性：$\mathcal{L}[f(at)]=\frac{1}{a}F\left(\frac{s}{a}\right)$

このラプラス逆変換は，

$\mathcal{L}^{-1}\left[\frac{1}{a}F\left(\frac{s}{a}\right)\right]=f(at)$　　$\frac{1}{a}\mathcal{L}^{-1}\left[F\left(\frac{s}{a}\right)\right]=f(at)$　　よって，

(ラプラス逆変換の線形性より)

$\mathcal{L}^{-1}\left[F\left(\frac{s}{a}\right)\right]=af(at)$　　ここで，$a=\frac{1}{b}$ とおくと，

ラプラス逆変換の対称性：$\mathcal{L}^{-1}[F(bs)]=\frac{1}{b}f\left(\frac{t}{b}\right)$ が導かれる。

ラプラス変換は以上の他に，次の 2 つの性質をもつ。

第 1 移動定理：$\mathcal{L}[e^{at}f(t)]=F(s-a)$

第 2 移動定理：$\mathcal{L}[f(t-a)\cdot u(t-a)]=e^{-as}F(s)\quad(a\geqq 0)$

第 1 移動定理は，「$f(t)$ に e^{at} をかけると，像関数は $F(s-a)$」，
第 2 移動定理は，「$F(s)$ に e^{-as} をかければ，原関数は $f(t-a)\cdot u(t-a)$」と覚えよう。

ここで，$u(t-a)$ は**単位階段関数**である。

§2. ラプラス変換の存在条件

ラプラス変換 $\mathcal{L}[f(t)]$ が存在するための十分条件を述べたものに，**ラプラス変換の存在定理**がある。この定理を示すための準備として，まず**区分的に連続な関数**と，**指数 α 位の関数**の定義を次に示す。

区分的に連続な関数の定義

区間 $[a, b]$ で定義された関数 $f(t)$ が，有限個の点を除いて連続で，かつ，いずれの不連続点 t_k $(k = 1, 2, \cdots, n)$ においても，
左側極限値 $\lim_{t \to t_k - 0} f(t)$ と右側極限値 $\lim_{t \to t_k + 0} f(t)$ $(k = 1, 2, \cdots, n)$ が存在し，さらに，両端点においても右側極限値 $\lim_{t \to a+0} f(t)$ と左側極限値 $\lim_{t \to b-0} f(t)$ が存在するとき，$f(t)$ を区間 $[a, b]$ で**区分的に連続な関数**という。

区分的に連続な関数 $f(t)$ のイメージ

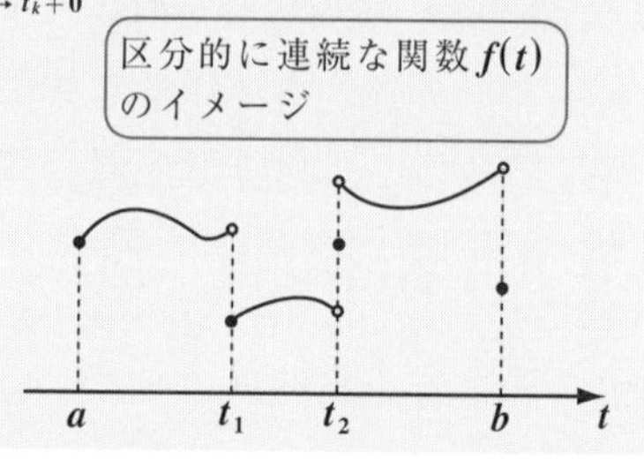

指数 α 位の関数の定義

区間 $[0, \infty)$ で定義されている関数 $f(t)$ について，
$|f(t)| \leqq Me^{\alpha t}$ $(0 \leqq t < \infty)$
をみたす定数 M と α が存在するとき，$f(t)$ を**指数位の関数**，または**指数 α 位の関数**という。

指数 α 位の関数 $f(t)$ のイメージ

以上 2 つの関数の条件を併せもつ $[0, \infty)$ で定義された関数 $f(t)$ は，そのラプラス変換 $\mathcal{L}[f(t)]$ をもつ。このことを，まとめて下に示す。

ラプラス変換の存在定理

区間 $[0, \infty)$ で定義された関数 $f(t)$ が，区分的に連続であり，かつ指数 α 位の関数であるとき，$s > \alpha$ をみたす**すべての** s について，$f(t)$ のラプラス変換 $\mathcal{L}[f(t)]$ が存在する。

$\mathcal{L}[f(t)]$ が存在する $f(t)$ のイメージ

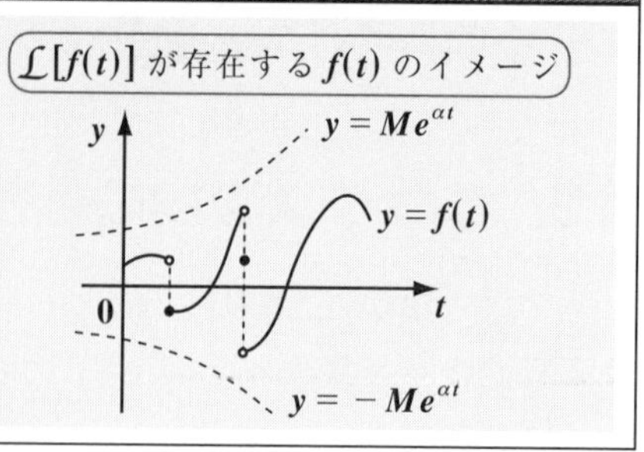

この定理で述べられているラプラス変換：
$F(s) = \mathcal{L}[f(t)] = \int_0^{\infty} f(t)e^{-st}dt$ の s は，十分大きな正の数とみてよい。

§3. ラプラス変換の対応表

主要なラプラス変換・ラプラス逆変換の公式を表の形で下に示す。

$f(t)$	$F(s)$
1 または $u(t)$	$\frac{1}{s}$
t^n	$\frac{n!}{s^{n+1}}$
t^α	$\frac{\Gamma(\alpha+1)}{s^{\alpha+1}}$
e^{at}	$\frac{1}{s-a}\ (s>a)$
$\cos at$	$\frac{s}{s^2+a^2}$
$\sin at$	$\frac{a}{s^2+a^2}$
$\cosh at$	$\frac{s}{s^2-a^2}\ (s>\lvert a\rvert)$
$\sinh at$	$\frac{a}{s^2-a^2}\ (s>\lvert a\rvert)$
$af(t)+bg(t)$	$aF(s)+bG(s)$
$f(at)$	$\frac{1}{a}F\left(\frac{s}{a}\right)$
$e^{at}f(t)$	$F(s-a)$
$\delta(t)$	1

$f(t)$	$F(s)$
$f(t-a)\cdot u(t-a)$	$e^{-as}F(s)\ (a \geqq 0)$
$u(t-a)$	$\frac{e^{-as}}{s}\ (a \geqq 0)$
$erf(\sqrt{at})$	$\frac{\sqrt{a}}{s\sqrt{s+a}}$
$J_0(at)$	$\frac{1}{\sqrt{s^2+a^2}}$
$f'(t)$	$sF(s)-f(0)$
$f''(t)$	$s^2F(s)-sf(0)-f'(0)$
$tf(t)$	$-\frac{d}{ds}F(s)$
$t^nf(t)$	$(-1)^n\frac{d^n}{ds^n}F(s)$
$f(t)*g(t)$	$F(s)\cdot G(s)$
$\int_0^t f(u)du$	$\frac{1}{s}F(s)$
$\int_0^t\int_0^{u_1} f(u)dudu_1$	$\frac{1}{s^2}F(s)$
$\frac{f(t)}{t}$	$\int_s^\infty F(s)ds$

ここで，**ガンマ関数** $\Gamma(\alpha)$ の定義と性質をまとめておこう。

(Ⅰ) ガンマ関数 $\Gamma(\alpha)$ の定義： $\Gamma(\alpha)=\int_0^\infty x^{\alpha-1}\cdot e^{-x}dx \quad (\alpha>0)$

(Ⅱ) $\Gamma(\alpha)$ の性質：(ⅰ) $\Gamma(1)=1$ (ⅱ) $\Gamma\left(\frac{1}{2}\right)=\sqrt{\pi}$

(ⅲ) $\Gamma(\alpha+1)=\alpha\Gamma(\alpha)$ (ⅳ) $\Gamma(n+1)=n!$ (n：自然数)

演習問題 80　●ラプラス変換の線形性と対称性●

(1) $f(t) = t^2 + e^{3t}$ $(t \geqq 0)$ のラプラス変換 $\mathcal{L}[f(t)]$ を求めよ。

(2) (1) の $f(t)$ について，$f(2t)$ のラプラス変換 $\mathcal{L}[f(2t)]$ を求めよ。

ヒント！ ラプラス変換の公式 $\mathcal{L}[e^{at}] = \dfrac{1}{s-a}$，$\mathcal{L}[t^2] = \dfrac{2!}{s^3}$ と，線形性および対称性の公式を利用すればいい。

解答&解説

(1) $F(s) = \mathcal{L}[f(t)]$ とおくと，

$$F(s) = \mathcal{L}[f(t)] = \mathcal{L}[t^2 + e^{3t}]$$
$$= \mathcal{L}[t^2] + \mathcal{L}[e^{3t}]$$
$$= \frac{2!}{s^3} + \frac{1}{s-3} = \frac{s^3 + 2s - 6}{s^3(s-3)}$$
……①となる。……………………(答)

・線形性：
$\mathcal{L}[af(t) + bg(t)] = a\mathcal{L}[f(t)] + b\mathcal{L}[g(t)]$
・$\mathcal{L}[t^n] = \dfrac{n!}{s^{n+1}}$
・$\mathcal{L}[e^{at}] = \dfrac{1}{s-a}$

(2) ラプラス変換の対称性の公式：$\mathcal{L}[f(at)] = \dfrac{1}{a}F\left(\dfrac{s}{a}\right)$ より，

$$\mathcal{L}[f(2t)] = \frac{1}{2}F\left(\frac{s}{2}\right)$$
（①の s に $\dfrac{s}{2}$ を代入）

$$= \frac{1}{2} \cdot \frac{\left(\frac{s}{2}\right)^3 + 2 \cdot \frac{s}{2} - 6}{\left(\frac{s}{2}\right)^3\left(\frac{s}{2} - 3\right)} = \frac{\frac{s^3}{8} + s - 6}{2 \cdot \frac{s^3}{8}\left(\frac{s}{2} - 3\right)}$$
（分子・分母に 8 をかける。）

$$= \frac{s^3 + 8s - 48}{s^3(s-6)}$$
……②となる。……………………(答)

(2) の別解

$$\mathcal{L}[f(2t)] = \mathcal{L}[(2t)^2 + e^{3 \cdot 2t}] = \mathcal{L}[4t^2 + e^{6t}]$$
（線形性）
$$= 4\mathcal{L}[t^2] + \mathcal{L}[e^{6t}]$$
$$= 4 \cdot \frac{2!}{s^3} + \frac{1}{s-6} = \frac{8}{s^3} + \frac{1}{s-6}$$
$$= \frac{s^3 + 8s - 48}{s^3(s-6)}$$
……②となる。……………………(答)

演習問題 81 ● ラプラス変換の計算 ●

次のラプラス変換を求めよ。

(1) $\mathcal{L}\left[2t^{\frac{1}{2}}\right]$　　(2) $\mathcal{L}[\cos^2 3t]$　　(3) $\mathcal{L}[\sinh 2t - \sin 2t]$

ヒント！ ラプラス変換の公式 $\mathcal{L}[t^{\alpha}] = \dfrac{\Gamma(\alpha+1)}{s^{\alpha+1}}$，$\mathcal{L}[1] = \dfrac{1}{s}$，$\mathcal{L}[\cos at] = \dfrac{s}{s^2+a^2}$，$\mathcal{L}[\sinh at] = \dfrac{a}{s^2-a^2}$，$\mathcal{L}[\sin at] = \dfrac{a}{s^2+a^2}$ と，線形性の公式を利用する。

解答＆解説

(1) $\mathcal{L}\left[2t^{\frac{1}{2}}\right] = 2\mathcal{L}\left[t^{\frac{1}{2}}\right]$

$= 2\cdot$ (ア) $= 2\cdot\dfrac{\frac{1}{2}\cdot\Gamma\left(\frac{1}{2}\right)}{s^{\frac{3}{2}}}$　（$\Gamma\left(\frac{1}{2}\right) = \sqrt{\pi}$）

$= \dfrac{\sqrt{\pi}}{s\sqrt{s}}$ ……………………………（答）

- $\mathcal{L}[t^{\alpha}] = \dfrac{\Gamma(\alpha+1)}{s^{\alpha+1}}$
- $\Gamma(\alpha+1) = \alpha\Gamma(\alpha)$
- $\Gamma\left(\frac{1}{2}\right) = \sqrt{\pi}$

(2) $\mathcal{L}[\cos^2 3t] = \mathcal{L}\left[\frac{1}{2}(1+\cos 6t)\right]$

$= \dfrac{1}{2}\left(\mathcal{L}[1] + \mathcal{L}[\cos 6t]\right)$

$= \dfrac{1}{2}\Big($ (イ) $+$ (ウ) $\Big)$

$= \dfrac{1}{2}\cdot\dfrac{s^2+36+s^2}{s(s^2+36)} = \dfrac{s^2+18}{s(s^2+36)}$　…（答）

- $\cos^2\theta = \frac{1}{2}(1+\cos 2\theta)$
- $\mathcal{L}[af(t)+bg(t)] = aF(s)+bG(s)$
- $\mathcal{L}[1] = \dfrac{1}{s}$
- $\mathcal{L}[\cos at] = \dfrac{s}{s^2+a^2}$

(3) $\mathcal{L}[\sinh 2t - \sin 2t]$

$=$ (エ) $-$ (オ)

$= \dfrac{2(s^2+4-s^2+4)}{(s^2-4)(s^2+4)} = \dfrac{16}{s^4-16}$　…（答）

- $\mathcal{L}[af(t)+bg(t)] = aF(s)+bG(s)$
- $\mathcal{L}[\sinh at] = \dfrac{a}{s^2-a^2}$
- $\mathcal{L}[\sin at] = \dfrac{a}{s^2+a^2}$

解答　(ア) $\dfrac{\Gamma\left(\frac{3}{2}\right)}{s^{\frac{3}{2}}}$　(イ) $\dfrac{1}{s}$　(ウ) $\dfrac{s}{s^2+36}$　(エ) $\dfrac{2}{s^2-4}$　(オ) $\dfrac{2}{s^2+4}$

演習問題 82　●第1移動定理(Ⅰ)●

次のラプラス変換を求めよ。

(1) $\mathcal{L}[e^{3t}\sqrt{t}]$　　(2) $\mathcal{L}[e^{-2t}\cdot\sinh t]$

ヒント！ 公式 $\mathcal{L}[e^{at}f(t)] = F(s-a)$ を使うんだね。

解答＆解説

(1) $f(t) = t^{\frac{1}{2}}$, $F(s) = \mathcal{L}[f(t)]$ とおくと,

$$F(s) = \mathcal{L}\left[t^{\frac{1}{2}}\right] = \frac{\Gamma\left(\frac{3}{2}\right)}{s^{\frac{3}{2}}} = \frac{\frac{1}{2}\cdot\Gamma\left(\frac{1}{2}\right)}{s^{\frac{3}{2}}} = \frac{\sqrt{\pi}}{2s\sqrt{s}}$$

($\Gamma\left(\frac{1}{2}\right) = \sqrt{\pi}$)

- $\mathcal{L}[t^{\alpha}] = \dfrac{\Gamma(\alpha+1)}{s^{\alpha+1}}$
- $\Gamma(\alpha+1) = \alpha\Gamma(\alpha)$
- $\Gamma\left(\frac{1}{2}\right) = \sqrt{\pi}$

(公式 $\mathcal{L}[e^{at}f(t)] = F(s-a)$)

$$\therefore\ \mathcal{L}[e^{3t}\sqrt{t}] = \mathcal{L}[e^{3t}f(t)] = F(s-3) = \frac{\sqrt{\pi}}{2(s-3)\sqrt{s-3}}$$ となる。……(答)

(2) $f(t) = \sinh t$, $F(s) = \mathcal{L}[f(t)]$ とおくと,

$$F(s) = \mathcal{L}[\sinh t] = \frac{1}{s^2-1}$$

($\mathcal{L}[\sinh at] = \dfrac{a}{s^2-a^2}$)

(公式 $\mathcal{L}[e^{at}f(t)] = F(s-a)$)

$$\therefore\ \mathcal{L}[e^{-2t}\cdot\sinh t] = \mathcal{L}[e^{-2t}f(t)] = F(s+2)$$

$$= \frac{1}{(s+2)^2-1} = \frac{1}{\{(s+2)-1\}\{(s+2)+1\}} = \frac{1}{(s+1)(s+3)}$$ となる。…(答)

(2) の別解

$$e^{-2t}\cdot\sinh t = e^{-2t}\cdot\frac{e^{t}-e^{-t}}{2} = \frac{1}{2}(e^{-t}-e^{-3t})$$

$$\therefore\ \mathcal{L}[e^{-2t}\cdot\sinh t] = \mathcal{L}\left[\frac{1}{2}(e^{-t}-e^{-3t})\right]$$ (線形性)

$$= \frac{1}{2}\left(\mathcal{L}[e^{-t}] - \mathcal{L}[e^{-3t}]\right)$$

($\mathcal{L}[e^{at}] = \dfrac{1}{s-a}$)

$$= \frac{1}{2}\left(\frac{1}{s+1} - \frac{1}{s+3}\right) = \frac{1}{2}\cdot\frac{2}{(s+1)(s+3)}$$

$$= \frac{1}{(s+1)(s+3)}$$ となる。……………………………(答)

演習問題 83　● 第1移動定理(Ⅱ) ●

次のラプラス変換を求めよ。

(1) $\mathcal{L}[e^{2t}\sin 4t]$　　(2) $\mathcal{L}[e^{t}\cdot\cosh 3t]$

ヒント！　前問同様，公式 $\mathcal{L}[e^{at}f(t)]=F(s-a)$ を利用する。

解答＆解説

(1) $f(t)=\sin 4t$, $F(s)=\mathcal{L}[f(t)]$ とおくと，

$F(s)=\mathcal{L}[\sin 4t]=$ (ア)　　← $\mathcal{L}[\sin at]=\dfrac{a}{s^2+a^2}$

$\therefore\ \mathcal{L}[e^{2t}\sin 4t]=F(s-2)=$ (イ) $=\dfrac{4}{s^2-4s+20}$ となる。…(答)　　← 公式 $\mathcal{L}[e^{at}f(t)]=F(s-a)$

(2) $f(t)=\cosh 3t$, $F(s)=\mathcal{L}[f(t)]$ とおくと，

$F(s)=\mathcal{L}[\cosh 3t]=$ (ウ)　　← $\mathcal{L}[\cosh at]=\dfrac{s}{s^2-a^2}$

$\therefore\ \mathcal{L}[e^{t}\cosh 3t]=F(s-1)$　　← 公式 $\mathcal{L}[e^{at}f(t)]=F(s-a)$

$=$ (エ) $=\dfrac{s-1}{(s-1-3)(s-1+3)}=\dfrac{s-1}{(s-4)(s+2)}$ となる。…(答)

(2) の別解

$e^{t}\cosh 3t=e^{t}\cdot$ (オ) $=\dfrac{1}{2}(e^{4t}+e^{-2t})$

$\therefore\ \mathcal{L}[e^{t}\cosh 3t]=\mathcal{L}\left[\dfrac{1}{2}(e^{4t}+e^{-2t})\right]$

$=\dfrac{1}{2}\left(\mathcal{L}[e^{4t}]+\mathcal{L}[e^{-2t}]\right)$

$=\dfrac{1}{2}\left(\text{(カ)}+\text{(キ)}\right)=\dfrac{1}{2}\cdot\dfrac{2s-2}{(s-4)(s+2)}$

$=\dfrac{s-1}{(s-4)(s+2)}$ となる。……………………………(答)

解答　(ア) $\dfrac{4}{s^2+16}$　(イ) $\dfrac{4}{(s-2)^2+16}$　(ウ) $\dfrac{s}{s^2-9}$　(エ) $\dfrac{s-1}{(s-1)^2-9}$

(オ) $\dfrac{e^{3t}+e^{-3t}}{2}$　(カ) $\dfrac{1}{s-4}$　(キ) $\dfrac{1}{s+2}$

演習問題 84　●第2移動定理(Ⅰ)●

次のラプラス変換を求めよ。

(1) $\mathcal{L}[u(t-5)]$　　(2) $\mathcal{L}\left[(t-3)^{\frac{3}{2}}\cdot u(t-3)\right]$

(3) $\mathcal{L}[\cosh(3t-12)\cdot u(t-4)]$

ヒント！ (1) 公式 $\mathcal{L}[u(t-a)]=\dfrac{e^{-as}}{s}$ $(a \geqq 0)$ を使う。(2)(3) 公式：$\mathcal{L}[f(t-a)\cdot u(t-a)]=e^{-as}F(s)$ $(a \geqq 0)$ を使うんだね。

解答＆解説

(1) $\mathcal{L}[u(t-5)]=\dfrac{e^{-5s}}{s}$ ……………………(答) ← 公式 $\mathcal{L}[u(t-a)]=\dfrac{e^{-as}}{s}$ $(a \geqq 0)$

(2) $f(t)=t^{\frac{3}{2}}$, $F(s)=\mathcal{L}[f(t)]$ とおくと，

$$F(s)=\mathcal{L}\left[t^{\frac{3}{2}}\right]=\frac{\Gamma\left(\frac{5}{2}\right)}{s^{\frac{5}{2}}}$$

← 公式 $\mathcal{L}[t^{\alpha}]=\dfrac{\Gamma(\alpha+1)}{s^{\alpha+1}}$

$$=\frac{\frac{3}{2}\cdot\frac{1}{2}\Gamma\left(\frac{1}{2}\right)}{s^{\frac{5}{2}}}$$

（$\Gamma\left(\frac{1}{2}\right)=\sqrt{\pi}$）

← Γ 関数の性質
・$\Gamma(\alpha+1)=\alpha\Gamma(\alpha)$
・$\Gamma\left(\frac{1}{2}\right)=\sqrt{\pi}$

$$=\frac{3\sqrt{\pi}}{4s^2\sqrt{s}}$$

$$\therefore\ \mathcal{L}\left[(t-3)^{\frac{3}{2}}\cdot u(t-3)\right]=\mathcal{L}[f(t-3)\cdot u(t-3)]=e^{-3s}F(s)$$

$$=\frac{3\sqrt{\pi}e^{-3s}}{4s^2\sqrt{s}}$$ となる。……………………………(答)

(3) $f(t)=\cosh 3t$, $F(s)=\mathcal{L}[f(t)]$ とおくと，

$$F(s)=\mathcal{L}[\cosh 3t]=\frac{s}{s^2-9}$$ ← $\mathcal{L}[\cosh at]=\dfrac{s}{s^2-a^2}$

$$\therefore\ \mathcal{L}[\cosh 3(t-4)\cdot u(t-4)]=\mathcal{L}[f(t-4)\cdot u(t-4)]=e^{-4s}F(s)$$

$$=\frac{se^{-4s}}{s^2-9}$$ となる。……………………………(答)

演習問題 85　● 第 2 移動定理 (Ⅱ) ●

次のラプラス変換を求めよ。

(1) $\mathcal{L}[u(t-3)]$　　(2) $\mathcal{L}[(t-4)^2 \cdot u(t-4)]$

(3) $\mathcal{L}[\sinh(2t-4) \cdot u(t-2)]$

ヒント! 公式 $\mathcal{L}[f(t-a) \cdot u(t-a)] = e^{-as}F(s)$ $(a \geqq 0)$ を利用する。

解答＆解説

(1) $\mathcal{L}[u(t-3)] =$ (ア) ……………………(答)　← $\mathcal{L}[u(t-a)] = \dfrac{e^{-a}}{s}$ $(a \geqq 0)$

(2) $f(t) = t^2$, $F(s) = \mathcal{L}[f(t)]$ とおくと,　$\mathcal{L}[t^n] = \dfrac{\Gamma(n+1)}{s^{n+1}} = \dfrac{n!}{s^{n+1}}$

$F(s) = \mathcal{L}[t^2] = \dfrac{\Gamma(3)}{s^3} =$ (イ) $= \dfrac{2}{s^3}$ となる。

$\therefore \mathcal{L}[(t-4)^2 \cdot u(t-4)] = \mathcal{L}[f(t-4) \cdot u(t-4)]$　$\mathcal{L}[f(t-a) \cdot u(t-a)] = e^{-as}F(s)$ $(a \geqq 0)$

$= e^{-4s}F(s) =$ (ウ) となる。 ……………………………(答)

(3) $f(t) = \sinh 2t$, $F(s) = \mathcal{L}[f(t)]$ とおくと,

$F(s) = \mathcal{L}[\sinh 2t] =$ (エ)　← $\mathcal{L}[\sinh at] = \dfrac{a}{s^2 - a^2}$

$\therefore \mathcal{L}[\sinh 2(t-2) \cdot u(t-2)]$

$= \mathcal{L}[f(t-2) \cdot u(t-2)] = e^{-2s}F(s)$　← $\mathcal{L}[f(t-a) \cdot u(t-a)] = e^{-as}F(s)$ $(a \geqq 0)$

$=$ (オ) ……………………………………………(答)

解答　(ア) $\dfrac{e^{-3s}}{s}$　(イ) $\dfrac{2!}{s^3}$　(ウ) $\dfrac{2e^{-4s}}{s^3}$　(エ) $\dfrac{2}{s^2-4}$

(オ) $\dfrac{2e^{-2s}}{s^2-4}$

演習問題 86　● 誤差関数のラプラス変換 ●

次のラプラス変換を求めよ。

(1) $\mathcal{L}[e^t \cdot erf(\sqrt{t})]$　　(2) $\mathcal{L}[\cosh 3t \cdot \sin 2t]$

ヒント！ 公式 $\mathcal{L}[e^{at}f(t)] = F(s-a)$, $\mathcal{L}[erf(\sqrt{at})] = \dfrac{\sqrt{a}}{s\sqrt{s+a}}$ を用いる。

解答＆解説

(1) $f(t) = erf(\sqrt{t})$, $F(s) = \mathcal{L}[f(t)]$ とおくと，

$$F(s) = \mathcal{L}[erf(\sqrt{t})] = \frac{1}{s\sqrt{s+1}}$$ ← $\mathcal{L}[erf(\sqrt{at})] = \dfrac{\sqrt{a}}{s\sqrt{s+a}}$

$$\therefore \mathcal{L}[e^t \cdot erf(\sqrt{t})] = F(s-1)$$ ← $\mathcal{L}[e^{at}f(t)] = F(s-a)$

$$= \frac{1}{(s-1)\sqrt{(s-1)+1}} = \frac{1}{(s-1)\sqrt{s}}$$ ……………………………………(答)

(2) $$\mathcal{L}[\cosh 3t \cdot \sin 2t] = \mathcal{L}\left[\frac{1}{2}(e^{3t}+e^{-3t}) \cdot \sin 2t\right]$$

$$= \frac{1}{2}\left(\mathcal{L}[e^{3t} \cdot \sin 2t] + \mathcal{L}[e^{-3t} \cdot \sin 2t]\right)$$ ← 線形性

ここで，$f(t) = \sin 2t$, $F(s) = \mathcal{L}[f(t)]$ とおくと，

$$F(s) = \mathcal{L}[\sin 2t] = \frac{2}{s^2+4}$$

$$\therefore \text{与式} = \frac{1}{2}\left(\mathcal{L}[e^{3t}f(t)] + \mathcal{L}[e^{-3t}f(t)]\right)$$ ← $\mathcal{L}[e^{at}f(t)] = F(s-a)$

$$= \frac{1}{2}\{F(s-3) + F(s+3)\}$$

$$= \frac{1}{\cancel{2}}\left\{\frac{\cancel{2}^{\,1}}{(s-3)^2+4} + \frac{\cancel{2}^{\,1}}{(s+3)^2+4}\right\}$$

$$= \frac{2s^2+26}{(s^2-6s+13)(s^2+6s+13)}$$

これをまとめて，

$$\mathcal{L}[\cosh 3t \cdot \sin 2t] = \frac{2(s^2+13)}{(s^2-6s+13)(s^2+6s+13)}$$ となる。 ………(答)

演習問題 87 ● 0次の第1種ベッセル関数のラプラス変換 ●

次のラプラス変換を求めよ。

(1) $\mathcal{L}[e^{4t}J_0(3t)]$　　(2) $\mathcal{L}[\sinh 2t \cdot \cos t]$

ヒント！ ラプラス変換の公式を利用して解こう。

解答&解説

(1) $f(t)=J_0(3t)$, $F(s)=\mathcal{L}[f(t)]$ とおくと,

$F(s)=\mathcal{L}[J_0(3t)]=$ (ア) ← $\mathcal{L}[J_0(at)]=\dfrac{1}{\sqrt{s^2+a^2}}$

$\therefore \mathcal{L}[e^{4t}J_0(3t)]=F(s-4)$ ← $\mathcal{L}[e^{at}f(t)]=F(s-a)$

$=$ (イ) $=\dfrac{1}{\sqrt{s^2-8s+25}}$ となる。……………………(答)

(2) $\mathcal{L}[\sinh 2t\cdot\cos t]=\mathcal{L}\left[\dfrac{1}{2}(e^{2t}-e^{-2t})\cdot\cos t\right]$

$=\dfrac{1}{2}\left(\mathcal{L}[e^{2t}\cdot\cos t]-\mathcal{L}[e^{-2t}\cdot\cos t]\right)$ ← 線形性

ここで, $f(t)=\cos t$, $F(s)=\mathcal{L}[f(t)]$ とおくと,

$F(s)=\mathcal{L}[\cos t]=$ (ウ)

$\therefore$ 与式 $=\dfrac{1}{2}\left(\mathcal{L}[e^{2t}\cdot f(t)]-\mathcal{L}[e^{-2t}\cdot f(t)]\right)$

$=\dfrac{1}{2}\{F(s-2)-F(s+2)\}$ ← $\mathcal{L}[e^{at}f(t)]=F(s-a)$

$=\dfrac{1}{2}\{$ (エ) $-$ (オ) $\}$

これをまとめて,

$\mathcal{L}[\sinh 2t\cdot\cos t]=$ (カ) となる。………(答)

解答　(ア) $\dfrac{1}{\sqrt{s^2+9}}$　(イ) $\dfrac{1}{\sqrt{(s-4)^2+9}}$　(ウ) $\dfrac{s}{s^2+1}$　(エ) $\dfrac{s-2}{(s-2)^2+1}$

(オ) $\dfrac{s+2}{(s+2)^2+1}$　(カ) $\dfrac{2(s^2-5)}{(s^2-4s+5)(s^2+4s+5)}$

演習問題 88 ●微分・積分のラプラス変換●

(1) ラプラス変換 $\mathcal{L}\left[\int_0^t e^{au}du\right]$ を求めよ。

(2) $\mathcal{L}[f(t)] = F(s)$ とする。このとき，$\mathcal{L}[t^2 f^{(3)}(t)]$ を求めよ。

ヒント！ (1) 公式 $\mathcal{L}\left[\int_0^t f(u)du\right] = \frac{1}{s}F(s)$ を使う。(2) 公式 $\mathcal{L}[f^{(3)}(t)] = s^3F(s) - s^2f(0) - sf'(0) - f''(0)$ と，$\mathcal{L}[t^2g(t)] = (-1)^2\frac{d^2}{ds^2}G(s)$ を組み合わせればいい。$\left(G(s) = \mathcal{L}[g(t)]\right)$

解答＆解説

(1) $f(t) = e^{at}$，$F(s) = \mathcal{L}[f(t)] = \frac{1}{s-a}$ とおくと，公式：

$\mathcal{L}\left[\int_0^t f(u)du\right] = \frac{1}{s}F(s)$ より，$\mathcal{L}\left[\int_0^t e^{au}du\right] = \frac{1}{s(s-a)}$ となる。…(答)

(2) $\mathcal{L}[f(t)] = F(s)$ とおくと，$f^{(3)}(t)$ のラプラス変換は，

$$\mathcal{L}[f^{(3)}(t)] = s^3F(s) - s^2f(0) - sf'(0) - f''(0) \quad \cdots\cdots①$$

公式 $\mathcal{L}[f^{(n)}(t)] = s^nF(s) - s^{n-1}f(0) - s^{n-2}f'(0) \cdots\cdots - f^{(n-1)}(0)$ より

また，公式 $\mathcal{L}[t^2g(t)] = (-1)^2\frac{d^2}{ds^2}G(s)$ $\left(G(s) = \mathcal{L}[g(t)]\right)$ を用いると，

$g(t)$ は $f^{(3)}(t)$，$G(s)$ は $\mathcal{L}[f^{(3)}(t)]$ と考えればいい

$$\mathcal{L}[t^2f^{(3)}(t)] = (-1)^2\frac{d^2}{ds^2}\mathcal{L}[f^{(3)}(t)]$$

$$= \frac{d^2}{ds^2}\{s^3F(s) - s^2f(0) - sf'(0) - f''(0)\} \quad (\because ①)$$

（$f(0)$，$f'(0)$，$f''(0)$ は定数）

$$= \frac{d}{ds}\left\{3s^2F(s) + s^3\frac{dF(s)}{ds} - 2sf(0) - f'(0)\right\}$$

$$= 6sF(s) + 3s^2\frac{dF(s)}{ds} + 3s^2\frac{dF(s)}{ds} + s^3\frac{d^2F(s)}{ds^2} - 2f(0)$$

$$= s^3\frac{d^2F(s)}{ds^2} + 6s^2\frac{dF(s)}{ds} + 6sF(s) - 2f(0)$$ となる。…(答)

演習問題 89　● 合成積 $f(t)*g(t)$ のラプラス変換 ●

(1) ラプラス変換 $\mathcal{L}\left[\int_0^t \sqrt{u}\sin(t-u)du\right]$ を求めよ。

(2) $\mathcal{L}[f(t)] = F(s)$ とする。このとき，$\mathcal{L}[tf''(t)]$ を求めよ。

ヒント！ (1) 公式 $\mathcal{L}[f(t)*g(t)] = F(s)\cdot G(s)$ を使う。(2) は演習問題 **88(2)** と同様に，ラプラス変換の公式を利用して求めればいいんだね。

解答＆解説

(1) $f(t) = t^{\frac{1}{2}}$，$g(t) = \sin t$ とおき，また，

$$F(s) = \mathcal{L}[f(t)] = \frac{\Gamma\left(\frac{3}{2}\right)}{s^{\frac{3}{2}}} = \frac{\frac{1}{2}\Gamma\left(\frac{1}{2}\right)}{s^{\frac{3}{2}}} = \frac{\boxed{(ア)}}{2s\sqrt{s}}$$ ，$G(s) = \mathcal{L}[g(t)] = \boxed{(イ)}$ とおく。

公式：$\mathcal{L}[f(t)*g(t)] = \mathcal{L}\left[\int_0^t f(u)g(t-u)du\right] = F(s)\cdot G(s)$ より，

$$\mathcal{L}\left[\int_0^t \sqrt{u}\sin(t-u)du\right] = \mathcal{L}\left[\int_0^t f(u)\cdot g(t-u)du\right]$$

$$= \mathcal{L}[\ \boxed{(ウ)}\ ]$$

$$= F(s)G(s) = \boxed{(エ)}$$ となる。……(答)

(2) $\mathcal{L}[f(t)] = F(s)$ とおくと，$f''(t)$ のラプラス変換は，

$$\mathcal{L}[f''(t)] = s^2\boxed{(オ)} - sf(0) - f'(0) \quad \cdots\cdots①$$

また，公式：$\mathcal{L}[tg(t)] = \boxed{(カ)}\frac{d}{ds}G(s)$　$(G(s) = \mathcal{L}[g(t)])$ を用いると，

$$\mathcal{L}[tf''(t)] = \boxed{(カ)}\frac{d}{ds}\mathcal{L}[f''(t)] = -\frac{d}{ds}\{s^2\boxed{(オ)} - sf(0) - f'(0)\}$$

$$= -\left\{2sF(s) + s^2\frac{dF(s)}{ds} - \boxed{(キ)}\right\}$$

$$= -s^2\frac{dF(s)}{ds} - 2sF(s) + \boxed{(キ)}$$ となる。………………(答)

解答　(ア) $\sqrt{\pi}$　(イ) $\frac{1}{s^2+1}$　(ウ) $f(t)*g(t)$　(エ) $\frac{\sqrt{\pi}}{2s\sqrt{s}(s^2+1)}$
(オ) $F(s)$　(カ) $-$　(キ) $f(0)$

演習問題 90　● $\dfrac{f(t)}{t}$, $\int_0^t g(u)du$ のラプラス変換 ●

ラプラス変換 $\mathcal{L}\left[\int_0^t \dfrac{\sinh u}{u}du\right]$ を求めよ。

ヒント！　公式 $\mathcal{L}\left[\dfrac{f(t)}{t}\right]=\int_s^\infty F(s)ds$ により，$\mathcal{L}\left[\dfrac{\sinh t}{t}\right]$ を求めた後，公式 $\mathcal{L}\left[\int_0^t g(u)du\right]=\dfrac{1}{s}G(s)$ を利用する。（ただし，$G(s)=\mathcal{L}[g(t)]$）

解答＆解説

$f(t)=\sinh t$，$F(s)=\mathcal{L}[f(t)]=\mathcal{L}[\sinh t]=\dfrac{1}{s^2-1}$ とおくと，

公式 $\mathcal{L}[\sinh at]=\dfrac{a}{s^2-a^2}$

公式：$\mathcal{L}\left[\dfrac{f(t)}{t}\right]=\int_s^\infty F(s)ds$ より，

部分分数分解

$$\mathcal{L}\left[\frac{\sinh t}{t}\right]=\int_s^\infty\frac{1}{s^2-1}ds=\lim_{p\to\infty}\frac{1}{2}\int_s^p\left(\frac{1}{s-1}-\frac{1}{s+1}\right)ds$$

$$=\lim_{p\to\infty}\frac{1}{2}[\log(s-1)-\log(s+1)]_s^p=\lim_{p\to\infty}\frac{1}{2}\left[\log\frac{s-1}{s+1}\right]_s^p$$

$$=\lim_{p\to\infty}\frac{1}{2}\left(\log\frac{p-1}{p+1}-\log\frac{s-1}{s+1}\right)=\lim_{p\to\infty}\frac{1}{2}\left(\log\frac{1-\frac{1}{p}}{1+\frac{1}{p}}-\log\frac{s-1}{s+1}\right)$$

（$\frac{1}{p}\to0$，$\log 1=0$）

$\therefore\ \mathcal{L}\left[\dfrac{\sinh t}{t}\right]=-\dfrac{1}{2}\log\dfrac{s-1}{s+1}$　となる。

よって，$g(t)=\dfrac{\sinh t}{t}$，$G(s)=\mathcal{L}[g(t)]=\mathcal{L}\left[\dfrac{\sinh t}{t}\right]=-\dfrac{1}{2}\log\dfrac{s-1}{s+1}$ とおくと，

公式 $\mathcal{L}\left[\int_0^t g(u)du\right]=\dfrac{1}{s}G(s)$ より，

$\mathcal{L}\left[\int_0^t\dfrac{\sinh u}{u}du\right]=-\dfrac{1}{2s}\log\dfrac{s-1}{s+1}$ となる。……………………………(答)

演習問題 91 ● 正弦積分関数のラプラス変換 ●

ラプラス変換 $\mathcal{L}\left[\int_0^t \frac{\sin u}{u} du\right]$ を求めよ。

ヒント! 前問同様，$\frac{f(t)}{t}$，$\int_0^t g(u)du$ のラプラス変換の公式を使う。

解答＆解説

$f(t)=\sin t$，$F(s)=\mathcal{L}[f(t)]=\mathcal{L}[\sin t]=$ (ア) とおくと，

公式 $\mathcal{L}[\sin at]=\frac{a}{s^2+a^2}$

公式：$\mathcal{L}\left[\frac{f(t)}{t}\right]=\int_s^\infty F(s)ds$ より，

$\mathcal{L}\left[\frac{\sin t}{t}\right]=\int_s^\infty$ (ア) ds

$(\tan^{-1}x)'=\frac{1}{1+x^2}$ より

$=\lim_{p\to\infty}\int_s^p \frac{1}{s^2+1}ds=\lim_{p\to\infty}[$ (イ) $]_s^p$

$=\lim_{p\to\infty}(\tan^{-1}p-\tan^{-1}s)$ よって，（$\tan^{-1}p \to \frac{\pi}{2}$）

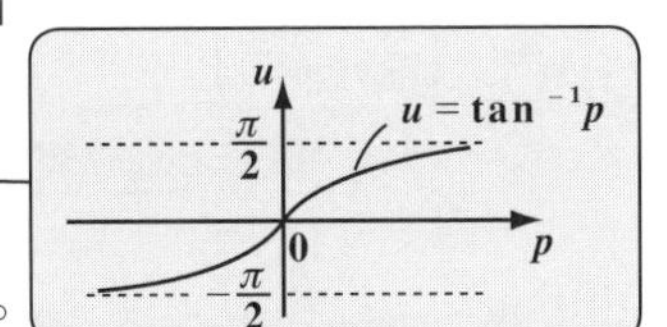

$\mathcal{L}\left[\frac{\sin t}{t}\right]=\frac{\pi}{2}-\tan^{-1}s=$ (ウ) となる。

$\underset{\sim\sim\sim}{\tan^{-1}x}=\underset{\sim}{\theta}$ ……(a) とおくと，$x=\tan\theta$ より，$\tan\left(\frac{\pi}{2}-\theta\right)=\frac{1}{\tan\theta}=\frac{1}{x}$

$\therefore\ \frac{\pi}{2}-\underset{\sim}{\theta}=\tan^{-1}\frac{1}{x}$ 　これに(a)を代入して，$\frac{\pi}{2}-\tan^{-1}x=\tan^{-1}\frac{1}{x}$ となる。

よって，$g(t)=\frac{\sin t}{t}$，$G(s)=\mathcal{L}[g(t)]=\mathcal{L}\left[\frac{\sin t}{t}\right]=$ (ウ) とおくと，

公式 $\mathcal{L}\left[\int_0^t g(u)du\right]=\frac{1}{s}G(s)$ より，

$\mathcal{L}\left[\int_0^t \frac{\sin u}{u} du\right]=\frac{1}{s}$ (ウ) となる。……………………………(答)

（$\int_0^t \frac{\sin u}{u} du$：正弦積分関数と呼ぶ）

解答 (ア) $\frac{1}{s^2+1}$　(イ) $\tan^{-1}s$　(ウ) $\tan^{-1}\frac{1}{s}$

演習問題 92 ●ラプラス逆変換の線形性・対称性●

次のラプラス逆変換を求めよ。

(1) $\mathcal{L}^{-1}\left[\dfrac{1}{9s^2+1}\right]$　(2) $\mathcal{L}^{-1}\left[\dfrac{1}{s(s+3)}\right]$　(3) $\mathcal{L}^{-1}\left[\dfrac{2s^3+s-1}{s^2(s^2+1)}\right]$

ヒント！ (1) は，公式 $\mathcal{L}^{-1}[F(bs)]=\dfrac{1}{b}f\left(\dfrac{t}{b}\right)$ が使える。(2) は，まず，$\dfrac{1}{s(s+3)}$ を部分分数に分解する。(3) は，$\dfrac{2s^3+s-1}{s^2(s^2+1)}$ を $\dfrac{a}{s}+\dfrac{b}{s^2}+\dfrac{cs+d}{s^2+1}$ とおいて，未定係数法により a, b, c, d の値を求める。

解答＆解説

(1) $F(s)=\dfrac{1}{s^2+1}$，$f(t)=\mathcal{L}^{-1}[F(s)]=\mathcal{L}^{-1}\left[\dfrac{1}{s^2+1}\right]=\sin t$

公式：$\mathcal{L}^{-1}\left[\dfrac{a}{s^2+a^2}\right]=\sin at$

とおくと，求めるラプラス変換は，

$$\mathcal{L}^{-1}\left[\frac{1}{9s^2+1}\right]=\mathcal{L}^{-1}\left[\frac{1}{(3s)^2+1}\right]$$

$$=\mathcal{L}^{-1}[F(3s)]=\frac{1}{3}f\left(\frac{t}{3}\right)$$

公式：$\mathcal{L}^{-1}[F(bs)]=\dfrac{1}{b}f\left(\dfrac{t}{b}\right)$

$=\dfrac{1}{3}\cdot\sin\dfrac{t}{3}$ となる。……………………………………(答)

別解

$$\mathcal{L}^{-1}\left[\frac{1}{9s^2+1}\right]=\frac{1}{9}\mathcal{L}^{-1}\left[\frac{1}{s^2+\frac{1}{9}}\right]=\frac{1}{9}\mathcal{L}^{-1}\left[\frac{1}{s^2+\left(\frac{1}{3}\right)^2}\right]$$

$$=\frac{1}{9}\cdot 3\cdot\mathcal{L}^{-1}\left[\frac{\frac{1}{3}}{s^2+\left(\frac{1}{3}\right)^2}\right]$$

$\mathcal{L}^{-1}\left[\dfrac{a}{s^2+a^2}\right]=\sin at$

$=\dfrac{1}{3}\cdot\sin\dfrac{t}{3}$ となる。……………………………………(答)

(2) $\dfrac{1}{s(s+3)}=\dfrac{1}{3}\left(\dfrac{1}{s}-\dfrac{1}{s+3}\right)$ より，

$$\mathcal{L}^{-1}\left[\frac{1}{s(s+3)}\right]=\frac{1}{3}\mathcal{L}^{-1}\left[\frac{1}{s}-\frac{1}{s+3}\right]$$

線形性

$$=\frac{1}{3}\left(\mathcal{L}^{-1}\left[\frac{1}{s}\right]-\mathcal{L}^{-1}\left[\frac{1}{s+3}\right]\right)$$

$$=\frac{1}{3}\left(1-e^{-3t}\right)$$ ………(答)

公式：$\mathcal{L}^{-1}\left[\dfrac{1}{s}\right]=1$

$\mathcal{L}^{-1}\left[\dfrac{1}{s-a}\right]=e^{at}$

(3) $\dfrac{2s^3+s-1}{s^2(s^2+1)}=\dfrac{a}{s}+\dfrac{b}{s^2}+\dfrac{cs+d}{s^2+1}$ とおき，定数 a，b，c を求める。

右辺を通分して，

$$\frac{2s^3+s-1}{s^2(s^2+1)}=\frac{as(s^2+1)+b(s^2+1)+s^2(cs+d)}{s^2(s^2+1)}$$

$$=\frac{(a+c)s^3+(b+d)s^2+as+b}{s^2(s^2+1)}$$

よって，分子の各係数を比較して，

$a+c=2$，$b+d=0$，$a=1$，$b=-1$ より

$a=1$，$b=-1$，$c=1$，$d=1$ となる。よって，求める逆変換は，

$$\mathcal{L}^{-1}\left[\frac{2s^3+s-1}{s^2(s^2+1)}\right]=\mathcal{L}^{-1}\left[\frac{1}{s}-\frac{1}{s^2}+\frac{s+1}{s^2+1}\right]$$

$$=\mathcal{L}^{-1}\left[\frac{1}{s}-\frac{1}{s^2}+\frac{s}{s^2+1}+\frac{1}{s^2+1}\right]$$

$$=\mathcal{L}^{-1}\left[\frac{1}{s}\right]-\mathcal{L}^{-1}\left[\frac{1}{s^2}\right]+\mathcal{L}^{-1}\left[\frac{s}{s^2+1}\right]+\mathcal{L}^{-1}\left[\frac{1}{s^2+1}\right]$$

$=1-t+\cos t+\sin t$ となる。

………(答)

公式：$\mathcal{L}^{-1}\left[\dfrac{1}{s^n}\right]=\dfrac{t^{n-1}}{\Gamma(n)}$

$(n=1,\ 2,\ \cdots)$

$\Gamma(1)=1$

$\Gamma(n)=(n-1)!$

$(n=1,\ 2,\ \cdots)$

$\mathcal{L}^{-1}\left[\dfrac{s}{s^2+a^2}\right]=\cos at$

$\mathcal{L}^{-1}\left[\dfrac{a}{s^2+a^2}\right]=\sin at$

演習問題 93　●ラプラス逆変換の計算(Ⅰ)●

次のラプラス逆変換を求めよ。

(1) $\mathcal{L}^{-1}\left[\dfrac{2-5s^3}{s^3}\right]$　　(2) $\mathcal{L}^{-1}\left[\dfrac{3-2e^{-4s}}{s}\right]$

(3) $\mathcal{L}^{-1}\left[\dfrac{s-3}{(s-3)^2+2}\right]$　　(4) $\mathcal{L}^{-1}\left[\dfrac{e^{-2s}}{s^2-1}\right]$

ヒント！　公式 $\mathcal{L}^{-1}[1]=\delta(t)$, $\mathcal{L}^{-1}\left[\dfrac{e^{-as}}{s}\right]=u(t-a)$ などを使う。

解答＆解説

(1) $\mathcal{L}^{-1}\left[\dfrac{2-5s^3}{s^3}\right]=\mathcal{L}^{-1}\left[\dfrac{2}{s^3}-5\right]=2\mathcal{L}^{-1}\left[\dfrac{1}{s^3}\right]-5\mathcal{L}^{-1}[1]$ ←線形性

$=2\cdot\dfrac{t^2}{\Gamma(3)}-5\cdot\delta(t)=t^2-5\delta(t)$　…(答) ← $\mathcal{L}^{-1}[1]=\delta(t)$, $\mathcal{L}^{-1}\left[\dfrac{1}{s^n}\right]=\dfrac{t^{n-1}}{\Gamma(n)}$

($\Gamma(3)$ ← 2!)

(2) $\mathcal{L}^{-1}\left[\dfrac{3-2e^{-4s}}{s}\right]=3\mathcal{L}^{-1}\left[\dfrac{1}{s}\right]-2\mathcal{L}^{-1}\left[\dfrac{e^{-4s}}{s}\right]$ ←線形性

$=3-2\cdot u(t-4)$　…(答) ← $\mathcal{L}^{-1}\left[\dfrac{1}{s}\right]=1$, $\mathcal{L}^{-1}\left[\dfrac{e^{-as}}{s}\right]=u(t-a)$

(3) 公式 $\mathcal{L}^{-1}[F(s-a)]=e^{at}\cdot\mathcal{L}^{-1}[F(s)]$ より，

$\mathcal{L}^{-1}\left[\dfrac{s-3}{(s-3)^2+2}\right]=e^{3t}\cdot\mathcal{L}^{-1}\left[\dfrac{s}{s^2+2}\right]$ ← $\mathcal{L}^{-1}\left[\dfrac{s}{s^2+a^2}\right]=\cos at$

$=e^{3t}\cdot\cos\sqrt{2}t$ となる。 ……………………………(答)

(4) $F(s)=\dfrac{1}{s^2-1}$，$f(t)=\mathcal{L}^{-1}[F(s)]=\mathcal{L}^{-1}\left[\dfrac{1}{s^2-1}\right]=\sinh t$ とおくと，

← $\mathcal{L}^{-1}\left[\dfrac{1}{s^2-a^2}\right]=\dfrac{1}{a}\sinh at$

公式：$\mathcal{L}^{-1}[e^{-as}F(s)]=f(t-a)\cdot u(t-a)$ $(a\geqq 0)$ より，

$\mathcal{L}^{-1}\left[\dfrac{e^{-2s}}{s^2-1}\right]=\mathcal{L}^{-1}[e^{-\overset{a}{2}s}F(s)]$

$=f(t-2)\cdot u(t-2)=\sinh(t-2)\cdot u(t-2)$ となる　…(答)

演習問題 94　●ラプラス逆変換の計算(Ⅱ)●

次のラプラス逆変換を求めよ。

(1) $\mathcal{L}^{-1}\left[\dfrac{1}{(s+3)\sqrt{s+4}}\right]$　　(2) $\mathcal{L}^{-1}\left[\dfrac{e^{-s}}{\sqrt{s^2+2}}\right]$

ヒント！　公式 $\mathcal{L}^{-1}\left[\dfrac{1}{s\sqrt{s+a}}\right]=\dfrac{1}{\sqrt{a}}erf(\sqrt{at})$, $\mathcal{L}^{-1}\left[\dfrac{1}{\sqrt{s^2+a^2}}\right]=J_0(at)$ を使う。

解答＆解説

(1) $\mathcal{L}^{-1}\left[\dfrac{1}{(s+3)\sqrt{s+4}}\right]=\mathcal{L}^{-1}\left[\dfrac{1}{(s+3)\sqrt{(s+3)+1}}\right]$

よって，公式 $\mathcal{L}^{-1}[F(s-a)]=e^{at}\cdot\mathcal{L}^{-1}[F(s)]$ より，

$$\mathcal{L}^{-1}\left[\frac{1}{(s+3)\sqrt{s+4}}\right]=\mathcal{L}^{-1}\left[\frac{1}{(s+3)\sqrt{(s+3)+1}}\right]$$

$$=\boxed{(ア)}\cdot\mathcal{L}^{-1}\left[\frac{1}{s\sqrt{s+1}}\right]$$ ← $\mathcal{L}^{-1}\left[\dfrac{1}{s\sqrt{s+a}}\right]=\dfrac{1}{\sqrt{a}}erf(\sqrt{at})$

$=\boxed{(イ)}$ となる。……………………………………(答)

(2) $F(s)=\dfrac{1}{\sqrt{s^2+2}}$ とおき，

$\mathcal{L}^{-1}\left[\dfrac{1}{\sqrt{s^2+a^2}}\right]=J_0(at)$

$f(t)=\mathcal{L}^{-1}[F(s)]=\mathcal{L}^{-1}\left[\dfrac{1}{\sqrt{s^2+2}}\right]=\boxed{(ウ)}$ とおくと，

$\mathcal{L}^{-1}\left[\dfrac{e^{-s}}{\sqrt{s^2+2}}\right]=\mathcal{L}^{-1}[e^{-\overset{a}{①}\cdot s}F(s)]$ ← $\mathcal{L}^{-1}[e^{-as}F(s)]=f(t-a)\cdot u(t-a)\ (a\geqq 0)$

$=f(t-1)\cdot u(t-1)$

$=\boxed{(エ)}\cdot u(t-1)$ となる。……………………(答)

解答　(ア) e^{-3t}　(イ) $e^{-3t}\cdot erf(\sqrt{t})$　(ウ) $J_0(\sqrt{2}t)$

(エ) $J_0(\sqrt{2}(t-1))$

演習問題 95　●第1移動定理の逆変換●

次のラプラス逆変換を求めよ。

(1) $\mathcal{L}^{-1}\left[\dfrac{s-2}{s^2-4s+7}\right]$　　(2) $\mathcal{L}^{-1}\left[\dfrac{2s^3+9s^2+4s-10}{s^2(s^2+6s+10)}\right]$

ヒント！ (1)(2) 共に, 公式 $\mathcal{L}^{-1}[F(s-a)]=e^{at}f(t)=e^{at}\mathcal{L}^{-1}[F(s)]$ を利用する。(2) は，まず部分分数に分解しよう。

解答＆解説

(1) $\mathcal{L}^{-1}\left[\dfrac{s-2}{s^2-4s+7}\right]=\mathcal{L}^{-1}\left[\dfrac{s-2}{(s-2)^2+3}\right]$

$$=e^{2t}\mathcal{L}^{-1}\left[\frac{s}{s^2+3}\right]=e^{2t}\cos\sqrt{3}t \quad\cdots\cdots(答)$$

$\mathcal{L}^{-1}[F(s-a)]=e^{at}\mathcal{L}^{-1}[F(s)]$
$\mathcal{L}^{-1}\left[\dfrac{s}{s^2+a^2}\right]=\cos at$

(2) $\dfrac{2s^3+9s^2+4s-10}{s^2(s^2+6s+10)}=\dfrac{a}{s}+\dfrac{b}{s^2}+\dfrac{cs+d}{s^2+6s+10}$ と部分分数に分解する。

右辺を通分して，両辺の分子の各係数を比較すると，

$2s^3+9s^2+4s-10=as(s^2+6s+10)+b(s^2+6s+10)+s^2(cs+d)$

$=\underbrace{(a+c)}_{2}s^3+\underbrace{(6a+b+d)}_{9}s^2+\underbrace{(10a+6b)}_{4}s+\underbrace{10b}_{-10}$ より,

$a+c=2$，$6a+b+d=9$，$10a+6b=4$，$10b=-10$

よって，$a=1$，$b=-1$，$c=1$，$d=4$ となる。これから,

$\mathcal{L}^{-1}\left[\dfrac{2s^3+9s^2+4s-10}{s^2(s^2+6s+10)}\right]=\mathcal{L}^{-1}\left[\dfrac{1}{s}-\dfrac{1}{s^2}+\dfrac{s+4}{s^2+6s+10}\right]$

$=\underbrace{\mathcal{L}^{-1}\left[\dfrac{1}{s}\right]}_{1}-\underbrace{\mathcal{L}^{-1}\left[\dfrac{1}{s^2}\right]}_{t}+\underbrace{\mathcal{L}^{-1}\left[\dfrac{s+3}{(s+3)^2+1}\right]}_{e^{-3t}\cdot\mathcal{L}^{-1}\left[\frac{s}{s^2+1}\right]}+\underbrace{\mathcal{L}^{-1}\left[\dfrac{1}{(s+3)^2+1}\right]}_{e^{-3t}\cdot\mathcal{L}^{-1}\left[\frac{1}{s^2+1}\right]}$

$\mathcal{L}^{-1}[F(s-a)]=e^{at}\mathcal{L}^{-1}[F(s)]$
$=e^{at}f(t)$

$=1-t+e^{-3t}\cos t+e^{-3t}\sin t$

$=e^{-3t}(\cos t+\sin t)-t+1 \quad\cdots\cdots(答)$

演習問題 96 ● 第 2 移動定理の逆変換 ●

ラプラス逆変換 $\mathcal{L}^{-1}\left[\dfrac{e^{-3s}\left(\sqrt{s+1}+1\right)}{(s-2)(s+1)}\right]$ を求めよ。

ヒント！ 公式 $\mathcal{L}^{-1}[e^{-as}F(s)]=f(t-a)\cdot u(t-a)$ $(a \geqq 0)$ を用いるため，まず，$F(s)=\dfrac{\sqrt{s+1}+1}{(s-2)(s+1)}$ とおいて，$f(t)=\mathcal{L}^{-1}[F(s)]$ を求めよう。

解答＆解説

$F(s)=\dfrac{\sqrt{s+1}+1}{(s-2)(s+1)}$，$f(t)=\mathcal{L}^{-1}[F(s)]$ とおくと，

与式 $=\mathcal{L}^{-1}[e^{-3s}F(s)]=f(t-3)\cdot u(t-3)$ ……① となる。

よって，$f(t)$ を求めると，

$$f(t)=\mathcal{L}^{-1}[F(s)]=\mathcal{L}^{-1}\left[\frac{1}{(s-2)\sqrt{s+1}}+\frac{1}{(s-2)(s+1)}\right]$$

$$=\mathcal{L}^{-1}\left[\frac{1}{(s-2)\sqrt{(s-2)+3}}+\boxed{(ア)}\left(\frac{1}{s-2}-\frac{1}{s+1}\right)\right]$$

部分分数に分解

$$=\mathcal{L}^{-1}\left[\frac{1}{(s-2)\sqrt{(s-2)+3}}\right]+\boxed{(ア)}\left(\mathcal{L}^{-1}\left[\frac{1}{s-2}\right]-\mathcal{L}^{-1}\left[\frac{1}{s+1}\right]\right)$$

線形性

$$=\boxed{(イ)}\mathcal{L}^{-1}\left[\frac{1}{s\sqrt{s+3}}\right]+\boxed{(ア)}\left(\mathcal{L}^{-1}\left[\frac{1}{s-2}\right]-\mathcal{L}^{-1}\left[\frac{1}{s+1}\right]\right)$$

公式 $\mathcal{L}^{-1}[F(s-a)]=e^{at}\mathcal{L}^{-1}[F(s)]$

$$=\boxed{(イ)}\frac{1}{\sqrt{3}}erf\left(\sqrt{3t}\right)+\boxed{(ア)}\left(e^{2t}-e^{-t}\right)$$

$\mathcal{L}^{-1}\left[\dfrac{1}{s\sqrt{s+a}}\right]=\dfrac{1}{\sqrt{a}}erf\left(\sqrt{at}\right)$

$\mathcal{L}^{-1}\left[\dfrac{1}{s-a}\right]=e^{at}$

$$\therefore\ f(t)=\frac{1}{3}e^{2t}\left\{\sqrt{3}erf\left(\sqrt{3t}\right)+1-e^{-3t}\right\}\ \cdots\cdots②$$

よって，②より，求める逆変換①は，

与式 $=\mathcal{L}^{-1}[e^{-3s}F(s)]=f(t-3)\cdot u(t-3)$

$$=\frac{1}{3}e^{2(t-3)}\left\{\sqrt{3}\ \boxed{(ウ)\qquad\qquad}+1-e^{-3(t-3)}\right\}\cdot u(t-3)\ \cdots\cdots\cdots\cdots(答)$$

解答 (ア) $\dfrac{1}{3}$ (イ) e^{2t} (ウ) $erf\left(\sqrt{3(t-3)}\right)$

演習問題 97　● $\frac{d}{ds}F(s)$ の逆変換 ●

公式 $\mathcal{L}^{-1}\left[\frac{d}{ds}F(s)\right] = -t\cdot f(t)$ を用いて，次のラプラス逆変換を求めよ。

(1) $\mathcal{L}^{-1}\left[\frac{2s}{(s^2+4)^2}\right]$　　(2) $\mathcal{L}^{-1}\left[\tan^{-1}\frac{1}{s}\right]$

ヒント！ (1) $F(s) = \frac{1}{s^2+4}$ とおくと，与式 $= \mathcal{L}^{-1}\left[-\frac{d}{ds}F(s)\right]$ となる。

(2) $F(s) = \tan^{-1}\frac{1}{s}$，$f(t) = \mathcal{L}^{-1}[F(s)]$ とおき，まず $\mathcal{L}^{-1}\left[\frac{d}{ds}F(s)\right]$ を求める。

解答＆解説

(1) $F(s) = \frac{1}{s^2+4}$，$f(t) = \mathcal{L}^{-1}[F(s)] = \mathcal{L}^{-1}\left[\frac{1}{s^2+4}\right] = \frac{1}{2}\sin 2t$ とおく。

$\frac{d}{ds}F(s) = \frac{d}{ds}(s^2+4)^{-1} = -\frac{2s}{(s^2+4)^2}$　　よって，与公式より，

$$\mathcal{L}^{-1}\left[\frac{2s}{(s^2+4)^2}\right] = \mathcal{L}^{-1}\left[-\frac{d}{ds}F(s)\right] = -1\cdot\mathcal{L}^{-1}\left[\frac{d}{ds}F(s)\right]$$

$$= -1\cdot\{-t\cdot f(t)\} = t\cdot\frac{1}{2}\sin 2t = \frac{1}{2}t\sin 2t$$ となる。…(答)

(2) $F(s) = \tan^{-1}\frac{1}{s}$，$f(t) = \mathcal{L}^{-1}[F(s)] = \mathcal{L}^{-1}\left[\tan^{-1}\frac{1}{s}\right]$ とおく。

$$\frac{d}{ds}F(s) = \frac{d}{ds}\left(\tan^{-1}\frac{1}{s}\right) = \frac{1}{1+\left(\frac{1}{s}\right)^2}\cdot\left(-\frac{1}{s^2}\right) = -\frac{1}{s^2+1}$$

$(\tan^{-1}x)' = \frac{1}{1+x^2}$

$-t\cdot f(t)$　（公式より）

$$\therefore \mathcal{L}^{-1}\left[\frac{d}{ds}F(s)\right] = \mathcal{L}^{-1}\left[-\frac{1}{s^2+1}\right] = -1\cdot\mathcal{L}^{-1}\left[\frac{1}{s^2+1}\right] = -\sin t \quad \cdots①$$

①を与公式の左辺に代入して，

$-\sin t = -t\cdot f(t)$　　$\therefore f(t) = \mathcal{L}^{-1}\left[\tan^{-1}\frac{1}{s}\right] = \frac{\sin t}{t}$ となる。……(答)

演習問題 98 ● $sF(s)$ の逆変換 ●

公式：$\mathcal{L}^{-1}[sF(s)] = f'(t)\ \bigl(f(0)=0\bigr)$ を用いて，ラプラス逆変換

$\mathcal{L}^{-1}\left[\dfrac{s}{(s-2)\sqrt{s-2}}\right]$ を求めよ。

ヒント！ $F(s) = (s-2)^{-\frac{3}{2}}$ とおいて，$f(t) = \mathcal{L}^{-1}[F(s)] = \mathcal{L}^{-1}\left[(s-2)^{-\frac{3}{2}}\right]$ を，公式 $\mathcal{L}^{-1}[F(s-a)] = e^{at}\mathcal{L}^{-1}[F(s)]$ を利用して求めよう。

解答＆解説

$F(s) = \dfrac{1}{(s-2)^{\frac{3}{2}}}$，$f(t) = \mathcal{L}^{-1}[F(s)]$ とおくと，

与式 $= \mathcal{L}^{-1}[sF(s)] = f'(t)$ ……① $\bigl(f(0)=0\bigr)$ ← 公式 $\mathcal{L}^{-1}[sF(s)] = f'(t)$

よって，まず $f(t)$ を求めると，

$$f(t) = \mathcal{L}^{-1}[F(s)] = \mathcal{L}^{-1}\left[\frac{1}{(s-2)^{\frac{3}{2}}}\right]$$

$$= \boxed{(ア)}\ \mathcal{L}^{-1}\left[\frac{1}{s^{\frac{3}{2}}}\right] = \boxed{(ア)}\ \frac{t^{\frac{1}{2}}}{\Gamma\left(\frac{3}{2}\right)}$$

↑ $\mathcal{L}^{-1}[F(s-a)] = e^{at}\mathcal{L}^{-1}[F(s)]$

← 公式 $\mathcal{L}^{-1}\left[\dfrac{1}{s^{\alpha}}\right] = \dfrac{t^{\alpha-1}}{\Gamma(\alpha)}$

$\Gamma\left(\frac{3}{2}\right) = \frac{1}{2}\Gamma\left(\frac{1}{2}\right) = \frac{\sqrt{\pi}}{2}$

$= \boxed{(イ)}$ ……② となる。（②は，$f(0)=0$ を $\boxed{(ウ)}$。）

よって，②を①に代入して，

$$与式 = \mathcal{L}^{-1}[sF(s)] = \left(\boxed{(イ)}\right)' = \frac{2}{\sqrt{\pi}}\left(\frac{1}{2\sqrt{t}}e^{2t} + \sqrt{t}\cdot 2e^{2t}\right)$$

$= \dfrac{e^{2t}}{\sqrt{\pi}}\left(\dfrac{1}{\sqrt{t}} + 4\sqrt{t}\right)$ となる。……………………………………(答)

解答　(ア) e^{2t}　(イ) $\dfrac{2\sqrt{t}\cdot e^{2t}}{\sqrt{\pi}}$　(ウ) みたす

演習問題 99　● $F(s)\cdot G(s)$ の逆変換 ●

公式：$\mathcal{L}^{-1}[F(s)G(s)] = \int_0^t f(u)\cdot g(t-u)du$ ……$(*1)$ を用いて，

ラプラス逆変換 $\mathcal{L}^{-1}\left[\dfrac{1}{s^4(s^2+1)}\right]$ を求めよ。

ヒント！ $F(s) = \dfrac{1}{s^4}$，$G(s) = \dfrac{1}{s^2+1}$ とおいて，公式 $(*1)$ を利用する。

解答＆解説

与式 $= \mathcal{L}^{-1}\left[\underbrace{\dfrac{1}{s^4}}_{F(s)} \cdot \underbrace{\dfrac{1}{s^2+1}}_{G(s)}\right]$ より，$F(s) = \dfrac{1}{s^4}$，$G(s) = \dfrac{1}{s^2+1}$ とおき，

$$f(t) = \mathcal{L}^{-1}[F(s)] = \mathcal{L}^{-1}\left[\frac{1}{s^4}\right] = \frac{t^3}{\underbrace{\Gamma(4)}_{3!}} = \frac{t^3}{6},$$ ← 公式 $\mathcal{L}^{-1}\left[\dfrac{1}{s^n}\right] = \dfrac{t^{n-1}}{\Gamma(n)}$

$$g(t) = \mathcal{L}^{-1}[G(s)] = \mathcal{L}^{-1}\left[\frac{1}{s^2+1}\right] = \sin t$$ とおくと，← 公式 $\mathcal{L}^{-1}\left[\dfrac{a}{s^2+a^2}\right] = \sin at$

公式 $(*1)$ より，

$$与式 = \mathcal{L}^{-1}[F(s)G(s)] = \int_0^t \underbrace{\frac{u^3}{6}}_{f(u)} \underbrace{\sin(t-u)}_{g(t-u)} du$$

$$\left(= \frac{1}{6}\int_0^t u^3\{\cos(t-u)\}' du\right)$$

$$= \frac{1}{6}\left\{\underbrace{[u^3\cos(t-u)]_0^t}_{t^3} - 3\int_0^t u^2\cos(t-u)du\right\}$$

$$\left(\int_0^t u^2\{-\sin(t-u)\}' du\right)$$

$$= \frac{1}{6}t^3 - \frac{1}{2}\left\{\underbrace{[-u^2\sin(t-u)]_0^t}_{0} + 2\int_0^t u\sin(t-u)du\right\}$$

$$\left(\int_0^t u\{\cos(t-u)\}' du\right)$$

$$= \frac{1}{6}t^3 - \left\{\underbrace{[u\cos(t-u)]_0^t}_{t} - \int_0^t \cos(t-u)du\right\} = \frac{1}{6}t^3 - t + \sin t \quad \text{……(答)}$$

$$\left([-\sin(t-u)]_0^t = \sin t\right)$$

演習問題 100 ● $\frac{1}{s^n}F(s)$ の逆変換 ●

公式：$\mathcal{L}^{-1}\left[\frac{1}{s^4}F(s)\right]=\int_0^t\int_0^{u_3}\int_0^{u_2}\int_0^{u_1}f(u)du\,du_1du_2du_3$ ……$(*2)$ を用いて，ラプラス逆変換 $\mathcal{L}^{-1}\left[\frac{1}{s^4(s^2+1)}\right]$ を求めよ。

ヒント！ 前問と同じ問題を，$(*2)$ の公式を使って解こう。
$F(s)=\frac{1}{s^2+1}$ とおいて，$f(t)=\mathcal{L}^{-1}[F(s)]$ を求める。

解答＆解説

$F(s)=\frac{1}{s^2+1}$，$f(t)=\mathcal{L}^{-1}[F(s)]=\mathcal{L}^{-1}\left[\frac{1}{s^2+1}\right]=$ (ア) とおくと，

公式 $(*2)$ より，

与式 $=\mathcal{L}^{-1}\left[\frac{1}{s^4}F(s)\right]=\int_0^t\int_0^{u_3}\int_0^{u_2}\int_0^{u_1}$ (イ) $du\,du_1du_2du_3$

$[-\cos u]_0^{u_1}=1-\cos u_1$

$=\int_0^t\int_0^{u_3}\int_0^{u_2}(1-\cos u_1)du_1du_2du_3$

$[u_1-\sin u_1]_0^{u_2}=u_2-\sin u_2$

$=\int_0^t\int_0^{u_3}(u_2-\sin u_2)du_2du_3$

$\left[\frac{1}{2}u_2{}^2+\cos u_2\right]_0^{u_3}=\frac{1}{2}u_3{}^2+\cos u_3-1$

$=\int_0^t\left(\frac{1}{2}u_3{}^2+\cos u_3-1\right)du_3=\Big[$ (ウ) $\Big]_0^t$

$=$ (エ) となる。……………………………………(答)

演習問題 **99** の結果と同じ

解答 (ア) $\sin t$　(イ) $\sin u$　(ウ) $\frac{1}{6}u_3{}^3+\sin u_3-u_3$　(エ) $\frac{1}{6}t^3-t+\sin t$

講義 Lecture 8 常微分方程式のラプラス変換による解法 ● methods & formulae

§1. 定数係数常微分方程式の解法

この章では，t の関数である y の微分方程式を解いていくので，原関数を $y(t)$，その像関数を $Y(s)$ と表す。つまり，$Y(s)=\mathcal{L}[y(t)]$，$y(t)=\mathcal{L}^{-1}[Y(s)]$ となる。$y(0)=a$，$y'(0)=b$（a，b：定数）などの初期条件も含めた $y(t)$ の微分方程式が与えられたとき，この両辺をラプラス変換して，$Y(s)$ の方程式にもち込み，これを $Y(s)$ について解いて，$Y(s)=$（s の式）の形にしたならば，この両辺をラプラス逆変換して，微分方程式の解 $y(t)$ を求めることができる。このラプラス変換とその逆変換は，線形性：$\mathcal{L}[ay(t)+bg(t)]=a\mathcal{L}[y(t)]+b\mathcal{L}[g(t)]$ と，$\mathcal{L}^{-1}[aY(s)+bG(s)]=a\mathcal{L}^{-1}[Y(s)]+b\mathcal{L}^{-1}[G(s)]$ を用いて行われる。

個々の具体的な変換では，次のラプラス変換の公式を利用する。

$y(t)$	$Y(s)$
1（または $u(t)$）	$\frac{1}{s}$
t^n	$\frac{n!}{s^{n+1}}$
e^{at}	$\frac{1}{s-a}$ $(s>a)$
$\cos at$	$\frac{s}{s^2+a^2}$
$\sin at$	$\frac{a}{s^2+a^2}$
$\cosh at$	$\frac{s}{s^2-a^2}$ $(s>\lvert a\rvert)$
$\sinh at$	$\frac{a}{s^2-a^2}$ $(s>\lvert a\rvert)$
$ay(t)+bg(t)$	$aY(s)+bG(s)$
$y(at)$	$\frac{1}{a}Y\left(\frac{s}{a}\right)$

$y(t)$	$Y(s)$
$e^{at}y(t)$	$Y(s-a)$
$\delta(t)$	1
$y(t-a)\cdot u(t-a)$	$e^{-as}Y(s)$ $(a\geqq 0)$
$u(t-a)$	$\frac{e^{-as}}{s}$ $(a\geqq 0)$
$erf(\sqrt{at})$	$\frac{\sqrt{a}}{s\sqrt{s+a}}$
$J_0(at)$	$\frac{1}{\sqrt{s^2+a^2}}$
$y'(t)$	$sY(s)-y(0)$
$y''(t)$	$s^2Y(s)-sy(0)-y'(0)$
$ty(t)$	$-\frac{d}{ds}Y(s)$
$t^ny(t)$	$(-1)^n\frac{d^n}{ds^n}Y(s)$

$y(t)$	$Y(s)$
$\int_0^t y(u)\,du$	$\frac{1}{s}Y(s)$
$\int_0^t \int_0^{u_1} y(u)\,du du_1$	$\frac{1}{s^2}Y(s)$

$y(t)$	$Y(s)$
$y(t) * g(t)$	$Y(s)G(s)$
$\frac{y(t)}{t}$	$\int_s^\infty Y(s)\,ds$

§2. 微分・積分方程式などのラプラス変換による解法

定数係数ではなく，$ty(t)$ や $ty''(t)$ など，$y(t)$ や $y''(t)$ の係数が変数となる**変数係数の微分方程式**をラプラス変換を用いて解くとき，公式：$\mathcal{L}[t^n y(t)] = (-1)^n \cdot \frac{d^n}{ds^n}\mathcal{L}[y(t)] = (-1)^n \cdot \frac{d^n}{ds^n}Y(s)$ を利用する。この応用として，例えば

・$\mathcal{L}[ty'(t)] = -\frac{d}{ds}\mathcal{L}[y'(t)] = -\frac{d}{ds}\{sY(s) - y(0)\}$ や，

・$\mathcal{L}[ty''(t)] = -\frac{d}{ds}\mathcal{L}[y''(t)] = -\frac{d}{ds}\{s^2Y(s) - sy(0) - y'(0)\}$ など

として，$Y(s)$ の方程式を導いて，解けばよい。(演習問題 **106**(**P216**))

微分項にさらに $\int_0^t y(u)\,du$ や合成積 $\int_0^t y(u)\cdot g(t-u)\,du$ などの積分項が加わった**微分・積分方程式**に対しては，公式 $\mathcal{L}\left[\int_0^t y(u)\,du\right] = \frac{1}{s}Y(s)$ や，$\mathcal{L}\left[\int_0^t y(u)\cdot g(t-u)\,du\right] = Y(s)\cdot G(s)$ などを利用する。($G(s) = \mathcal{L}[g(t)]$)

定数係数の微分方程式や，微分・積分方程式は，電磁気学では，RC 回路や LC 回路など，電気回路を流れる電流 $i(t)$(A) を求める問題などに現われるが，これもラプラス変換を利用することによって，機械的に解くことができる。特に，電源が矩形波や三角波の電圧を発生する場合，単位階段関数 $u(t-a)$ のラプラス変換の公式 $\mathcal{L}[u(t-a)] = \frac{e^{-as}}{s}$ と，公式 $\mathcal{L}^{-1}[e^{-as}\cdot F(s)] = f(t-a)\cdot u(t-a)$ を用いることによって，一気に電流 $i(t)$(A) を求めることができる。(演習問題 **110**，**111**(**P226**，**P229**))

演習問題 101　●1階定数係数微分方程式●

次の1階微分方程式を，ラプラス変換を用いて解け。

(1) $y'(t)+2y(t)=1$ ……………①　$\left(y(0)=-1\right)$

(2) $y'(t)+y(t)=\sin 3t$ …………②　$\left(y(0)=1\right)$

(3) $y'(t)-2y(t)=e^t\cos t$ ………③　$\left(y(0)=3\right)$

(4) $y'(t)-y(t)=2t$ ……………④　$\left(y(0)=0\right)$

ヒント！ (1) 公式 $\mathcal{L}^{-1}\left[\dfrac{1}{s-a}\right]=e^{at}$ を使う。(2)(3) $\mathcal{L}^{-1}\left[\dfrac{s}{s^2+a^2}\right]=\cos at$, $\mathcal{L}^{-1}\left[\dfrac{a}{s^2+a^2}\right]=\sin at$, (4) $\mathcal{L}^{-1}\left[\dfrac{1}{s^2}\right]=t$ を用いる。

解答＆解説

(1) まず，①の両辺をラプラス変換すると，

$$\mathcal{L}[y'(t)+2y(t)]=\mathcal{L}[1]$$

$$\underbrace{\mathcal{L}[y'(t)]}_{sY(s)-y(0)}+2\underbrace{\mathcal{L}[y(t)]}_{Y(s)}=\underbrace{\mathcal{L}[1]}_{\frac{1}{s}}$$

$y(0)=-1$（初期条件：$y(0)=-1$ より）

・$\mathcal{L}$ の線形性
・$\mathcal{L}[y'(t)]=sY(s)-y(0)$
・$\mathcal{L}[1]=\dfrac{1}{s}$

$$sY(s)+1+2Y(s)=\frac{1}{s}$$ この $Y(s)$ の方程式を解くと，

$$(s+2)Y(s)=\frac{1}{s}-1$$

部分分数に分解

$$Y(s)=\frac{1}{s(s+2)}-\frac{1}{s+2}=\frac{1}{2}\left(\frac{1}{s}-\frac{1}{s+2}\right)-\frac{1}{s+2}$$

$$\therefore\ Y(s)=\frac{1}{2}\left(\frac{1}{s}-\frac{3}{s+2}\right)\ \cdots\cdots ①'$$

①′ の両辺をラプラス逆変換すると，

$$y(t)=\mathcal{L}^{-1}[Y(s)]=\frac{1}{2}\left(\mathcal{L}^{-1}\left[\frac{1}{s}\right]-3\mathcal{L}^{-1}\left[\frac{1}{s+2}\right]\right)$$ ← $\mathcal{L}^{-1}$ の線形性

$$\therefore\ y(t)=\frac{1}{2}\left(1-3e^{-2t}\right)$$ となる。……(答)

・$\mathcal{L}^{-1}\left[\dfrac{1}{s}\right]=1$
・$\mathcal{L}^{-1}\left[\dfrac{1}{s-a}\right]=e^{at}$

(2) $y'(t)+y(t)=\sin 3t$ ……② $\left(y(0)=1\right)$ の両辺をラプラス変換して，

$$\mathcal{L}[y'(t)]+\mathcal{L}[y(t)]=\mathcal{L}[\sin 3t]$$

$\mathcal{L}[y'(t)] = sY(s)-y(0)$，$y(0)=1$，$\mathcal{L}[y(t)] = Y(s)$，$\mathcal{L}[\sin 3t] = \dfrac{3}{s^2+9}$

初期条件：$y(0)=1$ より

・$\mathcal{L}$ の線形性
・$\mathcal{L}[y'(t)]=sY(s)-y(0)$
・$\mathcal{L}[\sin at]=\dfrac{a}{s^2+a^2}$

$$sY(s)-1+Y(s)=\frac{3}{s^2+9}$$

$$(s+1)Y(s)=1+\frac{3}{s^2+9}$$

$$\therefore\ Y(s)=\frac{1}{s+1}+\frac{3}{(s+1)(s^2+9)}$$

$$=\frac{s^2+12}{(s+1)(s^2+9)}$$

$\dfrac{s^2+12}{(s+1)(s^2+9)}=\dfrac{a}{s+1}+\dfrac{bs+c}{s^2+9}$
とおいて，分子の各係数を比較すると，
$s^2+12=a(s^2+9)+(bs+c)(s+1)$
$\qquad=(a+b)s^2+(b+c)s+9a+c$
$a+b=1$，$b+c=0$，$9a+c=12$
$\therefore\ a=\dfrac{13}{10}$，$b=-\dfrac{3}{10}$，$c=\dfrac{3}{10}$

$$\therefore\ Y(s)=\frac{1}{10}\left(\frac{13}{s+1}-\frac{3s}{s^2+9}+\frac{3}{s^2+9}\right)$$

……②´

②´の両辺をラプラス逆変換して，

$\mathcal{L}^{-1}$ の線形性

$$y(t)=\frac{1}{10}\left(13\mathcal{L}^{-1}\left[\frac{1}{s+1}\right]-3\mathcal{L}^{-1}\left[\frac{s}{s^2+9}\right]+\mathcal{L}^{-1}\left[\frac{3}{s^2+9}\right]\right)$$

$=\dfrac{1}{10}(13e^{-t}-3\cos 3t+\sin 3t)$ となる。……(答)

・$\mathcal{L}^{-1}\left[\dfrac{s}{s^2+a^2}\right]=\cos at$
・$\mathcal{L}^{-1}\left[\dfrac{a}{s^2+a^2}\right]=\sin at$

(3) $y'(t)-2y(t)=e^t\cos t$ ……③ $\left(y(0)=3\right)$ の両辺をラプラス変換して，

$$\mathcal{L}[y'(t)]-2\mathcal{L}[y(t)]=\mathcal{L}[e^t\cos t]$$

$$sY(s)-y(0)-2Y(s)=\frac{s-1}{(s-1)^2+1}$$

$y(0)=3$

・$\mathcal{L}$ の線形性
・$\mathcal{L}[y'(t)]=sY(s)-y(0)$
・$\mathcal{L}[e^{at}f(t)]=F(s-a)$
$\quad(F(s)=\mathcal{L}[f(t)])$

$$(s-2)Y(s)=3+\frac{s-1}{(s-1)^2+1}$$

$$\therefore\ Y(s)=\frac{3}{s-2}+\frac{s-1}{(s-2)\{(s-1)^2+1\}}$$

$$=\frac{3\{(s-1)^2+1\}+s-1}{(s-2)\{(s-1)^2+1\}}$$

$$Y(s)=\frac{3s^2-5s+5}{(s-2)\{(s-1)^2+1\}}$$

$$=\frac{7}{2}\cdot\frac{1}{s-2}-\frac{1}{2}\cdot\frac{s-2}{(s-1)^2+1}$$

$s-2 = (s-1)-1$

$\frac{3s^2-5s+5}{(s-2)\{(s-1)^2+1\}}=\frac{a}{s-2}+\frac{bs+c}{(s-1)^2+1}$

とおいて，分子の各係数を比較すると，

$3s^2-5s+5=a\{(s-1)^2+1\}+(bs+c)(s-2)$

$=(a+b)s^2+(-2a-2b+c)s+2a-2c$

$a+b=3,\ -2a-2b+c=-5,\ 2a-2c=5$

$\therefore a=\frac{7}{2},\ b=-\frac{1}{2},\ c=1$

$$\therefore Y(s)=\frac{7}{2}\cdot\frac{1}{s-2}-\frac{1}{2}\cdot\frac{s-1}{(s-1)^2+1}+\frac{1}{2}\cdot\frac{1}{(s-1)^2+1}\quad\cdots\cdots③'$$

③´の両辺をラプラス逆変換して，

$\mathcal{L}^{-1}$の線形性

$$y(t)=\frac{7}{2}\mathcal{L}^{-1}\left[\frac{1}{s-2}\right]-\frac{1}{2}\mathcal{L}^{-1}\left[\frac{s-1}{(s-1)^2+1}\right]+\frac{1}{2}\mathcal{L}^{-1}\left[\frac{1}{(s-1)^2+1}\right]$$

$$=\frac{7}{2}e^{2t}-\frac{1}{2}e^t\cos t+\frac{1}{2}e^t\sin t$$

$\mathcal{L}^{-1}[F(s-a)]=e^{at}\mathcal{L}^{-1}[F(s)]$

$$=\frac{e^t}{2}(7e^t-\cos t+\sin t)$$ となる。……………………………(答)

(4) $y'(t)-y(t)=2t$ ……④ $\big(y(0)=0\big)$ の両辺をラプラス変換して，

$$\mathcal{L}[y'(t)]-\mathcal{L}[y(t)]=2\mathcal{L}[t]$$

$\mathcal{L}[y'(t)] = sY(s)-y(0)$，$y(0)=0$ ← 初期条件：$y(0)=0$

$\mathcal{L}[y(t)] = Y(s)$

$\mathcal{L}[t] = \frac{1!}{s^2}=\frac{1}{s^2}$

・$\mathcal{L}$の線形性

・$\mathcal{L}[y'(t)]=sY(s)-y(0)$

・$\mathcal{L}[t^n]=\frac{n!}{s^{n+1}}$

$$sY(s)-Y(s)=\frac{2}{s^2}$$

$$(s-1)Y(s)=\frac{2}{s^2}$$

$$\therefore Y(s)=\frac{2}{s^2(s-1)}$$

$$=-\frac{2}{s}-\frac{2}{s^2}+\frac{2}{s-1}\quad\cdots\cdots④'$$

$\frac{2}{s^2(s-1)}=\frac{a}{s}+\frac{b}{s^2}+\frac{c}{s-1}$

分子の各係数を比較すると，

$2=as(s-1)+b(s-1)+cs^2$

$=(a+c)s^2+(-a+b)s-b$

$a+c=0,\ -a+b=0,\ -b=2$

$\therefore a=b=-2,\ c=2$

④´の両辺をラプラス逆変換して，

$$y(t)=-2\mathcal{L}^{-1}\left[\frac{1}{s}\right]-2\mathcal{L}^{-1}\left[\frac{1}{s^2}\right]+2\mathcal{L}^{-1}\left[\frac{1}{s-1}\right]$$

$\mathcal{L}^{-1}\left[\frac{1}{s}\right]=1$，$\mathcal{L}^{-1}\left[\frac{1}{s^2}\right]=t$，$\mathcal{L}^{-1}\left[\frac{1}{s-1}\right]=e^t$ ← $\mathcal{L}^{-1}$の線形性

$\therefore\ y(t) = -2 - 2t + 2e^t$

$= 2(e^t - t - 1)$　となる。

……(答)

・$\mathcal{L}^{-1}\left[\dfrac{1}{s^n}\right] = \dfrac{t^{n-1}}{\Gamma(n)} = \dfrac{t^{n-1}}{(n-1)!}$

・$\mathcal{L}^{-1}\left[\dfrac{1}{s-a}\right] = e^{at}$

$Y(s) = \dfrac{2}{s^2(s-1)}$ の逆変換を求める別解を次に示そう。

別解 1

$y(t) = 2\mathcal{L}^{-1}\left[\dfrac{1}{s^2(s-1)}\right] = 2\cdot\mathcal{L}^{-1}\left[\dfrac{1}{s^2}\cdot\dfrac{1}{s-1}\right]$

$\dfrac{1}{s-1}$ を $F(s)$ とみると，$f(t) = e^t$

$= 2\displaystyle\int_0^t\int_0^{u_1} e^u\, du\, du_1$ （$e^u = f(u)$）

公式：$\mathcal{L}^{-1}\left[\dfrac{1}{s^2}F(s)\right] = \displaystyle\int_0^t\int_0^{u_1} f(u)\, du\, du_1$

$= 2\displaystyle\int_0^t [e^u]_0^{u_1} du_1 = 2\int_0^t (e^{u_1} - 1)\, du_1$

$= 2[e^{u_1} - u_1]_0^t = 2(e^t - t - 1)$　となる。 ……………………(答)

別解 2

$y(t) = 2\mathcal{L}^{-1}\left[\dfrac{1}{s^2(s-1)}\right] = 2\cdot\mathcal{L}^{-1}\left[\dfrac{1}{s^2}\cdot\dfrac{1}{s-1}\right]$

$\dfrac{1}{s^2}$ を $F(s)$，$\dfrac{1}{s-1}$ を $G(s)$ とみる

$f(t) = t$　　$g(t) = e^t$

$= 2(t * e^t) = 2\displaystyle\int_0^t u\cdot e^{t-u}\, du$

公式：
$\mathcal{L}^{-1}[F(s)\cdot G(s)]$
$= f(t) * g(t)$ ← 合成積
$= \displaystyle\int_0^t f(u)\cdot g(t-u)du$

$= 2e^t\displaystyle\int_0^t ue^{-u}\, du = 2e^t\int_0^t u(-e^{-u})'\, du$

$= 2e^t\left\{[-ue^{-u}]_0^t + \displaystyle\int_0^t e^{-u}\, du\right\}$

$= 2e^t(-te^{-t} - [e^{-u}]_0^t)$

$= 2e^t(-te^{-t} - e^{-t} + 1) = 2e^t\{1 - (t+1)e^{-t}\}$

$= 2(e^t - t - 1)$　となる。 ……………………………………(答)

この (4) は演習問題 9(P26) と初期条件を除いて同問だけれど，
本質的に同じ結果が，ラプラス変換により導けたんだね。

演習問題 102 ● 2 階定数係数常微分方程式 (Ⅰ) ●

次の **2** 階常微分方程式を，ラプラス変換を用いて解け。

(1) $y'' + y' + \frac{65}{4}y = 0$ ……① $\left(y(0) = 0,\ y'(0) = 8\right)$

(2) $y'' + 3y' + \frac{9}{4}y = 0$ ……② $\left(y(0) = 1,\ y'(0) = -\frac{1}{2}\right)$

ヒント！ 公式：$\mathcal{L}[y''(t)] = s^2Y(s) - sy(0) - y'(0)$，$\mathcal{L}[y'(t)] = sY(s) - y(0)$ や，$\mathcal{L}^{-1}[F(s-a)] = e^{at}\mathcal{L}^{-1}[F(s)]$ などを利用して解いていこう。

解答＆解説

(1) ①の両辺をラプラス変換すると，

$$\mathcal{L}\left[y''(t) + y'(t) + \frac{65}{4}y(t)\right] = 0$$

$$\underbrace{\mathcal{L}[y''(t)]}_{s^2Y(s)-sy(0)-y'(0)} + \underbrace{\mathcal{L}[y'(t)]}_{sY(s)-y(0)} + \frac{65}{4}\underbrace{\mathcal{L}[y(t)]}_{Y(s)} = 0$$

公式：
・$\mathcal{L}[y''] = s^2Y(s) - sy(0) - y'(0)$
・$\mathcal{L}[y'] = sY(s) - y(0)$

$$s^2Y(s) - s\underbrace{y(0)}_{0} - \underbrace{y'(0)}_{8} + sY(s) - \underbrace{y(0)}_{0} + \frac{65}{4}Y(s) = 0$$

$$s^2Y(s) - 8 + sY(s) + \frac{65}{4}Y(s) = 0$$

$$\left(s^2 + s + \frac{65}{4}\right)Y(s) = 8$$

$$Y(s) = \frac{8}{s^2 + s + \frac{65}{4}} = \frac{8}{\left(s + \frac{1}{2}\right)^2 + 16} \quad \cdots\cdots\cdots\cdots ①'$$

$\left(s + \frac{1}{2}\right)$ でまとめることが，ポイント！

①′ の両辺をラプラス逆変換して，

公式：$\mathcal{L}^{-1}[F(s-a)] = e^{at}\mathcal{L}^{-1}[F(s)]$

$$y(t) = \mathcal{L}^{-1}[Y(s)] = \mathcal{L}^{-1}\left[\frac{8}{\left(s + \frac{1}{2}\right)^2 + 16}\right] = e^{-\frac{1}{2}t}\mathcal{L}^{-1}\left[\frac{8}{s^2 + 16}\right]$$ より，

$$y(t)=e^{-\frac{1}{2}t}\cdot 2\cdot \underbrace{\mathcal{L}^{-1}\left[\frac{4}{s^2+4^2}\right]}_{\sin 4t}$$

公式：$\mathcal{L}^{-1}\left[\frac{a}{s^2+a^2}\right]=\sin at$

$$\therefore\ y(t)=2e^{-\frac{1}{2}t}\sin 4t \quad \cdots\cdots(答)$$

(2) ②の両辺をラプラス変換すると，

$$\mathcal{L}\left[y''(t)+3y'(t)+\frac{9}{4}y(t)\right]=0$$

$$\underbrace{\mathcal{L}[y''(t)]}_{s^2Y(s)-sy(0)-y'(0)}+3\underbrace{\mathcal{L}[y'(t)]}_{sY(s)-y(0)}+\frac{9}{4}\underbrace{\mathcal{L}[y(t)]}_{Y(s)}=0$$

$$s^2Y(s)-s\underbrace{y(0)}_{1}-\underbrace{y'(0)}_{\left(-\frac{1}{2}\right)}+3\{sY(s)-\underbrace{y(0)}_{1}\}+\frac{9}{4}Y(s)=0$$

$$s^2Y(s)-s+\frac{1}{2}+3sY(s)-3+\frac{9}{4}Y(s)=0$$

$$\left(s^2+3s+\frac{9}{4}\right)Y(s)=s+\frac{5}{2}$$

$$Y(s)=\frac{s+\frac{5}{2}}{s^2+3s+\frac{9}{4}}=\frac{\left(s+\frac{3}{2}\right)+1}{\left(s+\frac{3}{2}\right)^2}\quad\cdots\cdots②'$$

$\left(s+\frac{3}{2}\right)$でまとめることが，ポイント！

②´の両辺をラプラス逆変換して，

公式：$\mathcal{L}^{-1}[F(s-a)]=e^{at}\mathcal{L}^{-1}[F(s)]$

$$y(t)=\mathcal{L}^{-1}[Y(s)]=\mathcal{L}^{-1}\left[\frac{\left(s+\frac{3}{2}\right)+1}{\left(s+\frac{3}{2}\right)^2}\right]=e^{-\frac{3}{2}t}\mathcal{L}^{-1}\left[\frac{s+1}{s^2}\right]$$

$$=e^{-\frac{3}{2}t}\left\{\underbrace{\mathcal{L}^{-1}\left[\frac{1}{s}\right]}_{1}+\underbrace{\mathcal{L}^{-1}\left[\frac{1}{s^2}\right]}_{t}\right\}$$

公式：$\mathcal{L}^{-1}\left[\frac{1}{s}\right]=1$，$\mathcal{L}^{-1}\left[\frac{1}{s^2}\right]=t$

$$\therefore\ y(t)=(1+t)e^{-\frac{3}{2}t}\quad\cdots\cdots(答)$$

演習問題 103　●2階定数係数常微分方程式(Ⅱ)●

次の2階常微分方程式を，ラプラス変換を用いて解け。

(1) $y''(t)+4y'(t)+3y(t)=e^{-2t}$ ……①　$(y(0)=1,\ y'(0)=0)$

(2) $y''(t)-2y'(t)+y(t)=1$ …………②　$(y(0)=4,\ y'(0)=3)$

(3) $y''(t)-6y'(t)+9y(t)=te^{3t}$ ……③　$(y(0)=1,\ y'(0)=3)$

(4) $y''(t)+y(t)=\sin 2t$ ………………④　$(y(0)=0,\ y'(0)=1)$

ヒント！ (1)(2)(4) 像関数を部分分数に分解する。(3) 第1移動定理 $\mathcal{L}^{-1}[F(s-a)]=e^{at}f(t)$ を使おう。

解答＆解説

(1) まず，①の両辺をラプラス変換すると，

$$\mathcal{L}[y''(t)+4y'(t)+3y(t)]=\mathcal{L}[e^{-2t}]$$

$$\underbrace{\mathcal{L}[y''(t)]}_{s^2Y(s)-sy(0)-y'(0)}+4\underbrace{\mathcal{L}[y'(t)]}_{sY(s)-y(0)}+3\underbrace{\mathcal{L}[y(t)]}_{Y(s)}=\underbrace{\mathcal{L}[e^{-2t}]}_{\frac{1}{s+2}}$$

$y(0)=1$，$y'(0)=0$

・$\mathcal{L}$ の線形性
・$\mathcal{L}[y''(t)]=s^2Y(s)-sy(0)-y'(0)$
・$\mathcal{L}[y'(t)]=sY(s)-y(0)$
・$\mathcal{L}[e^{at}]=\dfrac{1}{s-a}$

$$s^2Y(s)-s+4\{sY(s)-1\}+3Y(s)=\frac{1}{s+2}$$

$$(s^2+4s+3)Y(s)=s+4+\frac{1}{s+2}\qquad (s+1)(s+3)Y(s)=\frac{s^2+6s+9}{s+2}$$

$s^2+6s+9=(s+3)^2$

部分分数に分解

$$\therefore\ Y(s)=\frac{s+3}{(s+1)(s+2)}=\frac{2}{s+1}-\frac{1}{s+2}\ \cdots\cdots ①'\ となる。$$

$\dfrac{s+3}{(s+1)(s+2)}=\dfrac{a}{s+1}+\dfrac{b}{s+2}$ とおいて，分子の各係数を比較すると，

$s+3=a(s+2)+b(s+1)$

$\quad=(a+b)s+2a+b$　（$a+b=1$，$2a+b=3$）

$\therefore\ a+b=1,\ 2a+b=3$ より，$a=2,\ b=-1$ となる。

①´ の両辺をラプラス逆変換すると，

$$y(t)=\mathcal{L}^{-1}[Y(s)]=2\mathcal{L}^{-1}\left[\frac{1}{s+1}\right]-\mathcal{L}^{-1}\left[\frac{1}{s+2}\right]$$

← $\mathcal{L}^{-1}$ の線形性

$$=2e^{-t}-e^{-2t}\ \cdots\cdots\cdots\cdots(答)$$

← 公式：$\mathcal{L}^{-1}\left[\dfrac{1}{s-a}\right]=e^{at}$

(2) $y''(t)-2y'(t)+y(t)=1$ ……② $\left(y(0)=4,\ y'(0)=3\right)$ ←初期条件

の両辺をラプラス変換して，

$$\underbrace{\mathcal{L}[y''(t)]}_{s^2Y(s)-s\underbrace{y(0)}_{4}-\underbrace{y'(0)}_{3}}-2\underbrace{\mathcal{L}[y'(t)]}_{sY(s)-\underbrace{y(0)}_{4}}+\underbrace{\mathcal{L}[y(t)]}_{Y(s)}=\underbrace{\mathcal{L}[1]}_{\frac{1}{s}}$$

← 公式：$\mathcal{L}[1]=\dfrac{1}{s}$

$$s^2Y(s)-4s-3-2\left\{sY(s)-4\right\}+Y(s)=\frac{1}{s}$$

$$(s^2-2s+1)Y(s)=4s-5+\frac{1}{s}\qquad (s-1)^2Y(s)=\frac{4s^2-5s+1}{s}$$

$4s^2-5s+1=(s-1)(4s-1)$

$$\therefore\ Y(s)=\frac{4s-1}{s(s-1)}=\frac{1}{s}+\frac{3}{s-1}\ \cdots\cdots②'\quad となる。$$

> $\dfrac{4s-1}{s(s-1)}=\dfrac{a}{s}+\dfrac{b}{s-1}$ とおいて，分子の各係数を比較すると，
>
> $4s-1=a(s-1)+bs$
>
> $=\underbrace{(a+b)}_{4}s\underbrace{-a}_{-1}$
>
> $\therefore\ a+b=4,\ -a=-1$ より，$a=1,\ b=3$ となる。

②$'$の両辺をラプラス逆変換すると，

$$y(t)=\mathcal{L}^{-1}[Y(s)]=\mathcal{L}^{-1}\left[\frac{1}{s}\right]+3\mathcal{L}^{-1}\left[\frac{1}{s-1}\right]$$

← $\mathcal{L}^{-1}$の線形性

$$=3e^t+1\ \cdots\cdots\cdots(答)$$

← $\mathcal{L}^{-1}\left[\dfrac{1}{s}\right]=1,\ \mathcal{L}^{-1}\left[\dfrac{1}{s-a}\right]=e^{at}$

(3) $y''(t)-6y'(t)+9y(t)=te^{3t}$ ……③ $\left(y(0)=1,\ y'(0)=3\right)$

の両辺をラプラス変換すると，

$$\underbrace{\mathcal{L}[y''(t)]}_{s^2Y(s)-s\underbrace{y(0)}_{1}-\underbrace{y'(0)}_{3}}-6\underbrace{\mathcal{L}[y'(t)]}_{sY(s)-\underbrace{y(0)}_{1}}+9\underbrace{\mathcal{L}[y(t)]}_{Y(s)}=\underbrace{\mathcal{L}[te^{3t}]}_{\frac{1}{(s-3)^2}}$$

← ・$\mathcal{L}$の線形性
・$\mathcal{L}[e^{at}f(t)]=F(s-a)$

$$s^2Y(s)-s-3-6\left\{sY(s)-1\right\}+9Y(s)=\frac{1}{(s-3)^2}$$

$$(s^2-6s+9)Y(s)=s-3+\frac{1}{(s-3)^2}$$

$$(s-3)^2Y(s)=s-3+\frac{1}{(s-3)^2}$$

$$\therefore\ Y(s)=\frac{1}{s-3}+\frac{1}{(s-3)^4}\ \cdots\cdots③'$$

③´の両辺をラプラス逆変換すると，

$$y(t)=\underbrace{\mathcal{L}^{-1}\left[\frac{1}{s-3}\right]}_{e^{3t}}+\underbrace{\mathcal{L}^{-1}\left[\frac{1}{(s-3)^4}\right]}_{}=e^{3t}+\frac{t^3e^{3t}}{6}=\frac{e^{3t}}{6}(t^3+6)\cdots(\text{答})$$

$$e^{3t}\mathcal{L}^{-1}\left[\frac{1}{s^4}\right]=e^{3t}\frac{t^3}{\Gamma(4)}=\frac{t^3e^{3t}}{3!}=\frac{t^3e^{3t}}{6}$$

$$\mathcal{L}^{-1}[F(s-a)]=e^{at}\mathcal{L}^{-1}[F(s)]$$

(4) $y''(t)+y(t)=\sin 2t\ \cdots\cdots④\ \left(y(0)=0,\ y'(0)=1\right)$

の両辺をラプラス変換すると，

$$\mathcal{L}[y''(t)]=s^2Y(s)-sy(0)-y'(0)$$
$$\mathcal{L}[\sin at]=\frac{a}{s^2+a^2}$$

$$\underbrace{\mathcal{L}[y''(t)]}_{s^2Y(s)-sy(0)-y'(0)}+\underbrace{\mathcal{L}[y(t)]}_{Y(s)}=\underbrace{\mathcal{L}[\sin 2t]}_{\frac{2}{s^2+4}}$$

（$y(0)=0$，$y'(0)=1$）

$$s^2Y(s)-1+Y(s)=\frac{2}{s^2+4}$$

$$(s^2+1)Y(s)=1+\frac{2}{s^2+4}=\frac{s^2+6}{s^2+4}$$

$$\therefore\ Y(s)=\frac{s^2+6}{(s^2+1)(s^2+4)}=\frac{5}{3}\cdot\frac{1}{s^2+1}-\frac{1}{3}\cdot\frac{2}{s^2+4}\ \cdots\cdots④'$$

$s^2=v$ とおくと，

$$\frac{s^2+6}{(s^2+1)(s^2+4)}=\frac{v+6}{(v+1)(v+4)}=\frac{a}{v+1}+\frac{b}{v+4}$$ とおいて，

分子の各係数を比較すると，

$$v+6=a(v+4)+b(v+1)$$
$$=\underbrace{(a+b)}_{1}v+\underbrace{4a+b}_{6}$$

$\therefore\ a+b=1,\ 4a+b=6$ より，$a=\frac{5}{3}$，$b=-\frac{2}{3}$

④´の両辺をラプラス逆変換して，

$$y(t)=\frac{5}{3}\underbrace{\mathcal{L}^{-1}\left[\frac{1}{s^2+1}\right]}_{\sin t}-\frac{1}{3}\underbrace{\mathcal{L}^{-1}\left[\frac{2}{s^2+4}\right]}_{\sin 2t}$$

$$\mathcal{L}^{-1}\left[\frac{a}{s^2+a^2}\right]=\sin at$$

$\therefore y(t) = \frac{5}{3}\sin t - \frac{1}{3}\sin 2t$ となる。 ……………………………………(答)

別解

$(s^2+1)Y(s) = 1 + \frac{2}{s^2+4}$ より，

$Y(s) = \frac{1}{s^2+1} + \frac{2}{s^2+4} \cdot \frac{1}{s^2+1}$ ……④″と変形して，この右辺の第2項に合成積のラプラス逆変換を施して解いてもよい。

④″の両辺をラプラス逆変換して，

$$y(t) = \mathcal{L}^{-1}\left[\frac{1}{s^2+1}\right] + \mathcal{L}^{-1}\left[\frac{2}{s^2+4} \cdot \frac{1}{s^2+1}\right] = \sin t + \sin 2t * \sin t$$

$\frac{2}{s^2+4}$ を $F(s)$，$\frac{1}{s^2+1}$ を $G(s)$ とみる → $f(t) = \sin 2t$，$g(t) = \sin t$

$f(t) * g(t) = \int_0^t f(u) \cdot g(t-u)du = \int_0^t \sin 2u \cdot \sin(t-u)du$

$$= \sin t + \int_0^t \sin 2u \cdot \sin(t-u)\,du$$

$$= \sin t - \frac{1}{2}\int_0^t \{\cos(u+t) - \cos(3u-t)\}\,du$$

積→和の公式：$\sin\alpha\sin\beta = -\frac{1}{2}\{\cos(\alpha+\beta) - \cos(\alpha-\beta)\}$

$$= \sin t - \frac{1}{2}\left[\sin(u+t) - \frac{1}{3}\sin(3u-t)\right]_0^t$$

$$= \sin t - \frac{1}{2}\left\{\sin 2t - \frac{1}{3}\sin 2t - \sin t + \frac{1}{3}\sin(-t)\right\}$$

（$\sin(-t) = -\sin t$）

$$= \sin t - \frac{1}{2}\left(\frac{2}{3}\sin 2t - \frac{4}{3}\sin t\right)$$

$$= \sin t - \frac{1}{3}\sin 2t + \frac{2}{3}\sin t$$

$= \frac{5}{3}\sin t - \frac{1}{3}\sin 2t$ となる。 ……………………………………(答)

演習問題 104　● 高階常微分方程式 ●

次の高階常微分方程式をラプラス変換を用いて解け。

(1) $y'''(t) - y''(t) - 4y'(t) + 4y(t) = e^{-4t}$ ……………………①

(初期条件：$y(0) = y'(0) = y''(0) = 0$)

(2) $y'''(t) - 6y''(t) + 12y'(t) - 8y(t) = t^3 e^{2t}$ ……………………②

(初期条件：$y(0) = 1$, $y'(0) = 3$, $y''(0) = 6$)

(3) $y^{(4)}(t) - 9y(t) = 3\sinh t$ ………………………………………③

(初期条件：$y(0) = y'(0) = y''(0) = y'''(0) = 0$)

ヒント！ 公式 $\mathcal{L}[y'''(t)] = s^3Y(s) - s^2y(0) - sy'(0) - y''(0)$ や，公式 $\mathcal{L}[y^{(4)}(t)] = s^4Y(s) - s^3y(0) - s^2y'(0) - sy''(0) - y'''(0)$ を使う。

解答&解説

(1) まず，①の両辺をラプラス変換すると，

$$\underbrace{\mathcal{L}[y'''(t)]}_{s^3Y(s)-s^2y(0)-sy'(0)-y''(0)} - \underbrace{\mathcal{L}[y''(t)]}_{s^2Y(s)-sy(0)-y'(0)} - 4\underbrace{\mathcal{L}[y'(t)]}_{sY(s)-y(0)} + 4\underbrace{\mathcal{L}[y(t)]}_{Y(s)} = \underbrace{\mathcal{L}[e^{-4t}]}_{\frac{1}{s+4}}$$

$$s^3Y(s) - \underbrace{s^2y(0)}_{0} - \underbrace{sy'(0)}_{0} - \underbrace{y''(0)}_{0} - \{s^2Y(s) - \underbrace{sy(0)}_{0} - \underbrace{y'(0)}_{0}\}$$

$$-4\{sY(s) - \underbrace{y(0)}_{0}\} + 4Y(s) = \frac{1}{s+4}$$

$$\underbrace{(s^3 - s^2 - 4s + 4)}_{s^2(s-1)-4(s-1)=(s^2-4)(s-1)=(s-1)(s-2)(s+2)}Y(s) = \frac{1}{s+4},\quad (s-1)(s-2)(s+2)Y(s) = \frac{1}{s+4}$$

$\therefore\ Y(s) = \dfrac{1}{(s-1)(s-2)(s+2)(s+4)}$ ……①´ となる。ここで，

$$\frac{1}{(s-1)(s-2)(s+2)(s+4)} = \frac{a}{s-1} + \frac{b}{s-2} + \frac{c}{s+2} + \frac{d}{s+4} \quad \text{……④}$$

とおいて，

・両辺に $s-1$ をかけて

$$\frac{1}{(s-2)(s+2)(s+4)} = a + \frac{s-1}{s-2}b + \frac{s-1}{s+2}c + \frac{s-1}{s+4}d$$

この両辺に $s=1$ を代入すると，右辺の第 2，3，4 項が 0 になって，

a の値が

$$a=\left.\frac{1}{(s-2)(s+2)(s+4)}\right|_{s=1}=\frac{1}{(1-2)(1+2)(1+4)}=\frac{1}{(-1)\cdot 3\cdot 5}$$

$=-\dfrac{1}{15}$ と求まる。

ここで，この第 2 式は，$\dfrac{1}{(s-2)(s+2)(s+4)}$ に $s=1$ を代入することを表す式とする。

・同様に，④の両辺に (ア) をかけて，(イ) を代入すると，b が求まり，

$$b=\left.\frac{1}{(s-1)(s+2)(s+4)}\right|_{s=2}=\frac{1}{1\cdot 4\cdot 6}=\frac{1}{24}$$

・④の両辺に (ウ) をかけて，(エ) を代入して，

$$c=\left.\frac{1}{(s-1)(s-2)(s+4)}\right|_{s=-2}=\frac{1}{(-3)(-4)\cdot 2}=\frac{1}{24}$$

・④ の両辺に (オ) をかけて，(カ) を代入して，

$$d=\left.\frac{1}{(s-1)(s-2)(s+2)}\right|_{s=-4}=\frac{1}{(-5)(-6)(-2)}=-\frac{1}{60}$$

以上より，①′は，次のように部分分数に分解できる。

$$Y(s)=-\frac{1}{15}\cdot\frac{1}{s-1}+\frac{1}{24}\cdot\frac{1}{s-2}+\frac{1}{24}\cdot\frac{1}{s+2}-\frac{1}{60}\cdot\frac{1}{s+4}\quad\cdots\cdots ①''$$

①″の両辺をラプラス逆変換すると，

$$y(t)=-\frac{1}{15}\mathcal{L}^{-1}\left[\frac{1}{s-1}\right]+\frac{1}{24}\mathcal{L}^{-1}\left[\frac{1}{s-2}\right]+\frac{1}{24}\mathcal{L}^{-1}\left[\frac{1}{s+2}\right]-\frac{1}{60}\mathcal{L}^{-1}\left[\frac{1}{s+4}\right]$$

$\therefore\ y(t)=-\dfrac{1}{15}e^{t}+\dfrac{1}{24}$ (キ) $+\dfrac{1}{24}e^{-2t}-\dfrac{1}{60}$ (ク) となる。 ………(答)

(2) $y'''(t)-6y''(t)+12y'(t)-8y(t)=t^3e^{2t}\ \cdots ②\ \left(y(0)=1,\ y'(0)=3,\ y''(0)=6\right)$

の両辺をラプラス変換すると，

$$\mathcal{L}[y'''(t)]-6\mathcal{L}[y''(t)]+12\mathcal{L}[y'(t)]-8\mathcal{L}[y(t)]=\mathcal{L}[t^3e^{2t}]$$

$\mathcal{L}[y'''(t)]=s^3Y(s)-s^2y(0)-sy'(0)-y''(0)$

$\mathcal{L}[y''(t)]=s^2Y(s)-sy(0)-y'(0)$

$\mathcal{L}[y'(t)]=sY(s)-y(0)$

$\mathcal{L}[y(t)]=Y(s)$

$\mathcal{L}[t^3e^{2t}]=\dfrac{6}{(s-2)^4}$ ← $\mathcal{L}[e^{at}f(t)]=F(s-a)$

$$s^3Y(s) - s^2\underset{1}{\underline{y(0)}} - s\underset{3}{\underline{y'(0)}} - \underset{6}{\underline{y''(0)}} - 6\{s^2Y(s) - s\underset{1}{\underline{y(0)}} - \underset{3}{\underline{y'(0)}}\}$$

$$+12\{sY(s) - \underset{1}{\underline{y(0)}}\} - 8Y(s) = \frac{6}{(s-2)^4}$$

$$s^3Y(s) - s^2 - 3s - 6 - 6s^2Y(s) + 6s + 18$$

$$+12sY(s) - 12 - 8Y(s) = \frac{6}{(s-2)^4}$$

$$\underset{s^3 - 3\cdot s^2\cdot 2 + 3\cdot s\cdot 2^2 - 2^3}{\underline{(s^3 - 6s^2 + 12s - 8)}}Y(s) = s^2 - 3s + \frac{6}{(s-2)^4}$$

$$\boxed{(ケ)\quad}\,Y(s) = s^2 - 3s + \frac{6}{(s-2)^4}$$

$$\therefore\ Y(s) = \frac{s^2 - 3s}{(s-2)^3} + \frac{6}{(s-2)^7} = \frac{(s-2)^2 + (s-2) - 2}{(s-2)^3} + \frac{6}{(s-2)^7}$$

$$= \frac{1}{s-2} + \frac{1}{(s-2)^2} - \frac{2}{(s-2)^3} + \frac{6}{(s-2)^7}$$ ……②´ となる。

②´の両辺をラプラス逆変換すると，

$$y(t) = \mathcal{L}^{-1}[Y(s)] = \mathcal{L}^{-1}\left[\frac{1}{s-2}\right] + \mathcal{L}^{-1}\left[\frac{1}{(s-2)^2}\right] - 2\mathcal{L}^{-1}\left[\frac{1}{(s-2)^3}\right] + 6\mathcal{L}^{-1}\left[\frac{1}{(s-2)^7}\right]$$

$$= \boxed{(コ)}\left(\underset{\frac{t^0}{\Gamma(1)}=1}{\underline{\mathcal{L}^{-1}\left[\frac{1}{s}\right]}} + \underset{\frac{t}{\Gamma(2)}=\frac{t}{1!}}{\underline{\mathcal{L}^{-1}\left[\frac{1}{s^2}\right]}} - 2\underset{\frac{t^2}{\Gamma(3)}=\frac{t^2}{2!}}{\underline{\mathcal{L}^{-1}\left[\frac{1}{s^3}\right]}} + 6\underset{\frac{t^6}{\Gamma(7)}=\frac{t^6}{6!}}{\underline{\mathcal{L}^{-1}\left[\frac{1}{s^7}\right]}}\right)$$ ← $\mathcal{L}^{-1}[F(s-a)] = e^{at}\mathcal{L}^{-1}[F(s)]$

$$= \boxed{(コ)}\left(1 + t - t^2 + \frac{t^6}{5!}\right)$$

$$= \boxed{(コ)}\left(\frac{t^6}{120} - t^2 + t + 1\right)$$ となる。 ……………………………………(答)

(3) $y^{(4)}(t) - 9y(t) = 3\sinh t$ …③ (初期条件：$y(0) = y'(0) = y''(0) = y'''(0) = 0$)

の両辺をラプラス変換して，

$$\underset{s^4Y(s) - s^3y(0) - s^2y'(0) - sy''(0) - y'''(0)}{\underline{\mathcal{L}[y^{(4)}(t)]}} - 9\underset{Y(s)}{\underline{\mathcal{L}[y(t)]}} = 3\underset{\frac{1}{s^2-1}}{\underline{\mathcal{L}[\sinh t]}}$$ ← 公式：$\mathcal{L}[\sinh at] = \frac{a}{s^2 - a^2}$

$$s^4Y(s) - \underset{0}{\underline{s^3y(0)}} - \underset{0}{\underline{s^2y'(0)}} - \underset{0}{\underline{sy''(0)}} - \underset{0}{\underline{y'''(0)}} - 9Y(s) = \frac{3}{s^2-1}$$

$$(s^4-9)Y(s) = \frac{3}{s^2-1}$$

$$\therefore\ Y(s) = \frac{3}{(s^2-3)(s^2+3)(s^2-1)} \quad \cdots\cdots③'$$ となる。

ここで，$s^2=v$ とおき，さらに

$$\frac{3}{(v-3)(v+3)(v-1)} = \frac{a}{v-3} + \frac{b}{v+3} + \frac{c}{v-1}$$ とおいて，

両辺の分子の各係数を比較すると，

$$3 = a(v+3)(v-1) + b(v-3)(v-1) + c(v-3)(v+3)$$

$$= \underset{0}{\underline{(a+b+c)}}v^2 + \underset{0}{\underline{(2a-4b)}}v \underset{3}{\underline{-3a+3b-9c}}$$

よって，$a+b+c=0$，$2a-4b=0$，$-3a+3b-9c=3$ より，

$a=$ (サ)，$b=$ (シ)，$c=$ (ス) となる。

以上より，③′は，次のように部分分数に分解できる。

$$Y(s) = \boxed{(サ)}\cdot\frac{1}{s^2-3} + \boxed{(シ)}\cdot\frac{1}{s^2+3}\ \boxed{(ス)}\cdot\frac{1}{s^2-1} \quad \cdots\cdots③''$$

③″の両辺をラプラス逆変換して，

$$y(t) = \boxed{(サ)}\underset{\frac{1}{\sqrt{3}}\sinh\sqrt{3}t}{\underline{\mathcal{L}^{-1}\left[\frac{1}{s^2-3}\right]}} + \boxed{(シ)}\underset{\frac{1}{\sqrt{3}}\sin\sqrt{3}t}{\underline{\mathcal{L}^{-1}\left[\frac{1}{s^2+3}\right]}}\ \boxed{(ス)}\underset{\sinh t}{\underline{\mathcal{L}^{-1}\left[\frac{1}{s^2-1}\right]}}$$

$$\mathcal{L}^{-1}\left[\frac{1}{s^2-a^2}\right] = \frac{1}{a}\sinh at \qquad \mathcal{L}^{-1}\left[\frac{1}{s^2+a^2}\right] = \frac{1}{a}\sin at$$

$$= \frac{1}{4\sqrt{3}}\sinh\sqrt{3}t + \frac{1}{8\sqrt{3}}\sin\sqrt{3}t - \frac{3}{8}\sinh t$$ ……………………(答)

解答 (ア) $s-2$ (イ) $s=2$ (ウ) $s+2$ (エ) $s=-2$ (オ) $s+4$
(カ) $s=-4$ (キ) e^{2t} (ク) e^{-4t} (ケ) $(s-2)^3$ (コ) e^{2t}
(サ) $\frac{1}{4}$ (シ) $\frac{1}{8}$ (ス) $-\frac{3}{8}$

演習問題 105 ●連立微分方程式●

次の連立微分方程式をラプラス変換を用いて解け。

(1) $\begin{cases} x'(t) - y'(t) + 2x(t) = 0 & \cdots\cdots① \\ x'(t) - y'(t) + y(t) = -e^{2t} & \cdots\cdots② \end{cases}$ $\left(x(0) = y(0) = 1\right)$

(2) $\begin{cases} x'(t) + y'(t) + 2z(t) = 0 & \cdots\cdots③ \\ y'(t) + z'(t) + 2x(t) = 0 & \cdots\cdots④ \\ z'(t) + x'(t) + 2y(t) = 0 & \cdots\cdots⑤ \end{cases}$ $\left(x(0) = 0,\ y(0) = 1,\ z(0) = 2\right)$

ヒント！ 各式の両辺をラプラス変換して，像関数の連立方程式に持ち込み，その解(像関数)をラプラス逆変換して原関数を求めればいいんだね。

解答＆解説

(1) まず，①，②の両辺をラプラス変換して，

$\begin{cases} \mathcal{L}[x(t)] = X(s) \\ \mathcal{L}[y(t)] = Y(s) \end{cases}$ とおいて解く。

$$\begin{cases} \underbrace{\mathcal{L}[x'(t)]}_{sX(s)-x(0)} - \underbrace{\mathcal{L}[y'(t)]}_{sY(s)-y(0)} + 2\underbrace{\mathcal{L}[x(t)]}_{X(s)} = \underbrace{\mathcal{L}[0]}_{0} \\ \underbrace{\mathcal{L}[x'(t)]}_{sX(s)-x(0)} - \underbrace{\mathcal{L}[y'(t)]}_{sY(s)-y(0)} + \underbrace{\mathcal{L}[y(t)]}_{Y(s)} = -\underbrace{\mathcal{L}[e^{2t}]}_{\frac{1}{s-2}\ (s>2)} \end{cases}$$ より，

$\mathcal{L}[e^{at}] = \dfrac{1}{s-a}$ $(s > a)$

$$\begin{cases} sX(s) - \underbrace{x(0)}_{1} - sY(s) + \underbrace{y(0)}_{1} + 2X(s) = 0 \\ sX(s) - \underbrace{x(0)}_{1} - sY(s) + \underbrace{y(0)}_{1} + Y(s) = -\dfrac{1}{s-2} \end{cases}$$

$$\begin{cases} (s+2)X(s) - sY(s) = 0 & \cdots\cdots①' \\ sX(s) + (-s+1)Y(s) = -\dfrac{1}{s-2} & \cdots\cdots②' \end{cases}$$

①′，②′ を変形して，

$$\begin{bmatrix} s+2 & -s \\ s & -s+1 \end{bmatrix}\begin{bmatrix} X(s) \\ Y(s) \end{bmatrix} = \begin{bmatrix} 0 \\ -\dfrac{1}{s-2} \end{bmatrix} \cdots\cdots⑥$$ となる。ここで，

$A = \begin{bmatrix} s+2 & -s \\ s & -s+1 \end{bmatrix}$ とおくと，

行列式 $\Delta = \det A = (s+2)(-s+1) - (-s)\cdot s = -(s-2)$ $(\neq 0)$

$\therefore s > 2$

よって，⑥の両辺に左から逆行列 $A^{-1} = \dfrac{1}{\Delta}\begin{bmatrix} -s+1 & s \\ -s & s+2 \end{bmatrix}$ をかけて，

$$\begin{bmatrix} X(s) \\ Y(s) \end{bmatrix} = \frac{1}{\Delta}\begin{bmatrix} -s+1 & s \\ -s & s+2 \end{bmatrix}\begin{bmatrix} 0 \\ -\dfrac{1}{s-2} \end{bmatrix} = \frac{1}{\Delta}\begin{bmatrix} -\dfrac{s}{s-2} \\ -\dfrac{s+2}{s-2} \end{bmatrix}$$ よって，

$$X(s) = -\frac{1}{\Delta}\cdot\frac{s}{s-2} = \frac{s}{(s-2)^2} = \frac{1}{s-2} + \frac{2}{(s-2)^2} \quad \cdots\cdots ①''$$

$\dfrac{s}{(s-2)^2} = \dfrac{a}{s-2} + \dfrac{b}{(s-2)^2}$ とおいて両辺の分子の各係数を比較すると，

$s = a(s-2) + b = \underset{1}{\underline{a}}s + \underset{0}{\underline{(-2a+b)}}$ より，

$a = 1$，$-2a + b = 0$ $\quad \therefore a = 1$，$b = 2$ となる。

$$Y(s) = -\frac{1}{\Delta}\cdot\frac{s+2}{s-2} = \frac{s+2}{(s-2)^2} = \frac{1}{s-2} + \frac{4}{(s-2)^2} \quad \cdots\cdots ②''$$

$\dfrac{s+2}{(s-2)^2} = \dfrac{c}{s-2} + \dfrac{d}{(s-2)^2}$ とおいて両辺の分子の各係数を比較すると，

$s + 2 = c(s-2) + d = \underset{1}{\underline{c}}s + \underset{2}{\underline{(-2c+d)}}$ より，

$c = 1$，$-2c + d = 2$ $\quad \therefore c = 1$，$d = 4$ となる。

①″と②″の両辺をラプラス逆変換して，

$$x(t) = \mathcal{L}^{-1}[X(s)] = \underbrace{\mathcal{L}^{-1}\left[\frac{1}{s-2}\right]}_{e^{2t}} + 2\underbrace{\mathcal{L}^{-1}\left[\frac{1}{(s-2)^2}\right]}_{e^{2t}\cdot t}$$

公式
$\mathcal{L}^{-1}[F(s-a)] = e^{at}\mathcal{L}^{-1}[F(s)]$

$$= e^{2t}(2t+1)$$

$$y(t) = \mathcal{L}^{-1}[Y(s)] = \mathcal{L}^{-1}\left[\frac{1}{s-2}\right] + 4\mathcal{L}^{-1}\left[\frac{1}{(s-2)^2}\right] = e^{2t}(4t+1)$$

以上より，連立微分方程式①，②の解は，

$$\begin{cases} x(t) = e^{2t}(2t+1) \\ y(t) = e^{2t}(4t+1) \end{cases}$$ となる。……………………………………………(答)

(2) $\begin{cases} x'(t)+y'(t)+2z(t)=0 & \cdots\cdots\cdots ③ \\ y'(t)+z'(t)+2x(t)=0 & \cdots\cdots\cdots ④ \\ z'(t)+x'(t)+2y(t)=0 & \cdots\cdots\cdots ⑤ \end{cases}$

$\left(x(0)=0,\ y(0)=1,\ z(0)=2\right)$

$\begin{cases} \mathcal{L}[x(t)]=X(s) \\ \mathcal{L}[y(t)]=Y(s) \\ \mathcal{L}[z(t)]=Z(s) \end{cases}$
とおいて解く。

の各両辺をラプラス変換して，

$$\begin{cases} \underbrace{\mathcal{L}[x'(t)]}_{sX(s)-x(0)}+\underbrace{\mathcal{L}[y'(t)]}_{sY(s)-y(0)}+2\underbrace{\mathcal{L}[z(t)]}_{Z(s)}=0 \\ \mathcal{L}[y'(t)]+\underbrace{\mathcal{L}[z'(t)]}_{sZ(s)-z(0)}+2\underbrace{\mathcal{L}[x(t)]}_{X(s)}=0 \\ \mathcal{L}[z'(t)]+\mathcal{L}[x'(t)]+2\underbrace{\mathcal{L}[y(t)]}_{Y(s)}=0 \end{cases}$$
より，

$$\begin{cases} sX(s)-\underbrace{x(0)}_{0}+sY(s)-\underbrace{y(0)}_{1}+2Z(s)=0 \\ sY(s)-\underbrace{y(0)}_{1}+sZ(s)-\underbrace{z(0)}_{2}+2X(s)=0 \\ sZ(s)-\underbrace{z(0)}_{2}+sX(s)-\underbrace{x(0)}_{0}+2Y(s)=0 \end{cases}$$

$$\therefore \begin{cases} sX(s)+sY(s)+2Z(s)=1 & \cdots\cdots\cdots ③' \\ 2X(s)+sY(s)+sZ(s)=3 & \cdots\cdots\cdots ④' \\ sX(s)+2Y(s)+sZ(s)=2 & \cdots\cdots\cdots ⑤' \end{cases}$$

③´＋④´＋⑤´ より，

$(2s+2)X(s)+(2s+2)Y(s)+(2s+2)Z(s)=6$

$2(s+1)\{X(s)+Y(s)+Z(s)\}=6$

$\therefore X(s)+Y(s)+Z(s)=\dfrac{3}{s+1}$　この両辺に s をかけて，

$sX(s)+sY(s)+sZ(s)=\dfrac{3s}{s+1}$　$\cdots\cdots ⑦$

⑦－④´ より，

$(s-2)X(s)=\dfrac{3s}{s+1}-3=-\dfrac{3}{s+1}$

$\therefore X(s) = -\dfrac{3}{(s-2)(s+1)} = -\dfrac{1}{s-2} + \dfrac{1}{s+1}$ ……③″ となる。

$\dfrac{-3}{(s-2)(s+1)} = \dfrac{a}{s-2} + \dfrac{b}{s+1}$ とおいて両辺の分子の各係数を比較すると，

$-3 = a(s+1) + b(s-2) = \underset{0}{\underline{(a+b)}}s + \underset{-3}{\underline{a-2b}}$ より，

$a+b=0$，$a-2b=-3$　　$\therefore a=-1$，$b=1$ となる。

③″の両辺をラプラス逆変換して，

$$x(t) = -\mathcal{L}^{-1}\left[\frac{1}{s-2}\right] + \mathcal{L}^{-1}\left[\frac{1}{s+1}\right] = -e^{2t} + e^{-t}$$ となる。

⑦−⑤′より，

$(s-2)Y(s) = \dfrac{3s}{s+1} - 2 = \dfrac{s-2}{s+1}$　　$\therefore Y(s) = \dfrac{1}{s+1}$ ……④″

④″の両辺をラプラス逆変換して，

$$y(t) = \mathcal{L}^{-1}\left[\frac{1}{s+1}\right] = e^{-t}$$ となる。

⑦−③′より，

$$(s-2)Z(s) = \frac{3s}{s+1} - 1 = \frac{2s-1}{s+1}$$

$\therefore Z(s) = \dfrac{2s-1}{(s-2)(s+1)} = \dfrac{1}{s-2} + \dfrac{1}{s+1}$ ……⑤″

$\dfrac{2s-1}{(s-2)(s+1)} = \dfrac{c}{s-2} + \dfrac{d}{s+1}$ とおいて両辺の分子の各係数を比較して，

$2s-1 = c(s+1) + d(s-2) = \underset{2}{\underline{(c+d)}}s + \underset{-1}{\underline{c-2d}}$ より，

$c+d=2$，$c-2d=-1$　　$\therefore c=1$，$d=1$

⑤″の両辺をラプラス逆変換して，

$$z(t) = \mathcal{L}^{-1}\left[\frac{1}{s-2}\right] + \mathcal{L}^{-1}\left[\frac{1}{s+1}\right] = e^{2t} + e^{-t}$$ となる。

以上より，連立微分方程式③，④，⑤の解は，

$$\begin{cases} x(t) = -e^{2t} + e^{-t} \\ y(t) = e^{-t} \\ z(t) = e^{2t} + e^{-t} \end{cases}$$

である。……………………………………………(答)

演習問題 106　●変数係数の微分方程式●

次の変数係数常微分方程式をラプラス変換を用いて解け。

(1) $ty'(t) - y(t) = -t^2$ ……①　$\left(y(0)=0,\ y'(0)=1\right)$

(2) $ty''(t) + y'(t) + 25ty(t) = 0$ ……②　$\left(y(0)=1,\ y'(0)=0\right)$

(3) $ty''(t) + 2y'(t) + ty(t) = 0$ ……③　$\left(y(0)=1\right)$

(ただし，(3) の $y(t)$ は，$[0,\ \infty)$ で区分的に連続な指数 α 位の関数として解け。)

ヒント！ 公式 $\mathcal{L}[ty(t)] = -\frac{d}{ds}\mathcal{L}[y(t)] = -\frac{d}{ds}Y(s)$ より，
$\mathcal{L}[ty'(t)] = -\frac{d}{ds}\mathcal{L}[y'(t)] = -\frac{d}{ds}\{sY(s) - y(0)\}$ や，
$\mathcal{L}[ty''(t)] = -\frac{d}{ds}\mathcal{L}[y''(t)] = -\frac{d}{ds}\{s^2Y(s) - sy(0) - y'(0)\}$ となる。

解答＆解説

(1) まず，①の両辺をラプラス変換して，

$$\underbrace{\mathcal{L}[ty'(t)]}_{-\frac{d}{ds}\mathcal{L}[y'(t)]} - \underbrace{\mathcal{L}[y(t)]}_{Y(s)} = -\underbrace{\mathcal{L}[t^2]}_{\frac{2}{s^3}} \qquad -\frac{d}{ds}\underbrace{\mathcal{L}[y'(t)]}_{sY(s)-y(0)=sY(s)\ (y(0)=0)} - Y(s) = -\frac{2}{s^3}$$

$$-\frac{d}{ds}\{sY(s)\} - Y(s) = -\frac{2}{s^3} \qquad -Y(s) - sY'(s) - Y(s) = -\frac{2}{s^3}$$

(s での微分)

よって，$sY'(s) + 2Y(s) = \frac{2}{s^3}$ より，$Y'(s) + \underbrace{\frac{2}{s}}_{P(s)}Y(s) = \underbrace{\frac{2}{s^4}}_{Q(s)}$ ……①′

よって，1 階線形微分方程式の解の公式を用いて，①′の解 $Y(s)$ は，

$$Y(s) = \underbrace{e^{-\int\frac{2}{s}ds}}_{e^{-2\log s}=e^{\log s^{-2}}=s^{-2}}\left(\int\frac{2}{s^4}\cdot\underbrace{e^{\int\frac{2}{s}ds}}_{e^{2\log s}=e^{\log s^2}=s^2}ds + C\right) \quad \leftarrow \quad Y(s) = e^{-\int Pds}\left(\int Qe^{\int Pds}ds + C\right)$$

$e^{\log\alpha} = \alpha$

$$Y(s) = \frac{1}{s^2}\left(\int \frac{2}{s^4}\cdot s^2 ds + C\right) = \frac{1}{s^2}\left(2\int s^{-2}ds + C\right) = \frac{1}{s^2}\left(-\frac{2}{s} + C\right)$$

$$\therefore Y(s) = -\frac{2}{s^3} + \frac{C}{s^2} \quad \cdots\cdots ①''$$

よって，①″の両辺をラプラス逆変換して，

$$y(t) = -2\underbrace{\mathcal{L}^{-1}\left[\frac{1}{s^3}\right]}_{\frac{t^2}{\Gamma(3)}=\frac{t^2}{2!}} + C\underbrace{\mathcal{L}^{-1}\left[\frac{1}{s^2}\right]}_{\frac{t}{\Gamma(2)}=\frac{t}{1!}} = -t^2 + Ct \quad \cdots\cdots ①'''$$

$$\mathcal{L}^{-1}\left[\frac{1}{s^n}\right] = \frac{t^{n-1}}{\Gamma(n)} \quad (n = 1,\ 2,\ \cdots)$$

ここで，$y'(t) = -2t + C$ と，$y'(0) = 1$ より，$y'(0) = C = 1$

$C = 1$ を①‴に代入して，$y(t) = -t^2 + t$ となる。……………………(答)

(2) $ty''(t) + y'(t) + 25ty(t) = 0 \quad \cdots\cdots ②$ $\quad \left(y(0) = 1,\ y'(0) = 0\right)$

の両辺をラプラス変換して，

$$\underbrace{\mathcal{L}[ty''(t)]}_{-\frac{d}{ds}\{s^2Y(s) - sy(0) - y'(0)\}} + \underbrace{\mathcal{L}[y'(t)]}_{sY(s) - y(0)} + 25\underbrace{\mathcal{L}[ty(t)]}_{-\frac{d}{ds}Y(s)} = \underbrace{0}_{\mathcal{L}[0] = \int_0^\infty 0e^{-st}dt = 0}$$

$$-\frac{d}{ds}\{s^2Y(s) - s\underbrace{y(0)}_{1} - \underbrace{y'(0)}_{0}\} + sY(s) - \underbrace{y(0)}_{1} - 25\cdot\frac{d}{ds}Y(s) = 0$$

$$-2sY(s) - s^2Y'(s) + 1 + sY(s) - 1 - 25Y'(s) = 0$$

$$(s^2 + 25)Y'(s) = -sY(s)$$

これは変数分離形の $Y(s)$ の微分方程式より，この解は，

$$\frac{Y'(s)}{Y(s)} = -\frac{s}{s^2+25} \qquad \int \frac{Y'(s)}{Y(s)}\,ds = -\frac{1}{2}\int \frac{2s}{s^2+25}\,ds$$

$$\log|Y(s)| = -\frac{1}{2}\log(s^2+25) + \underbrace{C_1}_{\log C_2 \text{とおく}}$$

$$\log|Y(s)| = \log\frac{C_2}{\sqrt{s^2+25}} \qquad (C_2 = e^{C_1})$$

$$\therefore Y(s) = \frac{C}{\sqrt{s^2+25}} \quad \cdots\cdots ②' \quad (C = \pm C_2)$$

$Y(s) = \dfrac{C}{\sqrt{s^2+25}}$ ……②′ の両辺をラプラス逆変換すると，

$$y(t) = C\mathcal{L}^{-1}\left[\frac{1}{\sqrt{s^2+25}}\right] = CJ_0(5t) \quad \cdots\cdots ②''$$

$\mathcal{L}^{-1}\left[\dfrac{1}{\sqrt{s^2+a^2}}\right] = J_0(at)$

ここで，$y(0) = C\underbrace{J_0(0)}_{1} = C$ と，$y(0) = 1$ より，$C = 1$

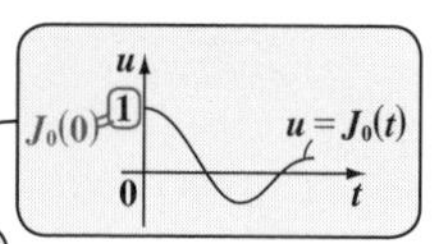

$J_0(at) = \displaystyle\sum_{k=0}^{\infty} \frac{(-1)^k}{k!\Gamma(k+1)}\left(\frac{at}{2}\right)^{2k} = 1 + \sum_{k=1}^{\infty} \frac{(-1)^k}{(k!)^2}\left(\frac{at}{2}\right)^{2k}$ より，

これに $t=0$ を代入すると，$J_0(0) = 1 + \displaystyle\sum_{k=1}^{\infty} \frac{(-1)^k}{(k!)^2} \cdot 0^{2k} = 1$ となる。

$C = 1$ を②″に代入して，求める解 $y(t)$ は，

$y(t) = J_0(5t)$ となる。 ……………………………………………………(答)

(3) $ty''(t) + 2y'(t) + ty(t) = 0$ ……③ $\left(y(0) = 1\right)$

を，$y(t)$ が $[0,\ \infty)$ で区分的に連続な指数 α 位の関数として解く。

③の両辺をラプラス変換すると，

$$\underbrace{\mathcal{L}[ty''(t)]}_{-\frac{d}{ds}\{s^2Y(s)-sy(0)-y'(0)\}} + 2\underbrace{\mathcal{L}[y'(t)]}_{\{sY(s)-y(0)\}} + \underbrace{\mathcal{L}[ty(t)]}_{-\frac{d}{ds}Y(s)} = 0$$

$$-\frac{d}{ds}\{s^2Y(s) - s\underbrace{y(0)}_{1} - \underbrace{y'(0)}_{\text{定数}}\} + 2\{sY(s) - \underbrace{y(0)}_{1}\} - \frac{d}{ds}Y(s) = 0$$

定数 ← s で微分して 0

$$-2sY(s) - s^2Y'(s) + 1 + 2sY(s) - 2 - Y'(s) = 0$$

$$(s^2+1)Y'(s) = -1$$

$\therefore\ Y'(s) = -\dfrac{1}{s^2+1}$ ……③′ ③′の両辺を s で積分して，

$$Y(s) = -\int \frac{1}{s^2+1}\,ds$$

$$= -\tan^{-1}s + C \quad \cdots\cdots ③''$$

$\displaystyle\int \frac{1}{1+x^2}\,dx = \tan^{-1}x + C$

ここで，$y(t)$ は $[0,\ \infty)$ で区分的に連続な指数 α 位の関数とすると，

$t \geqq 0$ のすべての t に対して，

$|y(t)| \leqq Me^{\alpha t}$ となる定数 M と α が存在する。すると，$s > \alpha$ となる s に対して，

$$|Y(s)| = |\mathcal{L}[y(t)]| = \left|\int_0^\infty y(t)e^{-st}dt\right|$$

$$\leqq \int_0^\infty |y(t)|e^{-st}\,dt \leqq \int_0^\infty Me^{\alpha t}\cdot e^{-st}dt$$

$$= M\int_0^\infty e^{-(s-\alpha)t}dt = \lim_{p\to\infty} M\int_0^p e^{-(s-\alpha)t}dt$$

$$= \lim_{p\to\infty} M\left[-\frac{1}{s-\alpha}e^{-(s-\alpha)t}\right]_0^p$$

$$= \lim_{p\to\infty}\frac{M}{s-\alpha}\{1 - \underbrace{e^{-(s-\alpha)p}}_{0\ (\because\ s-\alpha>0)}\} = \frac{M}{s-\alpha}$$

$\therefore |Y(s)| \leqq \dfrac{M}{s-\alpha}$ より，$s\to\infty$ のとき，$\lim_{s\to\infty}|\underbrace{Y(s)}_{0}| \leqq \lim_{s\to\infty}\dfrac{M}{s-\alpha} = 0$

$\therefore \lim_{s\to\infty} Y(s) = 0$　これに③″を代入すると，

$$\lim_{s\to\infty}(-\underbrace{\tan^{-1}s}_{\frac{\pi}{2}} + C) = -\frac{\pi}{2} + C = 0$$

$u = \tan^{-1}s$

$\therefore C = \dfrac{\pi}{2}$　これを③″に代入して，

$$Y(s) = \frac{\pi}{2} - \tan^{-1}s = \tan^{-1}\frac{1}{s} \quad \cdots\cdots③'''$$

公式：$\dfrac{\pi}{2} - \tan^{-1}x = \tan^{-1}\dfrac{1}{x}$ (P185)

③‴の両辺をラプラス逆変換すると，

$$y(t) = \mathcal{L}^{-1}\left[\tan^{-1}\frac{1}{s}\right] = \frac{\sin t}{t}$$ となる。……(答)

$\mathcal{L}\left[\dfrac{\sin t}{t}\right] = \tan^{-1}\dfrac{1}{s}$ (P185) より

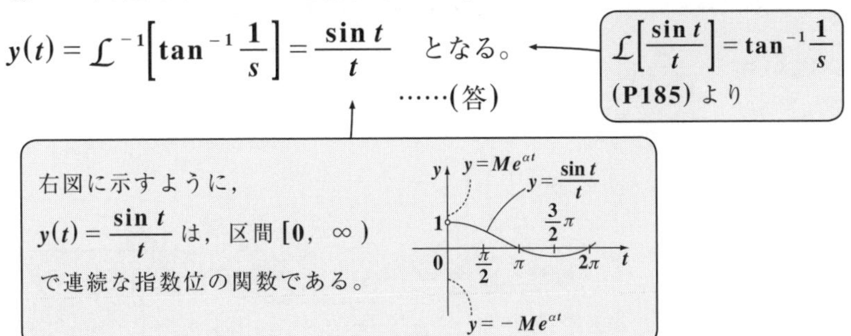

演習問題 107 ●微分・積分方程式●

次の微分・積分方程式をラプラス変換を用いて解け。

(1) $y'(t)-4\int_0^t y(u)\cos 2(t-u)\,du=1$ …………① $(y(0)=0)$

(2) $y'(t)-2y(t)+5\int_0^t y(u)\,du=2u(t-3)$ ……② $(y(0)=2)$

ヒント！ (1) 左辺の第2項は，$y(t)$ と $\cos 2t$ の合成積だから，公式 $\mathcal{L}[f(t)*g(t)]=F(s)\cdot G(s)$ を使うんだね。(2) 定積分や単位階段関数のラプラス変換公式を利用しよう。

解答＆解説

(1) まず，①の両辺をラプラス変換すると，

$$\underbrace{\mathcal{L}[y'(t)]}_{sY(s)-y(0)}-4\underbrace{\mathcal{L}\left[\int_0^t y(u)\cdot\cos 2(t-u)\,du\right]}_{\mathcal{L}[y(t)*\cos 2t]=Y(s)\cdot\frac{s}{s^2+4}}=\underbrace{\mathcal{L}[1]}_{\frac{1}{s}}$$

$\mathcal{L}\left[\int_0^t f(u)\cdot g(t-u)\,du\right]=\mathcal{L}[f(t)*g(t)]=F(s)\cdot G(s)$

$$sY(s)-\underbrace{y(0)}_{0}-4\cdot Y(s)\cdot\frac{s}{s^2+4}=\frac{1}{s}$$

（$y(0)=0$：初期条件）

$$\left(s-\frac{4s}{s^2+4}\right)Y(s)=\frac{1}{s}\qquad \frac{s^3}{s^2+4}Y(s)=\frac{1}{s}$$

$$\therefore\ Y(s)=\frac{s^2+4}{s^4}=\frac{1}{s^2}+\frac{4}{s^4}\ \cdots\cdots①'$$

①′の両辺をラプラス逆変換して，

$$y(t)=\mathcal{L}^{-1}[Y(s)]=\underbrace{\mathcal{L}^{-1}\left[\frac{1}{s^2}\right]}_{\frac{t}{\Gamma(2)}=\frac{t}{1!}=t}+4\underbrace{\mathcal{L}^{-1}\left[\frac{1}{s^4}\right]}_{\frac{t^3}{\Gamma(4)}=\frac{t^3}{3!}=\frac{t^3}{6}}$$

$\mathcal{L}^{-1}\left[\frac{1}{s^n}\right]=\frac{t^{n-1}}{\Gamma(n)}=\frac{t^{n-1}}{(n-1)!}$ $(n=1,\ 2,\ \cdots)$

$\therefore\ y(t)=\frac{2}{3}t^3+t$ となる。 ……………………(答)

(2) まず，②の両辺をラプラス変換して，

$$\underbrace{\mathcal{L}[y'(t)]}_{sY(s)-y(0)} - 2\underbrace{\mathcal{L}[y(t)]}_{Y(s)} + 5\underbrace{\mathcal{L}\left[\int_0^t y(u)\,du\right]}_{\frac{1}{s}Y(s)} = 2\underbrace{\mathcal{L}[u(t-3)]}_{\frac{e^{-3s}}{s}}$$

“微分は s を $Y(s)$ にかける”

“積分は s で $Y(s)$ を割る” と覚えよう。

$\mathcal{L}[u(t-a)] = \dfrac{e^{-as}}{s}$

$$sY(s) - \underbrace{y(0)}_{2} - 2\cdot Y(s) + 5\cdot\frac{Y(s)}{s} = 2\cdot\frac{e^{-3s}}{s}$$

←初期条件

両辺に s をかけてまとめると，

$$(s^2-2s+5)Y(s) = 2s+2e^{-3s}$$

$$\{(s-1)^2+4\}Y(s) = 2s+2e^{-3s}$$

$$\therefore\ Y(s) = \frac{2s}{(s-1)^2+4} + \frac{2e^{-3s}}{(s-1)^2+4} = \frac{2(s-1)}{(s-1)^2+4} + \frac{2}{(s-1)^2+4} + \frac{2e^{-3s}}{(s-1)^2+4} \quad \cdots\cdots ①'$$

①′ の両辺をラプラス逆変換すると，

$$y(t) = \mathcal{L}^{-1}[Y(s)] = \underbrace{2\mathcal{L}^{-1}\left[\frac{s-1}{(s-1)^2+4}\right]}_{(\text{i})} + \underbrace{\mathcal{L}^{-1}\left[\frac{2}{(s-1)^2+4}\right]}_{(\text{ii})} + \underbrace{\mathcal{L}^{-1}\left[\frac{2e^{-3s}}{(s-1)^2+4}\right]}_{(\text{iii})} \quad \cdots\cdots ①''$$

ここで，①″ の右辺の **3** つのラプラス逆変換を項別に求めると，

(i) $\mathcal{L}^{-1}\left[\dfrac{s-1}{(s-1)^2+4}\right] = e^t\cdot\mathcal{L}^{-1}\left[\dfrac{s}{s^2+4}\right] = e^t\cdot\cos 2t$ ……②

(ii) $\mathcal{L}^{-1}\left[\dfrac{2}{(s-1)^2+4}\right] = e^t\cdot\mathcal{L}^{-1}\left[\dfrac{2}{s^2+4}\right] = e^t\cdot\sin 2t$ ……③

公式
$\mathcal{L}^{-1}[F(s-a)] = e^{at}\mathcal{L}^{-1}[F(s)]$

(iii) $\mathcal{L}^{-1}\left[e^{-3s}\cdot\dfrac{2}{(s-1)^2+4}\right]$ について，

$F(s) = \dfrac{2}{(s-1)^2+4}$，$f(t) = \mathcal{L}^{-1}[F(s)] = e^t\sin 2t$ とおくと，

$$\mathcal{L}^{-1}\left[e^{-3s}\cdot\frac{2}{(s-1)^2+4}\right] = \mathcal{L}^{-1}[e^{-3s}F(s)]$$
$$= f(t-3)\cdot u(t-3)$$
$$= e^{t-3}\cdot\sin 2(t-3)\cdot u(t-3) \quad \cdots\cdots ④$$

公式
$\mathcal{L}^{-1}[e^{-as}F(s)] = f(t-a)u(t-a)$

以上②，③，④を①″ に代入して，

$y(t) = e^t(2\cos 2t + \sin 2t) + e^{t-3}\cdot\sin 2(t-3)\cdot u(t-3)$ となる。…(答)

演習問題 108　●一定な起電力に対する *RC* 回路●

右図に示すように，電気容量 $C(\mathrm{F})$ のコンデンサーと，$R(\Omega)$ の抵抗を直列につないだものを，起電力 $V_0(\mathrm{V})$ の直流電源に接続し，時刻 $t=0$ でスイッチを閉じた。
初めコンデンサーは帯電していないものとする。このとき，この回路に流れる電流 $i(t)(\mathrm{A})$ を求めよ。

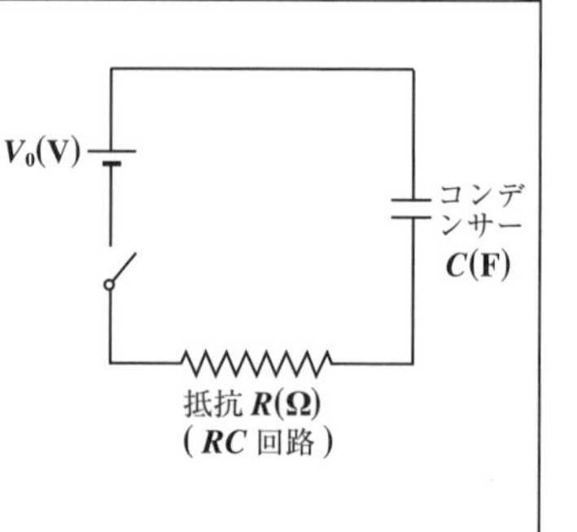

ヒント！ この回路について，(起電力)＝(電圧降下) の方程式は，$V_0=R\cdot i(t)+\dfrac{q(t)}{C}$ となる。ここで，$q(t)(\mathrm{C})$ は，コンデンサーに蓄えられる電荷だから，電流 $i(t)=\dfrac{dq(t)}{dt}$ より，$q(t)=\int_0^t i(t)\,dt$ だね。$(q(0)=0)$

解答＆解説

この閉回路について，(起電力)＝(電圧降下) の方程式は，

$$V_0=R\cdot i(t)+\frac{1}{C}\int_0^t i(t)\,dt \quad \cdots\cdots ①$$ となる。

ここで，電流 $i(t)$ のラプラス変換を，$\mathcal{L}[i(t)]=I(s)$ とおく。

①の両辺をラプラス変換して，

$$\underbrace{V_0}_{定数}\underbrace{\mathcal{L}[1]}_{\frac{1}{s}}=R\underbrace{\mathcal{L}[i(t)]}_{I(s)}+\frac{1}{C}\underbrace{\mathcal{L}\left[\int_0^t i(t)\,dt\right]}_{\frac{1}{s}I(s)}$$

$$\frac{V_0}{s}=R\cdot I(s)+\frac{1}{C}\cdot\frac{1}{s}I(s)$$ 両辺に $\dfrac{s}{R}$ をかけてまとめると，

$$\frac{V_0}{R}=\left(s+\frac{1}{CR}\right)I(s) \quad \therefore I(s)=\frac{V_0}{R}\cdot\frac{1}{s+\frac{1}{CR}} \quad \cdots\cdots ①'$$ となる。

①′の両辺をラプラス逆変換して，

$$i(t) = \mathcal{L}^{-1}[I(s)] = \frac{V_0}{R}\mathcal{L}^{-1}\left[\frac{1}{s+\frac{1}{CR}}\right]$$

$\therefore\ i(t) = \dfrac{V_0}{R}e^{-\frac{t}{CR}}$ (A) となる。 ………(答)

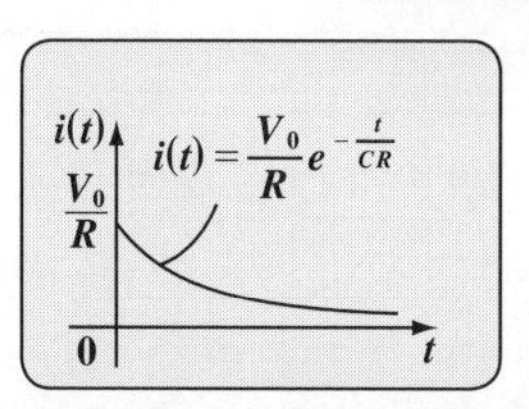

別解

この RC 回路について，(起電力)＝(電圧降下) の方程式は，

$V_0 = R \cdot i(t) + \dfrac{1}{C}q(t)$ …ⓐ　($q(t)$(C)：コンデンサーに蓄えられる電荷) となる。

> 物理学では，時刻 t による微分は，"・" (ドット) で表す。

ここで，電流 $i(t) = \dfrac{dq(t)}{dt} = \dot{q}(t)$ だから，ⓐは

$V_0 = R \cdot \dot{q}(t) + \dfrac{1}{C}q(t)$ …ⓐ′　となる。($q(0) = 0$)

> 初めコンデンサーは帯電していなかったからね。

ⓐ′の両辺をラプラス変換すると，$Q(s) = \mathcal{L}[q(t)]$ として，

$$V_0\underbrace{\mathcal{L}[1]}_{\frac{1}{s}} = R\underbrace{\mathcal{L}[\dot{q}(t)]}_{sQ(s)-q(0)} + \frac{1}{C}\underbrace{\mathcal{L}[q(t)]}_{Q(s)}$$

$\dfrac{V_0}{s} = R \cdot \{sQ(s) - \underbrace{q(0)}_{0}\} + \dfrac{1}{C}Q(s)$　両辺に $\dfrac{s}{R}$ をかけてまとめると，

$\dfrac{V_0}{R} = \left(s^2 + \dfrac{s}{CR}\right)Q(s)$　$\therefore\ s\left(s + \dfrac{1}{CR}\right)Q(s) = \dfrac{V_0}{R}$

> 部分分数に分解

$$\therefore\ Q(s) = \frac{V_0}{R} \cdot \frac{1}{s\left(s+\frac{1}{CR}\right)} = CV_0\left(\frac{1}{s} - \frac{1}{s+\frac{1}{CR}}\right) \quad \cdots\cdots ⓐ''$$

ⓐ″の両辺をラプラス逆変換して，

$$q(t) = \mathcal{L}^{-1}[Q(s)] = CV_0\mathcal{L}^{-1}\left[\frac{1}{s} - \frac{1}{s+\frac{1}{CR}}\right]$$

$\therefore\ q(t) = CV_0\left(1 - e^{-\frac{t}{CR}}\right)$ より，この両辺を時刻 t で微分して，

電流 $i(t)$(A) は，

$i(t) = \dot{q}(t) = \cancel{C}V_0 \cdot \dfrac{1}{\cancel{C}R}e^{-\frac{t}{CR}} = \dfrac{V_0}{R}e^{-\frac{t}{CR}}$ (A)　となる。 …………(答)

演習問題 109　●交流電源に対する RL 回路●

右図に示すように，自己インダクタンス $L(\mathrm{H})$ のコイルと，$R(\Omega)$ の抵抗を直列につないだものを起電力 $v(t)=V_0\sin\omega t$ の交流電源に接続し，時刻 $t=0$ でスイッチを閉じた。このとき，この回路に流れる電流 $i(t)$ を求めよ。ただし，L，R，V_0，ω は正の定数とする。

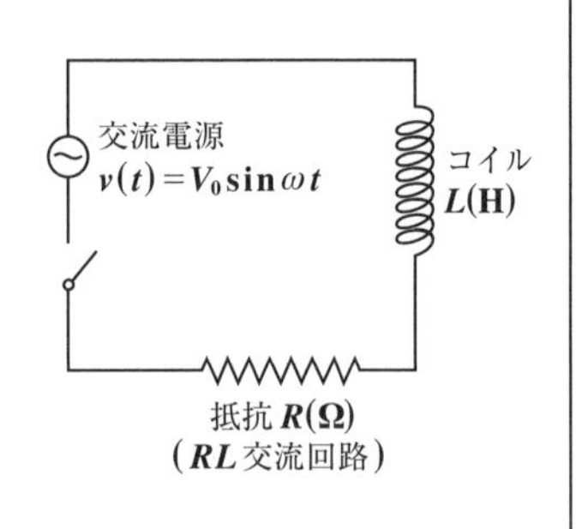

(RL 交流回路)

ヒント！ この回路について，(起電力)＝(電圧降下)の方程式は，$V_0\sin\omega t-L\dfrac{di(t)}{dt}=R\cdot i(t)$ となる。よって，この両辺をラプラス変換し，$\mathcal{L}[i(t)]=I(s)$ とおいて，$I(s)$ を s の式で表し，これをラプラス逆変換して，電流 $i(t)$ を求めればいいんだね。頑張ろう！

解答＆解説

この閉回路について，(起電力)＝(電圧降下)の方程式は，

$$V_0\sin\omega t-\underbrace{L\cdot\frac{di(t)}{dt}}_{\text{コイルによる逆起電力}}=R\cdot i(t)\quad\cdots\cdots①$$ となる。

ここで，電流 $i(t)$ のラプラス変換を，$\mathcal{L}[i(t)]=I(s)$ とおく。

①の両辺をラプラス変換して，

$$V_0\underbrace{\mathcal{L}[\sin\omega t]}_{\frac{\omega}{s^2+\omega^2}}-L\underbrace{\mathcal{L}\left[\frac{di(t)}{dt}\right]}_{sI(s)-i(0)\ (i(0)=0)}=R\underbrace{\mathcal{L}[i(t)]}_{I(s)}$$

公式
- $\mathcal{L}[\sin at]=\dfrac{a}{s^2+a^2}$
- $\mathcal{L}[y'(t)]=sY(s)-y(0)$

$$\frac{V_0\omega}{s^2+\omega^2}-Ls\cdot I(s)=R\cdot I(s),\qquad I(s)=\frac{V_0\omega}{(Ls+R)(s^2+\omega^2)}$$

$$\therefore\ I(s)=\underbrace{\frac{V_0\omega}{L}}_{\text{定数}}\cdot\underbrace{\frac{1}{\left(s+\frac{R}{L}\right)(s^2+\omega^2)}}_{\text{部分分数に分解}}\quad\cdots\cdots②$$ となる。

$$\frac{1}{\left(s+\frac{R}{L}\right)(s^2+\omega^2)}=\frac{a}{s+\frac{R}{L}}+\frac{bs+c}{s^2+\omega^2}$$ とおいて，両辺の分子を比較すると，

$$1=a(s^2+\omega^2)+\left(s+\frac{R}{L}\right)(bs+c)=as^2+a\omega^2+bs^2+\left(c+\frac{R}{L}b\right)s+\frac{R}{L}c$$

$$=\underbrace{(a+b)}_{0}s^2+\underbrace{\left(c+\frac{R}{L}b\right)}_{0}s+\underbrace{\omega^2a+\frac{R}{L}c}_{1}$$ より，

$a+b=0$ ……㋐，$c+\frac{R}{L}b=0$ ……㋑，$\omega^2a+\frac{R}{L}c=1$ ……㋒　となる。

㋐より $b=-a$ ……㋐′　　㋐′を㋑に代入して，$c=\frac{R}{L}a$ ……㋑′

㋑′を㋒に代入して，$\left(\omega^2+\frac{R^2}{L^2}\right)a=1$　　$\therefore\ a=\frac{L^2}{L^2\omega^2+R^2}$ ……㋒′

㋒′を㋐′，㋑′に代入して，$b=-\frac{L^2}{L^2\omega^2+R^2}$，$c=\frac{LR}{L^2\omega^2+R^2}$　となる。

②より，

$$I(s)=\frac{V_0\omega}{L}\cdot\frac{L}{L^2\omega^2+R^2}\left(\frac{L}{s+\frac{R}{L}}+\frac{-Ls+R}{s^2+\omega^2}\right)$$

$$\therefore\ I(s)=\frac{V_0\omega}{L^2\omega^2+R^2}\left(L\cdot\frac{1}{s+\frac{R}{L}}-L\cdot\frac{s}{s^2+\omega^2}+\frac{R}{\omega}\cdot\frac{\omega}{s^2+\omega^2}\right)$$ ……③ となる。

公式
・$\mathcal{L}^{-1}\left[\frac{1}{s-a}\right]=e^{at}$
・$\mathcal{L}^{-1}\left[\frac{s}{s^2+a^2}\right]=\cos at$

よって，③の両辺をラプラス逆変換すると，

$$\underbrace{\mathcal{L}^{-1}[I(s)]}_{i(t)}=\frac{V_0\omega}{L^2\omega^2+R^2}\left\{\underbrace{L\cdot\mathcal{L}^{-1}\left[\frac{1}{s+\frac{R}{L}}\right]}_{e^{-\frac{R}{L}t}}-L\cdot\underbrace{\mathcal{L}^{-1}\left[\frac{s}{s^2+\omega^2}\right]}_{\cos\omega t}+\frac{R}{\omega}\cdot\underbrace{\mathcal{L}^{-1}\left[\frac{\omega}{s^2+\omega^2}\right]}_{\sin\omega t}\right\}$$

$$\therefore\ i(t)=\frac{V_0}{L^2\omega^2+R^2}\left(L\omega e^{-\frac{R}{L}t}-L\omega\cos\omega t+R\sin\omega t\right)$$ となる。……………(答)

演習問題 110 ●矩形波に対する RL 回路●

右図に示すように，自己インダクタンス L(H) のコイルと，R(Ω) の抵抗を直列につないだものを起電力

$v(t) = V_0\{u(t-1) - u(t-2)\}$(V)

の直流電源に接続し，時刻 $t = 0$ でスイッチを閉じた。このとき，この回路に流れる電流 $i(t)$(A) を求めよ。ただし，V_0 は正の定数とする。

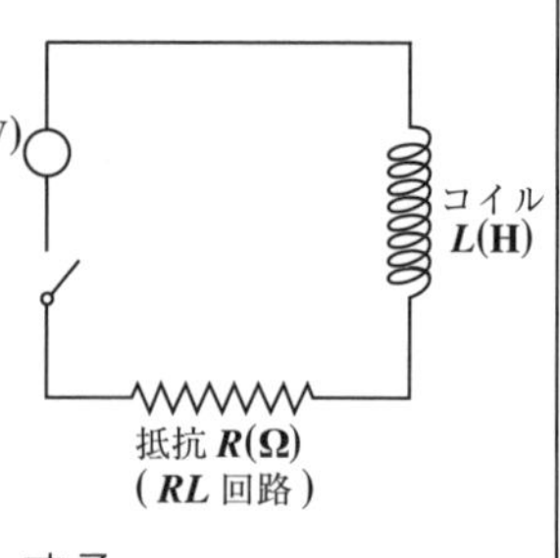

ヒント！ 単位階段関数 $u(t-a)$ は，$t < a$ のとき 0 で，$a < t$ のとき 1 となる関数だから，$u(t-1) - u(t-2)$ は，$t < 1$ で 0，$1 < t < 2$ で 1，$2 < t$ で 0 となる。よって，電源の起電力 $v(t) = V_0\{u(t-1) - u(t-2)\}$(V) は，$0 \leqq t < 1$ で 0(V)，$1 < t < 2$ で V_0(V)，$2 < t$ で 0(V) となる，右図のような矩形波を描くんだね。したがって電流 $i(t)$(A) も，(i) $0 \leqq t < 1$，(ii) $1 < t < 2$，(iii) $2 < t$ の 3 つに場合分けして求まるはずだ。

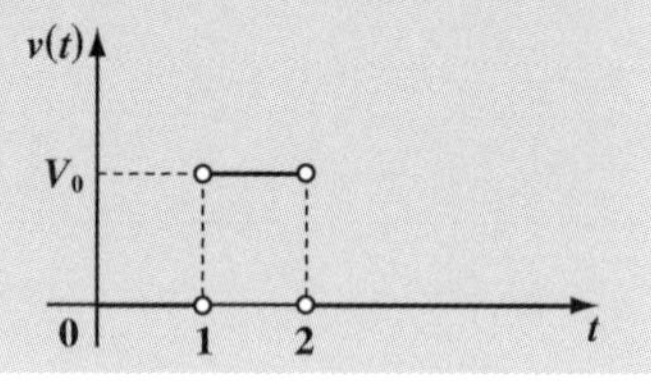

解答＆解説

コイルは電流 i の変化を妨げる向きに，逆起電力 $-L\dfrac{di(t)}{dt}$ を発生させる。

よって，(起電力) $= V_0\{u(t-1) - u(t-2)\} - L\dfrac{di(t)}{dt}$ となるから，この閉回路について，(起電力) = (電圧降下) の方程式は，

$$V_0\{u(t-1) - u(t-2)\} - L\cdot\underbrace{\frac{di(t)}{dt}}_{\dot{i}(t)\text{ と表す。}} = \boxed{(ア)} \quad \cdots\cdots ① \quad \overset{\text{初期条件}}{(i(0) = 0)} \quad \text{となる。}$$

$I(s) = \mathcal{L}[i(t)]$ として，①の両辺をラプラス変換すると，

$$V_0\underbrace{\mathcal{L}[u(t-1) - u(t-2)]}_{\frac{e^{-s}}{s} - \frac{e^{-2s}}{s}} - L\underbrace{\mathcal{L}[\dot{i}(t)]}_{sI(s) - i(0)} = R\underbrace{\mathcal{L}[i(t)]}_{I(s)}$$

・$\mathcal{L}[u(t-a)] = \dfrac{e^{-as}}{s}$

・$\mathcal{L}[f'(t)] = sF(s) - f(0)$

$$V_0\left(\frac{e^{-s}}{s} - \frac{e^{-2s}}{s}\right) - L\{sI(s) - \underbrace{i(0)}_{0}\} = R\cdot I(s)$$

$$V_0\cdot\left(\frac{e^{-s}}{s}-\frac{e^{-2s}}{s}\right)-L\cdot sI(s)=R\cdot I(s)$$ 両辺に $\frac{s}{L}$ をかけてまとめると，

$$s\left(s+\frac{R}{L}\right)I(s)=\frac{V_0}{L}(e^{-s}-e^{-2s})$$

$$\therefore I(s)=\frac{V_0}{L}\cdot\left\{\frac{e^{-s}}{s\left(s+\frac{R}{L}\right)}-\frac{e^{-2s}}{s\left(s+\frac{R}{L}\right)}\right\}$$

部分分数に分解した

$$=\frac{V_0}{L}\cdot\left\{e^{-s}\cdot\boxed{(イ)}\left(\frac{1}{s}-\frac{1}{s+\frac{R}{L}}\right)-e^{-2s}\cdot\boxed{(イ)}\left(\frac{1}{s}-\frac{1}{s+\frac{R}{L}}\right)\right\}$$

$$\therefore I(s)=\frac{V_0}{R}\cdot\left\{e^{-s}\cdot\left(\frac{1}{s}-\frac{1}{s+\frac{R}{L}}\right)-e^{-2s}\cdot\left(\frac{1}{s}-\frac{1}{s+\frac{R}{L}}\right)\right\}\quad\cdots\cdots①'$$

①′の両辺をラプラス逆変換すると，$i(t)=\mathcal{L}^{-1}[I(s)]$ より，

$$i(t)=\frac{V_0}{R}\cdot\left\{\underbrace{\mathcal{L}^{-1}\left[e^{-s}\cdot\left(\frac{1}{s}-\frac{1}{s+\frac{R}{L}}\right)\right]}_{(\text{i})}-\underbrace{\mathcal{L}^{-1}\left[e^{-2s}\cdot\left(\frac{1}{s}-\frac{1}{s+\frac{R}{L}}\right)\right]}_{(\text{ii})}\right\}\quad\cdots\cdots①''$$

この右辺の(ⅰ)と(ⅱ)のラプラス逆変換について，

(ⅰ) $F(s)=\frac{1}{s}-\frac{1}{s+\frac{R}{L}}$，　$f(t)=\mathcal{L}^{-1}[F(s)]=\boxed{(ウ)}$ とおくと，

$$\mathcal{L}^{-1}\left[e^{-s}\cdot\left(\frac{1}{s}-\frac{1}{s+\frac{R}{L}}\right)\right]=\mathcal{L}^{-1}[e^{-s}\cdot F(s)]=\boxed{(エ)}$$

$$=\left\{1-e^{-\frac{R}{L}(t-1)}\right\}\cdot u(t-1)\quad\cdots\cdots②$$

$\mathcal{L}^{-1}[e^{-as}F(s)]=f(t-a)\cdot u(t-a)$

同様に，

(ⅱ) $$\mathcal{L}^{-1}\left[e^{-2s}\cdot\left(\frac{1}{s}-\frac{1}{s+\frac{R}{L}}\right)\right]=\mathcal{L}^{-1}[e^{-2s}\cdot F(s)]=\boxed{(オ)}$$

$$=\left\{1-e^{-\frac{R}{L}(t-2)}\right\}\cdot u(t-2)\quad\cdots\cdots③$$ となる。

$$i(t)=\frac{V_0}{R}\cdot\left\{\underbrace{\mathcal{L}^{-1}\left[e^{-s}\cdot\left(\frac{1}{s}-\frac{1}{s+\frac{R}{L}}\right)\right]}_{(\text{i})}-\underbrace{\mathcal{L}^{-1}\left[e^{-2s}\cdot\left(\frac{1}{s}-\frac{1}{s+\frac{R}{L}}\right)\right]}_{(\text{ii})}\right\}\ \cdots\cdots①''$$

$$(\text{i})\ \mathcal{L}^{-1}\left[e^{-s}\cdot\left(\frac{1}{s}-\frac{1}{s+\frac{R}{L}}\right)\right]=\left\{1-e^{-\frac{R}{L}(t-1)}\right\}\cdot u(t-1)\ \cdots\cdots②$$

$$(\text{ii})\ \mathcal{L}^{-1}\left[e^{-2s}\cdot\left(\frac{1}{s}-\frac{1}{s+\frac{R}{L}}\right)\right]=\left\{1-e^{-\frac{R}{L}(t-2)}\right\}\cdot u(t-2)\ \cdots\cdots③$$

以上(ⅰ)(ⅱ)より，②，③を①''に代入して，

$$i(t)=\frac{V_0}{R}\left[\left\{1-e^{-\frac{R}{L}(t-1)}\right\}\cdot u(t-1)-\left\{1-e^{-\frac{R}{L}(t-2)}\right\}\cdot u(t-2)\right]$$

よって，

$$u(t-1)=\begin{cases}\boxed{(カ)}\ (0\leqq t<1)\\ \boxed{(キ)}\ (1<t)\end{cases},\quad u(t-2)=\begin{cases}\boxed{(カ)}\ (0\leqq t<2)\\ \boxed{(キ)}\ (2<t)\end{cases}$$ より，

求める電流 $i(t)$(A) は，

$$i(t)=\begin{cases}0\ (\text{A}) & (0\leqq t<1)\\ \boxed{(ク)\qquad\qquad}\ (\text{A}) & (1<t<2)\\ \frac{V_0}{R}\left\{e^{-\frac{R}{L}(t-2)}-e^{-\frac{R}{L}(t-1)}\right\}\ (\text{A}) & (2<t)\end{cases}$$ となる。…………(答)

$i(t)\,(t\geqq 0)$ のグラフの概形を右図に示す。

$i(t)$
$i(t)=\frac{V_0}{R}\left\{1-e^{-\frac{R}{L}(t-1)}\right\}$
$\frac{V_0}{R}\left(1-e^{-\frac{R}{L}}\right)$
$i(t)=\frac{V_0}{R}\left\{e^{-\frac{R}{L}(t-2)}-e^{-\frac{R}{L}(t-1)}\right\}$
0　1　2　t
$i(t)=0$

解答　(ア) $R\cdot i(t)$　(イ) $\frac{L}{R}$　(ウ) $1-e^{-\frac{R}{L}t}$　(エ) $f(t-1)\cdot u(t-1)$
(オ) $f(t-2)\cdot u(t-2)$　(カ) 0　(キ) 1　(ク) $\frac{V_0}{R}\left\{1-e^{-\frac{R}{L}(t-1)}\right\}$

演習問題 111　●三角波に対する LC 回路●

右図に示すように，自己インダクタンス $L=1$(H) のコイルと，電気容量 $C=1$(F) のコンデンサーを直列につないだものを起電力 $v(t)=t\{1-u(t-2)\}$(V) の直流電源に接続し，時刻 $t=0$ でスイッチを閉じた。初めコンデンサーは帯電していないものとする。このとき，この回路に流れる電流 $i(t)$(A) を求めよ。

$v(t)$(V)
コイル 1(H)
コンデンサー 1(F)
(LC 回路)

ヒント！ $u(t-2)$ は，$t<2$ で 0，$2<t$ で 1 となる単位階数関数だから，$1-u(t-2)$ は，$t<2$ で 1，$2<t$ で 0 となる。よって，電源の起電力 $v(t)=t\{1-u(t-2)\}$(V) は，$0\leqq t<2$ で t(V)，$2<t$ で 0(V) となる，下図のような三角波を描く。
したがって，電流 $i(t)$(A) は，(ⅰ) $0\leqq t<2$ と，(ⅱ) $2<t$ の 2 通りに場合分けして求めることになるんだね。

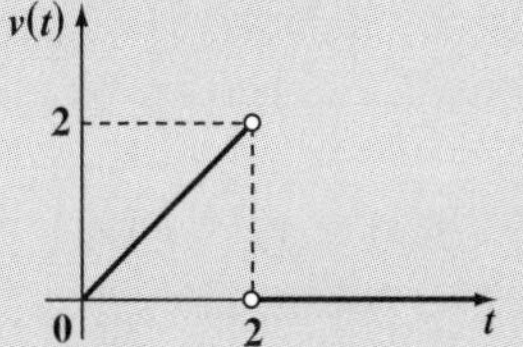

解答＆解説

この閉回路について，(起電力)＝(電圧降下) の方程式は，

$$t\{1-u(t-2)\}-\underbrace{1}_{L}\cdot\underbrace{\frac{di(t)}{dt}}_{\dot{i}(t)}=\frac{1}{\underbrace{1}_{C}}\underbrace{\int_0^t i(t)\,dt}_{q(t)}\ \cdots\cdots①\quad (i(0)=0)\ \text{となる。}$$

初期条件：$(i(0)=0)$
$q(t)$ ← コンデンサーに蓄えられる電荷

$I(s)=\mathcal{L}[i(t)]$ として，①の両辺をラプラス変換すると，

$$\mathcal{L}[\underbrace{t\{1-u(t-2)\}}_{t-(t-2)u(t-2)-2u(t-2)}]-\mathcal{L}[\dot{i}(t)]=\mathcal{L}\left[\int_0^t i(t)\,dt\right]$$

$$\underbrace{\mathcal{L}[t]}_{\frac{1}{s^2}}-\underbrace{\mathcal{L}[(t-2)u(t-2)]}_{e^{-2s}\cdot\frac{1}{s^2}}-2\underbrace{\mathcal{L}[u(t-2)]}_{\frac{e^{-2s}}{s}}-\underbrace{\mathcal{L}[\dot{i}(t)]}_{sI(s)-i(0)}=\underbrace{\mathcal{L}\left[\int_0^t i(t)\,dt\right]}_{\frac{1}{s}I(s)}$$

$\mathcal{L}[f(t-a)u(t-a)]=e^{-as}F(s)$
$\mathcal{L}[u(t-a)]=\dfrac{e^{-as}}{s}$

$$\frac{1}{s^2}-\frac{e^{-2s}}{s^2}-\frac{2e^{-2s}}{s}-\{sI(s)-\underbrace{i(0)}_{0}\}=\frac{1}{s}I(s)$$

初期条件

両辺に s をかけて，

$$\frac{1}{s}-\frac{e^{-2s}}{s}-2e^{-2s}-s^2I(s)=I(s)$$

$$(s^2+1)I(s)=\frac{1}{s}-\frac{e^{-2s}}{s}-2e^{-2s}=\frac{1}{s}-e^{-2s}\left(\frac{1}{s}+2\right)$$

$$\therefore\ I(s)=\frac{1}{s(s^2+1)}-e^{-2s}\left\{\frac{1}{s(s^2+1)}+\frac{2}{s^2+1}\right\}\ \cdots\cdots①'$$

ここで，$F(s)=\dfrac{1}{s^2+1}$ とおいて，①′の両辺をラプラス逆変換すると，

$i(t)=\mathcal{L}^{-1}[I(s)]$ より，

$$i(t)=\underbrace{\mathcal{L}^{-1}\left[\frac{1}{s}F(s)\right]}_{(\mathrm{i})}-\underbrace{\mathcal{L}^{-1}\left[e^{-2s}\left\{\frac{1}{s}F(s)+2F(s)\right\}\right]}_{(\mathrm{ii})}\ \cdots\cdots①''$$

さらに，$f(t)=\mathcal{L}^{-1}[F(s)]=\mathcal{L}^{-1}\left[\dfrac{1}{s^2+1}\right]=\sin t$ とおくと，

(i) $\mathcal{L}^{-1}\left[\dfrac{1}{s}F(s)\right]=\displaystyle\int_0^t f(u)\,du$ ← $\mathcal{L}^{-1}\left[\dfrac{1}{s^n}F(s)\right]=\displaystyle\int_0^t\int_0^{u_{n-1}}\cdots\int_0^{u_1}f(u)\,du\,du_1\cdots du_{n-1}$

$$=\int_0^t\sin u\,du=[-\cos u]_0^t=1-\cos t\ \cdots\cdots②$$

また，$G(s)=\dfrac{1}{s}F(s)+2F(s)$ とおき，

$g(t)=\mathcal{L}^{-1}[G(s)]=\underbrace{\mathcal{L}^{-1}\left[\dfrac{1}{s}F(s)\right]}_{1-\cos t\ (②より)}+2\underbrace{\mathcal{L}^{-1}[F(s)]}_{\sin t}=1-\cos t+2\sin t$ とおくと，

(ii) $\mathcal{L}^{-1}\left[e^{-2s}\left\{\dfrac{1}{s}F(s)+2F(s)\right\}\right]=\mathcal{L}^{-1}[e^{-2s}\cdot G(s)]$

$$=g(t-2)\cdot u(t-2)$$

$$=\{1-\cos(t-2)+2\sin(t-2)\}\cdot u(t-2)\ \cdots③$$

②，③を①″に代入して，

$$i(t)=1-\cos t-\{1-\cos(t-2)+2\sin(t-2)\}u(t-2)$$

よって，求める電流 $i(t)$(A) は，

$$i(t)=\begin{cases}1-\cos t\ (\mathrm{A}) & (0\leqq t<2)\\ -\cos t+\cos(t-2)-2\sin(t-2)\ (\mathrm{A}) & (2<t)\end{cases}$$ となる。…(答)

($u(t-2)$ は，$0\leqq t<2$ で 0，$2<t$ で 1 より)

参考

$I(s)=\dfrac{1}{s(s^2+1)}-e^{-2s}\left\{\dfrac{1}{s(s^2+1)}+\dfrac{2}{s^2+1}\right\}$ ……①′ の右辺に現われる $\dfrac{1}{s(s^2+1)}$ を，留数の考え方を使って，部分分数に分解して，この逆変換を求めてみよう。

$$\frac{1}{s(s^2+1)}=\frac{a}{s}+\frac{b}{s+i}+\frac{c}{s-i}\quad\cdots\text{(a)}$$ とおく。(a，b，c：定数)

($s(s^2+1)=s(s+i)(s-i)$)

(a)の両辺に s をかけて，さらに s に 0 を代入して，a の値を求めると，

$$a=\left.\frac{1}{s^2+1}\right|_{s=0}=\frac{1}{0^2+1}=1$$

(a)の両辺に $s+i$ をかけて，さらに s に $-i$ を代入して，b の値を求めると，

$$b=\left.\frac{1}{s(s-i)}\right|_{s=-i}=\frac{1}{(-i)(-2i)}=\frac{1}{2i^2}=-\frac{1}{2}$$

(a)の両辺に $s-i$ をかけて，さらに s に i を代入して，c の値を求めると，

$$c=\left.\frac{1}{s(s+i)}\right|_{s=i}=\frac{1}{i\cdot 2i}=\frac{1}{2i^2}=-\frac{1}{2}$$

よって，(a)は，

$$\frac{1}{s(s^2+1)}=\frac{1}{s}-\frac{1}{2}\cdot\frac{1}{s+i}-\frac{1}{2}\cdot\frac{1}{s-i}\quad\cdots\cdots\text{(a)}'$$

(a)′ の両辺をラプラス逆変換すると，

$$\mathcal{L}^{-1}\left[\frac{1}{s(s^2+1)}\right]=\underbrace{\mathcal{L}^{-1}\left[\frac{1}{s}\right]}_{1}-\frac{1}{2}\cdot\underbrace{\mathcal{L}^{-1}\left[\frac{1}{s+i}\right]}_{e^{-i\cdot t}}-\frac{1}{2}\cdot\underbrace{\mathcal{L}^{-1}\left[\frac{1}{s-i}\right]}_{e^{i\cdot t}}$$

$$=1-\frac{1}{2}(e^{it}+e^{i\cdot(-t)})=1-\frac{1}{2}\{(\cos t+i\sin t)+(\cos t-i\sin t)\}$$

(オイラーの公式：$e^{i\theta}=\cos\theta+i\sin\theta$ より)

$$=1-\cos t$$ となる。

Term・Index

あ行

か行

さ行

た行

な行

は行

ま行

や行

ら行

メモ

スバラシク実力がつくと評判の
演習 常微分方程式キャンパス・ゼミ
改訂 3

著　者　高杉 豊　馬場 敬之
発行者　馬場 敬之
発行所　マセマ出版社
〒 332-0023 埼玉県川口市飯塚 3-7-21-502
TEL 048-253-1734　FAX 048-253-1729
Email：info@mathema.jp
https://www.mathema.jp

製作・編集　七里 啓之
校閲・校正　清代 芳生　秋野 麻里子
制作協力　久池井 茂　真下久志
野村 直美　川口 裕己
間宮 栄二　町田 朱美
カバーデザイン　馬場 冬之
ロゴデザイン　馬場 利貞
印刷所　株式会社 シナノ

平成 25 年　9 月 20 日　初版発行
平成 28 年　6 月 23 日　改訂 1　4 刷
令和 元 年　12 月 15 日　改訂 2　4 刷
令和 4 年　10 月 4 日　改訂 3 初版発行

ISBN978-4-86615-266-0 C3041